実践 作って覚える 半導体回路入門

丹羽一夫 著
NiwaKazuo

電波新聞社

はじめに

まだ高校生だった頃、ラジオ少年だった私は授業時間中に先生の話を聞きながら、あれやこれや頭の中で構想して作った回路をノートに書いていたものでした。

それは、ラジオであったりオーディオであったり、あるいは無線だったりしたのですが、家に帰ってくると、ノートに書いたものが本当に働くのかどうかを確かめるためにハンダごてを握っていました。

ノートに書いたものは実際にやってみると働かないものもあったのですが、それを解決すべく本屋さんに走ったり、あるいは行きつけのラジオ屋のおじさんに教えを乞うたりしたものです。今にして思うと、これは最大の勉強になっています。

当時はまだ真空管の時代だったのですが、半導体の時代を迎えて電子回路の世界は大きく様変わりしてしまいました。そして、今では回路設計はパソコンの回路シミュレータで行われるようになりましたし、電子回路も集積化されてICになり、個別部品は補助的にしか使われなくなっています。

このような時代を迎えて、ICの登場で以前には考えられなかったような大規模な電子回路が簡単に作れるようになりましたが、その第一歩である基本的な電子回路に取り組む機会は少なくなっています。でも、どんな大規模な電子回路でも、最初はダイオード1個、抵抗器1個から始まっています。

そのようなわけで、本書では半導体素子に注目し、ダイオードとかトランジスタといった個別部品を取り上げていろいろなものを作ってみることにしました。なお、作ってみるものはいわゆるセットとして完成したものではありませんが、個々に作ったものを組み合わせていけば大規模な電子回路に発展します。

頭の中で考えたことや回路シミュレータで得られたものは、場合によっては思い違いもありますし、予想が外れることもあります。このようなとき、実際に作ってみればそのようなトラブルに気が付き、修正することができます。

頭の中で考えたことは、どこかで矛盾や勘違い、間違いなどを犯す危険があります。これを救ってくれるのが、実験や実証です。

個人が楽しみで半導体部品を使おうとするとき、一番ネックになるのは部品の入手です。半導

体部品も時代によって入手できるものが変わっていき、過去に入手できたものが市場から消えてしまうことも多くあります。

でも、汎用性の高い半導体部品の中には長い間使い継がれているものもあります。本書では時代に合った新しい半導体部品を見付け出すと共に、長い間使われている半導体部品を大事に紹介するようにしました。

半導体回路を作って楽しもうとすると、ハンダ付けができなければなりませんし、プリント板を作らなければならないこともあります。また、簡単でもいいから測定器も必要になります。本書では、だれでも実現できる最小限の環境でやることを心がけました。

最後に、本書の執筆にあたりお世話になりました株式会社QCQ企画の宮本洋次さんにお礼を申し上げます。

2007年11月　　　　　　　　　　　丹羽　一夫

実践　作って覚える半導体回路入門
CONTENTS

第1章　半導体の予備知識

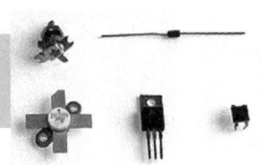

1-1　半導体ってなんだろう

- 1-1-1　絶縁体、導体、そして半導体 …………………………10
- 1-1-2　半導体の示す変わった性質 ……………………………10
- 1-1-3　いろいろある半導体の種類 ……………………………12
- 1-1-4　原材料が半導体部品になるまで ………………………13

1-2　半導体の中を覗いてみよう

- 1-2-1　新しい電気の運び手の誕生 ……………………………17
- 1-2-2　真性半導体から不純物半導体を作る …………………17
- 1-2-3　半導体の中の原子の結びつき …………………………18
- 1-2-4　不思議な働きをするPN接合 …………………………21

1-3　半導体部品の種類とデータの入手法

- 1-3-1　半導体と半導体部品 ……………………………………23
- 1-3-2　半導体部品の情報収集 …………………………………25

第2章　ダイオード

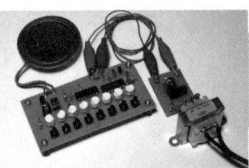

2-1　2本足のダイオード

- 2-1-1　ダイオードの基本 ………………………………………28
- 2-1-2　ダイオードの種類 ………………………………………29
- 2-1-3　ダイオードの型名、記号、外形 ………………………30

実践　作って覚える半導体回路入門

CONTENTS

2-2　検波用ダイオード：AMの検波

- 2-2-1　死語になった!?"ゲルマラジオ" …………………………………33
- 2-2-2　ゲルマラジオに1N60が使われてきた理由 …………………………33
- 2-2-3　1N60に変わる検波用ダイオードを探す ……………………………34
- 2-2-4　3本のダイオードを比較してみる …………………………………35
- 2-2-5　1SS86で作るニューゲルマラジオ …………………………………37

2-3　検波用ダイオード－AM変調／検出

- 2-3-1　リング変調／復調回路とは ………………………………………38
- 2-3-2　リング変調回路の実験 ……………………………………………39
- 2-3-3　AMワイヤレスマイクを作る ………………………………………41
- 2-3-4　無線機用"ピカピカLED"（高周波の検出）………………………45

2-4　整流用ダイオード

- 2-4-1　整流用ダイオードと整流回路 ………………………………………52
- 2-4-2　半波整流回路の実験 ………………………………………………57
- 2-4-3　センタタップ型全波整流回路の実験 ………………………………59
- 2-4-4　ブリッジ型全波整流回路の実験 ……………………………………62

2-5　小信号用シリコンダイオード

- 2-5-1　主な用途はスイッチング用 …………………………………………64
- 2-5-2　デジタル回路への応用 ……………………………………………65
- 2-5-3　アナログ回路への応用 ……………………………………………71
- 2-5-4　エレクトロニクスへの応用 …………………………………………75

2-6　逆バイアスを加えて使うダイオード

- 2-6-1　用途が違う二つのダイオード ………………………………………79
- 2-6-2　可変容量ダイオードの実験 …………………………………………84
- 2-6-3　定電圧ダイオードの実験 ……………………………………………88

2-7　そのほかのダイオード

- 2-7-1　定電流ダイオード …………………………………………… 92
- 2-7-2　双方向トリガダイオード ………………………………… 94
- 2-7-3　増幅／発振、逓倍用ダイオード ……………………… 96
- 2-7-4　バリスタダイオード …………………………………………… 96
- 2-7-5　今では見かけなくなったダイオード ……………………… 97

第3章　トランジスタ

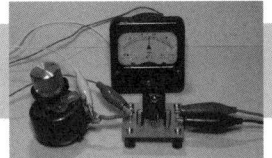

3-1　トランジスタの基本

- 3-1-1　トランジスタの素顔を探る ………………………………… 100
- 3-1-2　トランジスタが増幅する仕組み ………………………… 102
- 3-1-3　スイッチング領域と直線領域 …………………………… 105
- 3-1-4　データシートの見方 ………………………………………… 106

3-2　小信号用トランジスタ

- 3-2-1　直流増幅とスイッチング …………………………………… 108
- 3-2-2　トランジスタ増幅器の基本 ……………………………… 114
- 3-2-3　ベース接地回路を試してみる …………………………… 120
- 3-2-4　エミッタ接地回路を試してみる ………………………… 128
- 3-2-5　コレクタ接地回路を試してみる ………………………… 132

3-3　電力用トランジスタ

- 3-3-1　電力用のポイントは放熱設計 …………………………… 139
- 3-3-2　電力用トランジスタの放熱実験 ………………………… 142

実践 作って覚える半導体回路入門
CONTENTS

第4章 FET（電界効果トランジスタ）

4-1 FETの基本

- 4-1-1 FETの種類と構造 …………………………………………… 146
- 4-1-2 FETの動作原理 …………………………………………… 149
- 4-1-3 FETの型名、記号、外形 ………………………………… 151
- 4-1-4 FETのデータシートの見方 ……………………………… 153

4-2 FETを試してみよう

- 4-2-1 FETのスイッチングほか ………………………………… 156
- 4-2-2 FET増幅器の基本 ………………………………………… 166
- 4-2-3 FETの基本回路を試してみる …………………………… 169

4-3 FETの高周波への応用

- 4-3-1 FETで作る高周波アンプ ………………………………… 178
- 4-3-2 FETで作る発振器 ………………………………………… 180
- 4-3-3 短波コンバータの実験 …………………………………… 182

第5章 集積回路（IC）

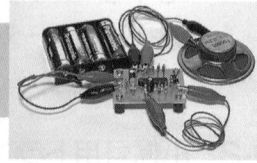

5-1 デジタルIC

- 5-1-1 デジタルICの基本 ………………………………………… 188
- 5-1-2 ゲートICの論理回路を体験する ………………………… 193
- 5-1-3 ゲートICのアナログへの応用 …………………………… 196
- 5-1-4 フリップフロップ（FF） ………………………………… 206
- 5-1-5 カウンタの応用 …………………………………………… 208

5-2 アナログIC

- 5-2-1 オペアンプ ………………………………………………… 212
- 5-2-2 定電圧電源用レギュレータIC …………………………… 215
- 5-2-3 専用アナログIC …………………………………………… 219

さくいん ……………………………………………………………… 222

実践　作って覚える半導体回路入門

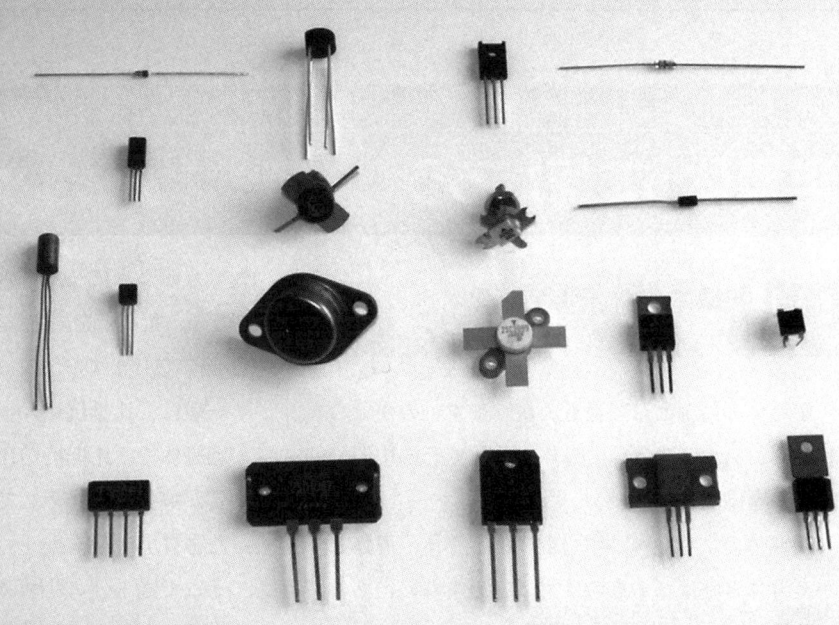

第1章　半導体の予備知識

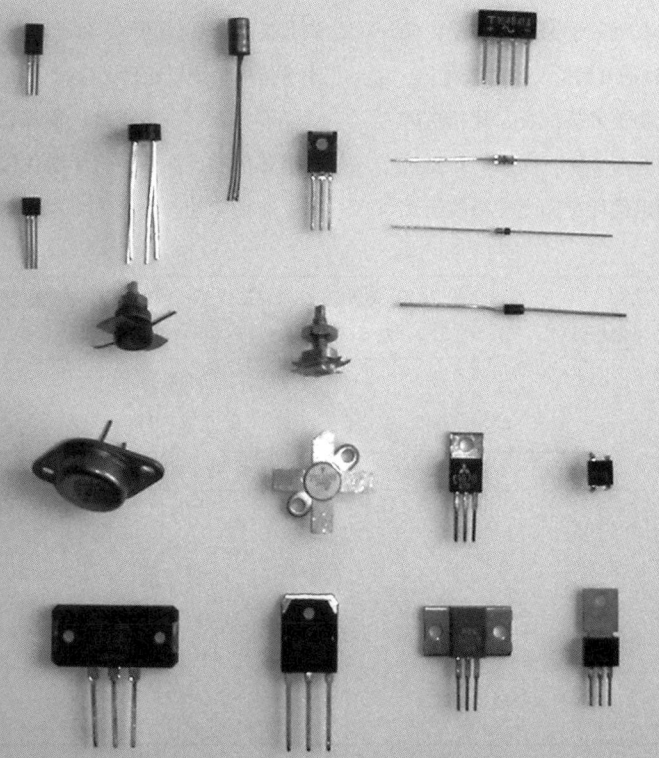

1-1 半導体って何だろう

1-1-1 絶縁体、導体、そして半導体

半導体の語源として最もわかりやすいのが、これからお話する絶縁体、導体、そしてその中間にある半導体です。

半導体の文字から"半"を取ると導体、導体とか良導体と呼ばれるものは電気を通すもの、あるいは通しやすいものとして理解できます。

一方、導体の対極にあるのが絶縁体で、これは電気を通さないもの、あるいは通しにくいものです。ここまでくれば、半導体というのは電気の通しやすさが導体と絶縁体の中間にあるものだろうと想像できます。

電気の世界では、電気の通り具合を電気の通りにくさである抵抗で表します。抵抗の単位はΩ（オーム）で、抵抗は電気の通りにくさを表すものですから抵抗が小さいほど電気が通りやすく、また抵抗が大きいほど電気は通りにくくなります。

図1-1は、いろいろな物質の抵抗を、比抵抗の大小の順番に並べてみたものです。なお、比抵抗は抵抗率とも呼ばれ、測定条件を揃えて抵抗を比較できるようにしたものです。測定するものの長さをm、断面積をm^2とした場合の比抵抗の単位は、Ω・mになります。

一般に、比抵抗が10^6～10^8（Ω・m）以上の物質が絶縁体で、比抵抗が10^{-5}～10^{-6}（Ω・m）以下の物質が導体です。そして、この中間の比抵抗を持った物質が半導体というわけです。

そこで図1-1の半導体のところを見ると、水銀や炭素に混じって半導体材料としておなじみのシリコンやゲルマニウムなどがあります。このように半導体は絶縁体と導体の中間にありますが、これが半導体と呼ばれる最もわかりやすい理由です。

1-1-2 半導体の示す変わった性質

では、シリコン（Si）やゲルマニウム（Ge）といった半導体を、元素周期表の中で探してみることにしましょう。図1-2はその様子を示したもので、半導体は半金属元素とほぼ重なります。

半導体という言葉は、実際には半導体材料とか半導体部品、あるいは半導体製品といったように様々な形で使われます。本書のテーマである半導

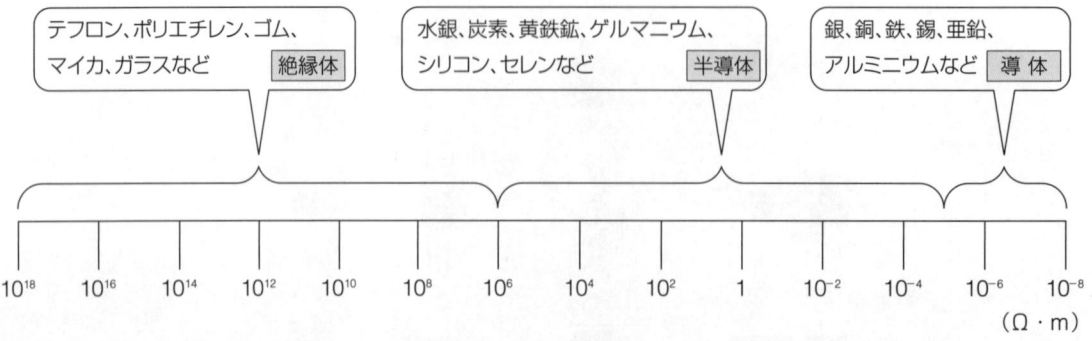

■図1-1 比抵抗から見た半導体

1-1 半導体って何だろう

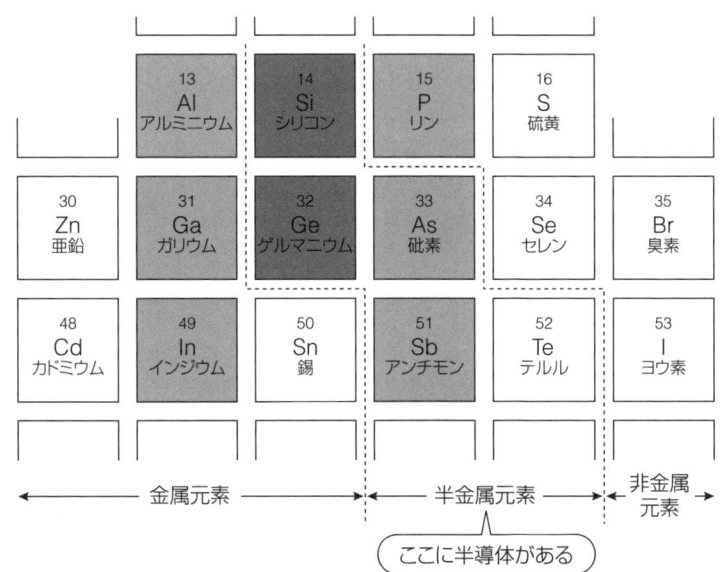

■図1-2 元素周期表に見る半導体

体回路も、その一つです。実は、半導体という言葉はこれらを包含した意味で使われているといってもいいでしょう。

ところで、半導体が時代の寵児としてもてはやされるのはいったいどうしてでしょうか。それは、ほかの物質にない特異な性質を持っているからです。このあと、半導体のありかを探ったり、またいろいろな種類の半導体を紹介しますが、その基本になっているのが半導体だけが示す特異な電気的性質です。

＊

半導体が示す特異な性質というのは、
① 金属は温度が上がると抵抗が増えるが、半導体では減少する。
② 電圧と電流の関係が非直線のものが作れる。
③ 不純物の混入に敏感で、微量の不純物で比抵抗が大きく変わる。
といったことです。

●シリコンの抵抗温度係数は負である

抵抗温度係数というのは、その物質の抵抗（電気抵抗）が温度によってどのように変化するかを示すものです。

まず、銅やアルミニウムのような金属は電気をよく通しますが、その抵抗は温度が上がると増え、温度が下がると減るという、正の温度係数を持っています。

ところが、シリコンやゲルマニウムのような半導体の場合には、温度が上がると抵抗が減るという、負の温度係数を示します。

金属でも半導体でもいずれの場合にも電流を形作るのは自由電子ですが、このようなことになるのは金属と半導体では電流の流れるメカニズムが違うためです。

具体的には、金属の場合には温度が上昇すると金属内の分子の振動が活発になり、これが自由電子の流れを妨げるために抵抗が増えます。

一方、半導体の場合には共有結合という形で原子同士が結びついていますが、温度が上昇すると原子の運動が激しくなって共有が切れます。すると自由電子が増え、その結果、抵抗が減ります。

●電圧と電流の関係が非直線のものが作れる

電気の勉強で最初に出てくるのが、オームの法

11

則です。オームの法則は「電圧は電流に比例する」というもので、比例定数が抵抗です。半導体が現れるまでは、電気の世界は電圧と電流が直線的に比例する、すなわちオームの法則が成り立つというのが常識でした。

半導体と呼ばれるシリコンやゲルマニウムでも、元素単体では電圧と電流の関係は直線的です。しかし、半導体で作られたPN接合は、電圧と電流が直線的に比例しない非直線の関係になります。

半導体の特長の一つは、このように電圧と電流が直線的に比例しない非直線の世界を実現できるところにあります。

● 半導体は不純物にとっても敏感？！

ダイオードやトランジスタを作る元になる半導体は真性半導体と呼ばれるものですが、この真性半導体にちょっぴり不純物を加えると電気的性質が大きく変わります。これは、半導体以外には見られない現象です。

というわけで、不純物というと一見きたないもの、不用なものといった感じを受けますが、実は不用なものどころかこれが半導体部品を作るのに欠かせないものなのです。

一方、ある種の半導体は、光や熱に敏感な性質を示します。発光ダイオードやフォトトランジスタ、サーミスタなどがその例ですが、そこで半導体センサといったものが誕生しています。写真1-1は、半導体製品のいろいろです。

■ 写真1-1　多くの種類がある半導体

1-1-3　いろいろある半導体の種類

半導体というとゲルマニウムやシリコンを思い浮かべますが、実はこれらは元素半導体と呼ばれるものです。ところが、半導体にはこのほかに、図1-3に示したように化合物半導体、セラミック半導体といったものもあります。

● 最もなじみの深い元素半導体

元素半導体の元素というのは、物質を構成する基本的な成分です。私たちの体も、そして石や木

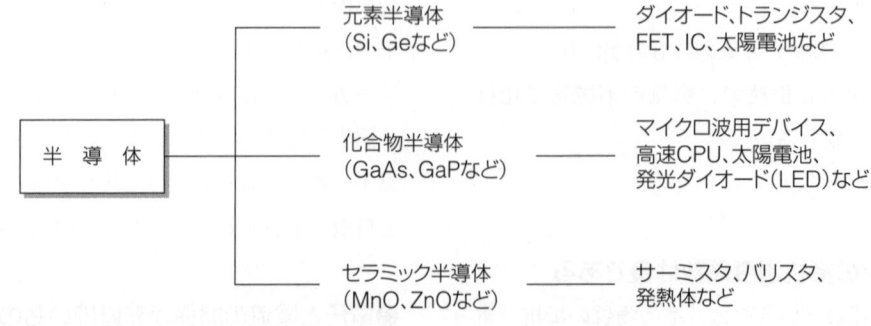

■ 図1-3　半導体にもいろいろある

も、すべて何等かの元素でできています。そして、半導体も例外ではありません。

すでに図1-1や図1-2で出てきたシリコンやゲルマニウムが元素半導体ですが、半導体部品の主流はシリコンです。その理由は、シリコンの元になる珪石が地球上に多く存在すること、またゲルマニウムに比べて熱に強いことなどがあげられます。

なお、ダイオードやトランジスタのような半導体部品を作るとき、シリコンだけでできるわけではありません。実際には、図1-2に示したインジウムやリン、砒素、アンチモンといった元素半導体が必要になります。

これらのうち、砒素やリンは地球上に多く存在しますが、そのほかのリンやインジウム、アンチモンは地球上には少ししか存在しない希少性資源です。

元素半導体を材料として作られた半導体部品には、おなじみのダイオードやトランジスタ、FET、それにICや太陽電池などがあります。これでわかるように、元素半導体は半導体の主流ということができます。

●脚光を浴びている化合物半導体

化合物というのは二つ以上の元素からできている物質のことで、例えば水（H_2O）は水素と酸素からできている化合物です。

このような化合物のうち、1-1-2項でお話したような半導体特有の性質を示す化合物半導体には、ガリウム砒素（GaAs）やガリウムリン（GaP）などがあります。

実は、このような化合物半導体は元素半導体に比べて優れた特性を持っています。具体的には、例えば電子移動度が元素半導体に比べて速いために高速動作性に優れていますし、耐熱性や耐放射線性にも優れているといった特長もあります。

そこで、例えばガリウム砒素で作られたトランジスタやFETはマイクロ波で働く携帯電話などで

活躍していますし、コンピュータでは高速のCPUを実現するのにも使われています。

また、発光ダイオードはガリウムリンなどの化合物半導体で作られています。

●セラミック半導体（焼結半導体）もある

セラミックというのは、一般的には陶磁器のように土を固めて焼いたものですが、ここでいうセラミックはファインセラミックスとかニューセラミックスと呼ばれるものです。

このファインセラミックスのうちでマンガンや亜鉛を焼いて固めた物がセラミック半導体で、半導体部品のバリスタやサーミスタが作られます。これらはいずれも半導体としてあちこちで活躍しているものですが、半導体を考えるとき主流となるのはやはり元素半導体です。そこで、この後は元素半導体を中心にお話することになりますが、ここではそれ以外の半導体もあるのだということを頭に入れておいてください。

1-1-4 原材料が半導体部品になるまで

原材料が半導体部品になるまでには多くの道筋を通りますが、その途中の重要なところを抜き出してみると、次ページの図1-4のようになります。原材料から作り出した金属シリコンは多結晶ですが、ダイオードやトランジスタを作るのに必要なのは単結晶のシリコンウェハです。

では、現在最も使われている元素半導体のシリコンを例にして、原材料が半導体部品になるまでを簡単に紹介してみましょう。

●原材料はどこから持ってくる？

シリコン（珪素）は、地球上で酸素について二番目に多く存在する元素です。その珪素は酸素と結びつきやすく、大部分は酸化物（SiO_2）の形で

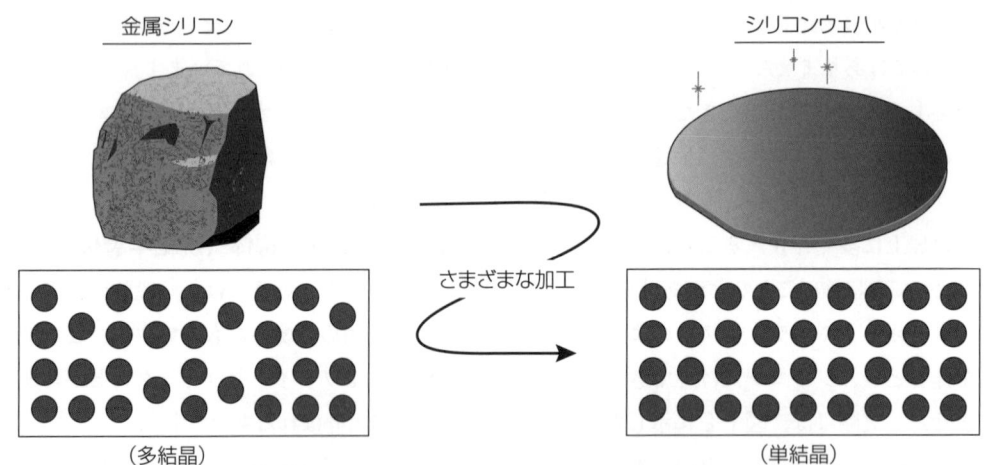

■ 図1-4 金属シリコンからシリコンウェハまで

地球上にある岩石の中に含まれています。実際にシリコンを取り出すための原材料となっているのは、このような珪素を多く含んだ珪石や珪砂です。

珪石や珪砂は主に中国やオーストラリア、ノルウェー、ブラジルなどで産出し、鉱山から掘り出されます。産出した珪石や珪砂は最初の工程で金属シリコンと呼ばれるものに加工されますが、この工程で使われる電気炉は多くの電力を必要とします。そこで、一般には原材料の産地で金属シリコンに加工され、その後日本に輸入されています。

● 珪石からインゴットができるまで

まず最初は、酸化シリコン（SiO_2）を含んでいる珪石から金属シリコン（Si）を作る作業です。

図1-5（a）のように電気炉の中に原材料である珪石を入れてアーク放電を起こさせ、1900℃くらいに熱します。するとシリコンについていた酸素は炭素と結合して炭酸ガス（CO_2）になり、シリコンだけが電気炉の底に溜まります。これを取り出したのが金属シリコン（Si）で、でき上がった金属シリコンの純度は98～99％です。

こうして作られた純度が98～99％の金属シリコンから、（b）のようにして高純度の多結晶シリコンを作ります。

まず、金属シリコン（Si）と水素（H）、それに四塩化珪素（$SiCl_4$）を容器に入れ、ヒータで500℃くらいに加熱して化学反応を起こさせます。するとガス状の三塩化シラン（$SiHCl_3$）が得られますから、これを冷却して液体にします。

つぎに、液体になった純度が98～99％の三塩化シランを何度も蒸留することにより不純物を取り除き、最終的に純度がイレブンナインに達するまで精製します。これで、高純度（イレブンナイン、99.999999999％）の三塩化シラン（液体）ができ上がりました。

こうして得られた高純度の三塩化シランから、多結晶シリコンを作ります。（c）のようにシリコンの種棒を置いた反応炉の中に三塩化シランと水素を送り込み、反応炉を1000℃くらいに熱すると、種棒の表面にシリコンの結晶が析出します。これで、純度がイレブンナインの棒状の多結晶シリコンができ上がります。

最後に、多結晶シリコンから単結晶シリコンのインゴットを作ります。（d）のように多結晶シリコンを1420℃くらいに加熱して溶融し、種となる単結晶シリコン棒を溶けた表面に付けてゆっくり

1-1 半導体って何だろう

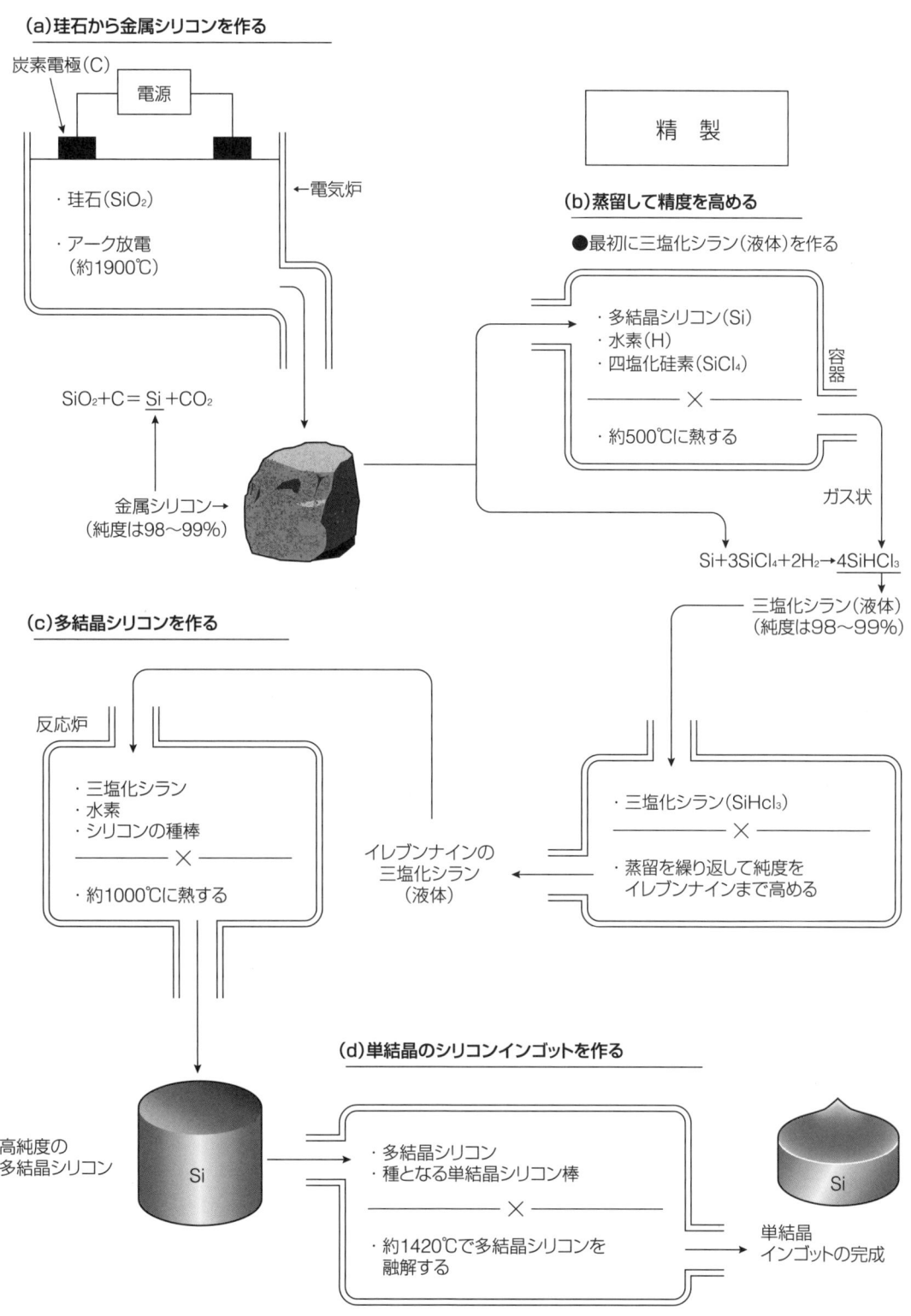

図1-5　原材料の珪石からインゴットまで

と回転させながら引き上げます。すると、種とした単結晶シリコンと同じ原子配列をした結晶が成長し、単結晶シリコンの固まり（インゴット）ができ上がります。

● **インゴットからシリコンウェハを作る**

インゴットは（d）に示したようなもので、最初は直径が5cmくらいのものしか作れませんでしたが、今では30cmといった大きなものが作れるようになっています。当然のことですが、インゴットから作られるシリコンウェハが大きくなると、1枚のシリコンウェハからたくさんのトランジスタが一度に作れます。

インゴットからシリコンウェハを作る最初の作業は、まずインゴットの直径を正確に仕上げるところから始めます。そして、そのインゴットをワイヤーソーで1mmほどの厚さに切断します。

このようにしてできたシリコンの円盤の表面を研磨し、必要な厚さに仕上げるとシリコンウェハの完成です。

● **シリコンウェハの上にトランジスタを作る**

こうしてできたシリコンウェハの上に、図1-6のようにダイオードやトランジスタ、ICを作ります。その場合、個々のダイオードやトランジスタ、ICのことをチップといいます。

例えば1cm角のICのチップを直径30cmのシリコンウェハの上に作るとすると、1枚のシリコンウェハで300個以上のチップができます。そして、この1cm角のICチップの中には何百個ものトランジスタが収められています。

では、どのようにしてシリコンウェハの上にこのように微細なトランジスタを収めるのでしょうか。ここでは、写真の技術が使われています。具体的には、ダイオードやトランジスタ、ICを作るためのパターンは版下からフィルムに起こされ、フォトエッチングの技術を使って作られます。

● **パッケージに収めて完成**

シリコンウェハの上にチップができ上がったら、これをばらばらに切断します。そして、このチップにリード線を付けてプラスチックなどのパッケージに収めると、ダイオードやトランジスタ、ICができ上がります。

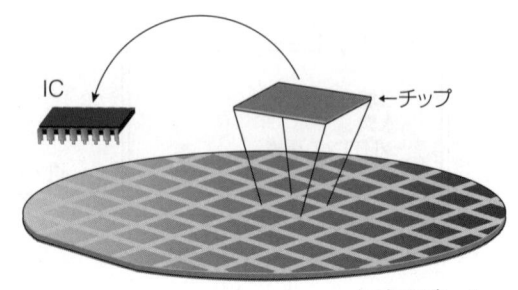

■図1-6　シリコンウェハのチップに個々のICが作られる

1-2 半導体の中を覗いてみよう

1-2-1 新しい電気の運び手の誕生

半導体の登場は、それまでの電子を利用する電気工学の時代から、電子を操作するという電子工学の時代を招来しました。いわゆる、エレクトロニクス時代の到来です。

　　　　　＊

電気の正体は、物質の最小単位である原子の中にあります。例えば、図1-7（a）の水素の原子モデルを見るとわかるように、水素原子は+1の電気を持った陽子と、その周りを回る−1の電気を持った電子からできています。

このような原子では原子核の中にある陽子は動けませんが、例えば図1-7（b）のように熱や光のようなエネルギーが外部から加えられたりすると、電子の一部は原子を飛び出して自由電子になります。そして、この自由電子が電気の運び手（キャリア）となり、電流となります。

　　　　　＊

トランジスタが誕生するまでの電気工学の時代では、話はここまででした。

ところが、トランジスタが発明されて、これに電気の運び手としてプラスの電気の性質を示す正孔（ホール）が加わりました。正孔という文字を直訳すれば、プラスの穴、ということになります。

ここで、正孔はプラスの電気の性質を示す、といったのにはわけがあります。図1-8（a）は正孔の様子を示したもので、正孔というのは電子の飛び出したあとの抜け殻のことです。

この正孔は、電子の飛び出したあとの抜け殻ですからプラスの性質を示しますが、再び電子が飛び込むと正孔はなくなります。

では、この電子が飛び出したあとの正孔が、どうして電気の運び手になるのでしょうか。図1-8（b）はその様子を示したもので、自由電子が正孔を順番に埋めていくことで見かけ上、正孔が動きます。

半導体が登場してマイナスとプラスの二つのキャリアが誕生したことにより、電子回路の世界は大きく変わりました。半導体回路ではコンプリメンタリなど、真空管回路では考えられなかったようなバラエティに富んだ電子回路が登場しています。

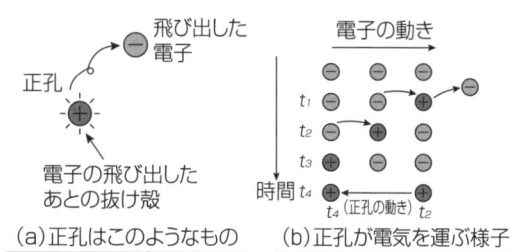

(a) 正孔はこのようなもの　　(b) 正孔が電気を運ぶ様子

■ 図1-8　新しい電気の運び手"正孔"

1-2-2 真性半導体から不純物半導体を作る

ダイオードやトランジスタを作るには、まず1-1節で紹介した高純度のシリコンウェハが必要です。この高純度のシリコンウェハは、電子や正孔

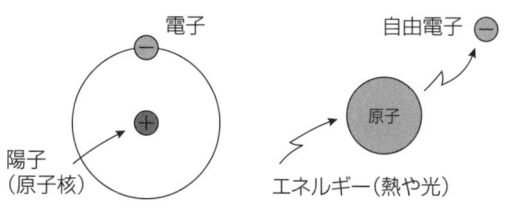

(a) 水素の原子モデル　　(b) 自由電子が電流になる

■ 図1-7　電気の本質は原子の中にある

をわずかに持った真性半導体というものです。でも、真性半導体でダイオードやトランジスタが作れるわけではありません。

ダイオードやトランジスタを作るのに必要な半導体は、真性半導体から作り出した不純物半導体です。不純物半導体には、電気の運び手として自由電子を多く持っているN型半導体と、正孔を多く持っているP型半導体があります。ちなみに、N型のNはnegativeすなわちマイナスのことで、P型のPはpositiveすなわちプラスのことです。

では、真性半導体からどのようにした不純物半導体を作り出すのかを説明してみましょう。

＊

真性半導体から不純物半導体を作り出すには、真性半導体の中に不純物をほんのちょっぴり混ぜてやります。すると、このとき混ぜる不純物の種類によってN型半導体になったりP型半導体になったりします。

ここで、P型半導体を作るための不純物をアクセプタ、N型半導体を作るための不純物をドナーといいますが、これらのアクセプタやドナーは何でもいいというわけではありません。

図1-9は元素周期表の半導体のところを示したもので、おなじみのシリコンやゲルマニウムが見えています。そして、アクセプタとしてはその左隣にある元素が、またドナーとしてはその右隣にある元素が使われます。

では、真性半導体の中にアクセプタやドナーを入れてみることにしましょう。すると、図1-10のようにアクセプタをわずかに入れると正孔の豊富なP型半導体が、またドナーをわずかに入れると自由電子の豊富なN型半導体ができます。

こうしてできた不純物半導体は、P型半導体では正孔が多数キャリアとなりますが、ごくわずかですが、少数キャリアとして自由電子が存在します。また、N型半導体では自由電子が多数キャリ

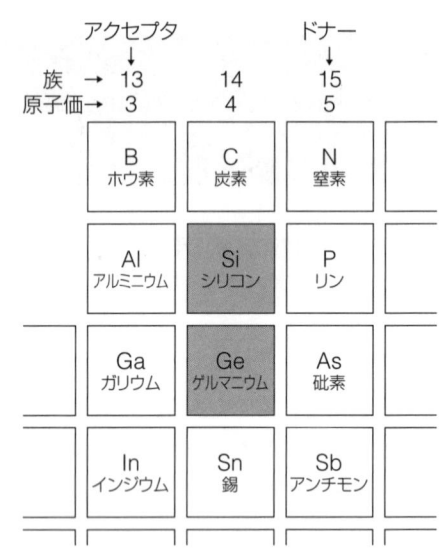

■図1-9　アクセプタとドナー

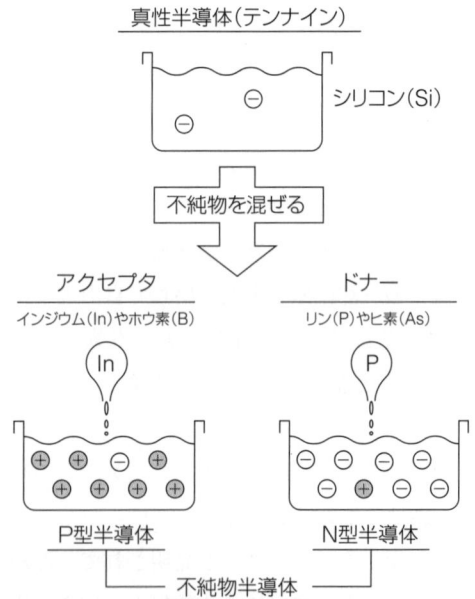

■図1-10　真性半導体から不純物半導体を作る

アとなりますが、ごくわずかですが、少数キャリアとして正孔が存在します。

1-2-3　半導体の中の原子の結びつき

シリコンの真性半導体に不純物としてドナーや

アクセプタを少量加えるとN型やP型の不純物半導体ができますが、その場合、それぞれの原子はどのように結び付いているのでしょうか。これを調べると、キャリアとして自由電子や正孔ができる理由がわかります。

＊

まず、原子と原子の結合方法には一般に、イオン結合や共有結合、金属結合といったものがあります。これらの中で、半導体の場合の結合方法は、共有結合と呼ばれるものです。

共有結合というのは、原子同士で互いの電子を共有する形で結び付くものです。そこで、半導体の原子の中の電子配置がどうなっているのかを調べてみることにします。

図1-9に戻って、元素周期表の中ではシリコンは14族に属しています。そこで、アクセプタとして13族に属するインジウム、ドナーとして15族に属するリンを例にして、これらの原子の中を覗いて見ることにしましょう。

まず、原子の中では原子核の中にあるプラスの電気を持った陽子の周りを電子が決まった軌道に乗って回っていますが、その軌道は内側からK殻、L殻…というようになっており、収容できる電子の数が決まっています。そこで、図1-11のように真性半導体の代表としてシリコン、それにアクセプタの代表としてインジウム、ドナーの代表としてリンの電子配置がどのようになっているかを調べてみましょう。

電子軌道は内側からK殻、L殻…というようになっているとお話ししましたが、原子同士が共有結合で結び付く場合に重要なのは、一番外側にある最外殻にある電子の数です。そこで、図1-11では最外郭の電子の数だけを示してあります。

図1-9では族のほかに原子価が示してありますが、実は14族に属するシリコンを始めとする原子の最外殻の電子の数はどれも4で、原子価が4の原子です。同様に、13族に属するインジウムを始めとする原子の最外殻の電子の数は3（原子価は3価）、15族に属するリンを始めとする原子の最外殻の電子の数は5（原子価は5）ということになります。

半導体で原子同士が共有結合する場合には、その仕事を最外殻の電子が担いますが、そこで原子価というのが重要になってきます。わかりやすくいえば、次ページの図1-12のように、原子価が4のシリコンは共有結合用として4本の腕を持っているということになります。同様に、アクセプタとなる3価の原子は3本の腕を持っている、またドナーとなる5価の原子は5本の腕を持っているわけです。

では、真性半導体の中がどのようになっているかを調べてみましょう。

シリコンの真性半導体の中は純粋なシリコンだけですから、図1-13（a）のようにお互いの電子を共

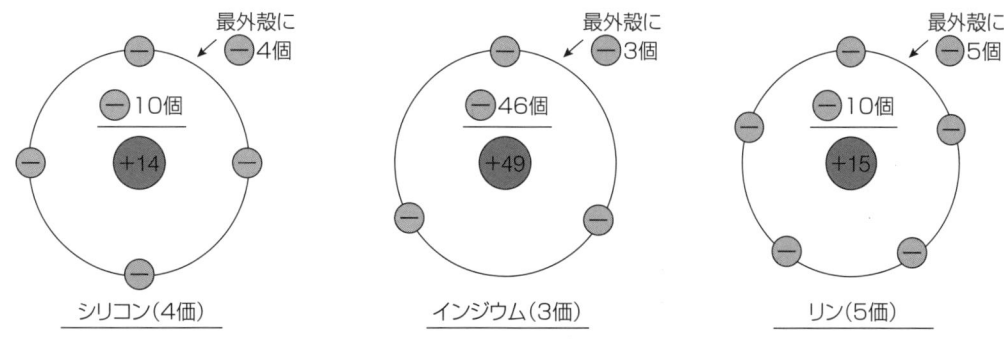

■図1-11　それぞれの原子の原子配置と最外殻の電子の数

第1章　半導体の予備知識

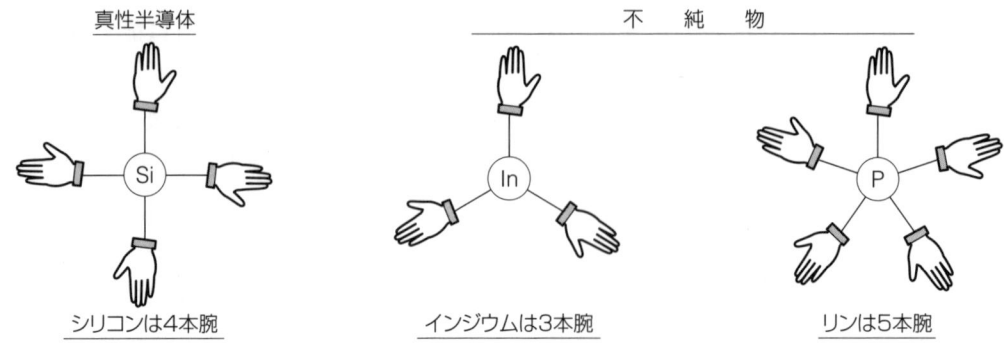

■ 図1-12　それぞれの元素が持っている共有結合の腕

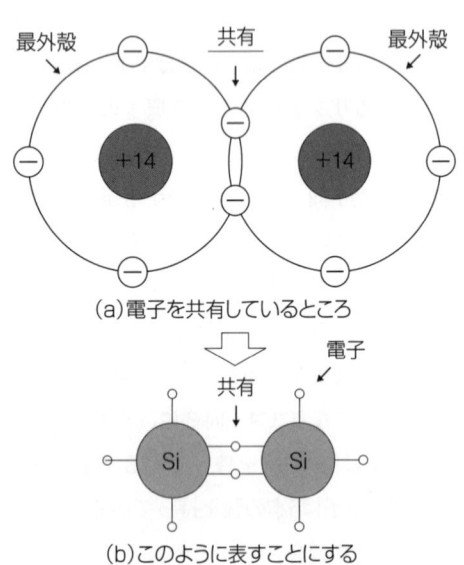

■ 図1-13　シリコンの共有結合

有しあって結び付いています。中は全体がこのようになっているためにほとんど自由電子はありませんから、真性半導体のシリコンは高い抵抗を示します。

なお、このあと真性半導体の中にアクセプタやドナーを入れたときにどのようになるかを表現するには図1-13（a）の方法では書きにくいので、この後は電子を共有している様子を図1-13（b）のように表すことにします。

図1-14は、真性半導体のシリコンの中にアクセプタとしてインジウム（In）を、またドナーとしてリン（P）を入れた場合を示したものです。

まず、アクセプタとしてインジウムを少量入れた場合、インジウムの腕は3本しかありませんから、不足するシリコンの腕の相手となるところが電子の抜けた穴となり、正孔になります。こうして、正孔が豊富なP型半導体ができ上がります。

同じく、ドナーとしてリンを少量入れた場合、

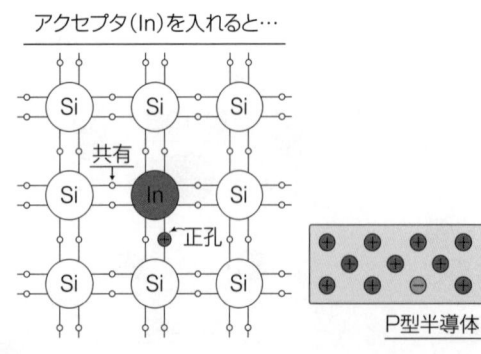
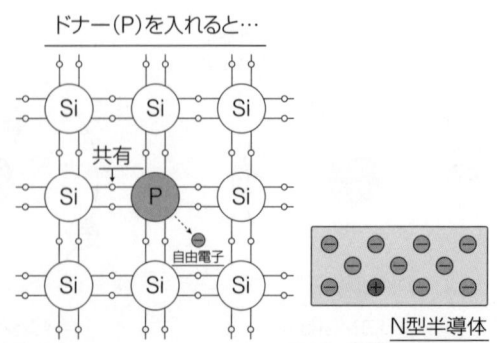

■ 図1-14　P型半導体とN型半導体のでき上がり

20

リンの腕は5本ありますから1本余ってしまい、これが自由電子になります。こうして、自由電子の豊富なN型半導体ができ上がります。

1-2-4 不思議な働きをするPN接合

トランジスタが現れるまで、この接合という言葉はありませんでした。それまでにあったのは、接触という言葉です。

二つの金属を電気が流れるように結び合わせる場合、トランジスタ以前にあったのは導線同士を拠り合わせたりハンダ付けする、いわば接触というべきものでした。

この接触は詳しくいえばオーミック接触と呼ばれるもので、オーミックというのはオームの法則が成り立つような、ということです。例えば、図1-15（a）のようにP型半導体とN型半導体を結び合わせただけでは、双方の抵抗値を足しただけの抵抗体に過ぎません。この回路では、電圧は電流に比例するというオームの法則が成り立ちます。

一方、接合というのは接触と違って、図1-15（b）のように一つの真性半導体の中に不純物を入れてP型とN型の領域を作ったものです。すると、その境目に接合面ができます。

このような接合をPN接合といいますが、この接合面ではオームの法則が成立しない非直線性が生まれ、この非直線性がダイオードやトランジスタを作り出します。では、接合面のPN接合でどんなことが起こるのかを調べてみることにしましょう。

次ページの図1-16（a）は、不純物半導体で作ったPN接合です。このPN接合では接合面を挟んでプラスの電気を持った正孔とマイナスの電気を持った電子が存在していますが、どうしてこれらの正孔と電子は混ざり合わないのでしょうか、不思議ですね。

その理由は、接合面には電位障壁という壁が存在し、その壁が正孔と電子を隔てているからです。この電位障壁はシリコンの場合に約0.35Vで、P型とN型を接合した接合面では両方を合わせて約0.7Vになります。

では、PN接合の接合面でどんなことが起こるのかを調べるために図1-16（b）や（c）のようにP型とN型半導体に電極を付け、直流電圧を加えてみましょう。

まず、図1-16（b）のようにP型のほうに＋（プラス）、N型のほうに－（マイナス）の直流電圧を加えるとどのようなことが起こるでしょうか。

すると、P型のほうの正孔はN型に加えられた－の電気に引っ張られ、またN型のほうの電子はP型に加えられた＋の電気に引っ張られて、矢印の方向に移動します。

その場合、電源の電圧が障壁電圧以下だと正孔や電子は接合面を越えることができず、したがっ

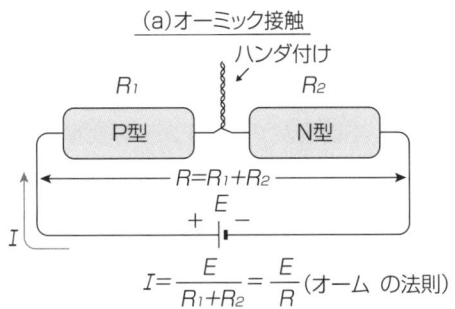

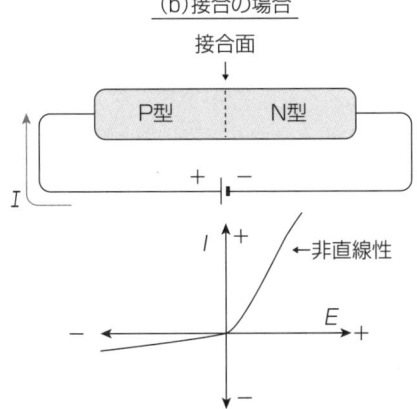

図1-15　接触と接合の大きな違い

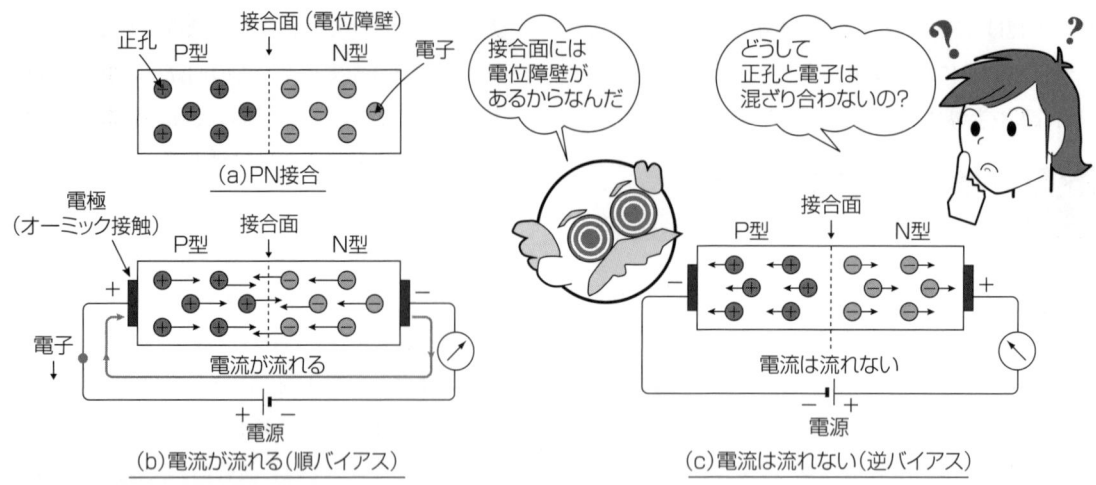

■図1-16　PN接合の振る舞いを調べる

て回路には電流は流れません。でも、電源の電圧が障壁電圧を越えると正孔や電子は接合面を越えて移動し、互いに相手の電極に到達します。その結果、回路には電流が流れます。

つぎに、図1-16（c）のようにP型のほうに−、N型のほうに＋の直流電圧を加えるとどのようになるでしょうか。

すると、プラスの電気を持った正孔とマイナスの電気を持った電子は図1-16（c）のようにそれぞれ自分の電極に引っ張られ、正孔や電子は接合面を越えることはできません。というわけで、このような電圧の加え方をした場合には回路には電流は流れません。

これでわかるように、PN接合はある一方向にしか電流を流さないという働きを持っていることがわかります。ちなみに、図1-16（b）のように回路に電流が流れるような電圧の加え方を順バイアス、（c）のように回路に電流が流れないような電圧の加え方を逆バイアスといいます。

＊

半導体部品には、このようなPN接合の性質を利用したものと、そうでないものがあります。

まず、ダイオードの大部分は、PN接合の一方向にしか電流を流さないという性質を利用したものです。ですから、ダイオードにとってはPN接合はとても重要です。

ダイオードの中にはPN接合の別な性質を利用したものもあり、具体的には可変容量ダイオードや定電圧ダイオードといったものです。

PN接合に逆バイアスを加えると接合面に電子や正孔のない空乏層ができますが、可変容量ダイオードでは逆バイアスの電圧によって空乏層の幅が変わることを利用しています。また、PN接合に加える逆バイアスの電圧を高くしていくとどこかでなだれ現象を起こして急激に電流が流れますが、定電圧ダイオードはこのときに端子電圧が一定になることを利用しています。

つぎに、トランジスタはPN接合を二つ持っており、PN接合の組み合わせでPNP型とNPN型の二種類があります。トランジスタにとっては、PN接合は欠かせないものです。

それが、FET（電界効果トランジスタ）になると様子が違ってきます。FETには接合型FETとMOS型FETの二種類があり、接合型FETにはPN接合が一つだけありますがMOS FETにはPN接合はありません。

1-3 半導体部品の種類とデータの入手法

1-3-1 半導体と半導体部品

本書のテーマである半導体回路の主役は、ダイオードやトランジスタに代表される半導体で作られた半導体部品です。

その半導体部品には、大きく分けて、増幅作用を持たない受動部品のダイオードと、増幅作用を持った能動部品のトランジスタやFET（電界効果トランジスタ）があります。そして、ダイオードやトランジスタを集積して作ったIC（集積回路）も半導体部品です。

では、実際の半導体部品にはどのようなものがあるかを調べてみることにしましょう。

●ダイオード

まず、ダイオードといえばトランジスタ以前の真空管の時代には二極管のことでしたが、半導体部品ではPN接合で作られた2端子のものを指します。

ダイオードを分類する場合、用途別に分類する方法と、その構造や材料から分類する方法があります。

まず、ダイオードを用途別に分類してみると、真空管のダイオードは検波作用や整流作用しか持ちませんでしたが、半導体部品のダイオードは図1-17に示したように、いろいろな用途のものがあります。

ダイオードの基本的な使い方といえば、検波（変調、復調、混合）や整流です。これらの用途ではダイオードに交流を加えて使いますから、順バイアスと逆バイアスが交互に加わることになります。

ダイオードのもう一つの基本的な用途は、スイッチングです。スイッチングでは、ダイオードに順バイアスを加えたときがON、逆バイアスを加えたときがOFFとなります。

ダイオードに順バイアスを加え、常に電流を流して使うものもあります。LED（発光ダイオード）などは、その例です。

真空管と違って、ダイオードでは最初から逆バイアスを加えて使うものもあります。可変容量ダイオード（バリキャップ）や定電圧ダイオード（ツェナーダイオード）がその例で、可変容量ダイオードでは電流は流れません。でも、定電圧ダイ

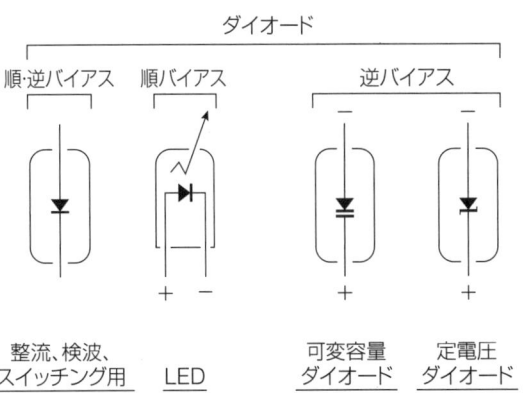

■図1-17 半導体部品のダイオードは多彩

オードの場合には逆バイアスは加えますが、ツェナー電流が流れます。

　ダイオードには、以上のほかに周波数逓倍用、増幅用、バリスタのような温度補償用ダイオードなどもあります。また、特殊なものとしてはトリガダイオードなどもあり、とっても多彩です。

　一方、ダイオードを構造や材料から分類してみると、同じ整流用でもアバランシェやショットキーバリアダイオードなどがありますし、シリコンダイオードのほかにGaAsダイオードもあります。初期の頃にはゲルマニウムダイオードもありましたが、今では見かけなくなりました。

● トランジスタとFET

　1945年にトランジスタが発明されるまでは、増幅作用を持った能動部品といえば真空管でした。この真空管は私たちにラジオやテレビをもたらしてくれましたが、電球と同じようにフィラメントやヒータは寿命があり、また大きくて電気の大飯食いでした。

　小さくて省エネ、そして長寿命のトランジスタは、それまでは一部屋を占領していたコンピュータを机の上に乗るパソコンの領域にまでしてしまったのは、象徴的な出来事です。

　トランジスタとFET（電界効果トランジスタ）は共に3本足で増幅作用を持っており、似たところもありますが、動作原理は違ったものです。

　図1-18は、真空管とトランジスタを比較してみたものです。

　まず、真空管ではプレートにプラスの電圧を加えて使う一種類だけでしたが、トランジスタにはNPN型とPNP型の二種類があります。NPN型とPNP型は電圧の加え方が反対で、したがって電流の流れる方向も反対です。このようにNPN型とPNP型は対称になっており、これがトランジスタで構成する半導体回路を大変面白いものにしています。

　そしてもう一つ、トランジスタが真空管と大きく違うところは、真空管は入力電圧で働く電圧入力型なのに対して、トランジスタは入力電流で働く電流駆動型だということです。トランジスタが電流駆動型ということは、入力抵抗が低いということです。

　つぎに、FETに移りましょう。FETには接合型FETとMOS型FETの二種類があり、構造が違うのですが、その特長や働きは似ています。そこで、ここでは接合型FETを例にしてFETを紹介してみることにしましょう。

　図1-19は、真空管と接合型FETを比較してみたものです。トランジスタの場合のNPN型とPNP型はNチャネルとPチャネルになりますが、これは

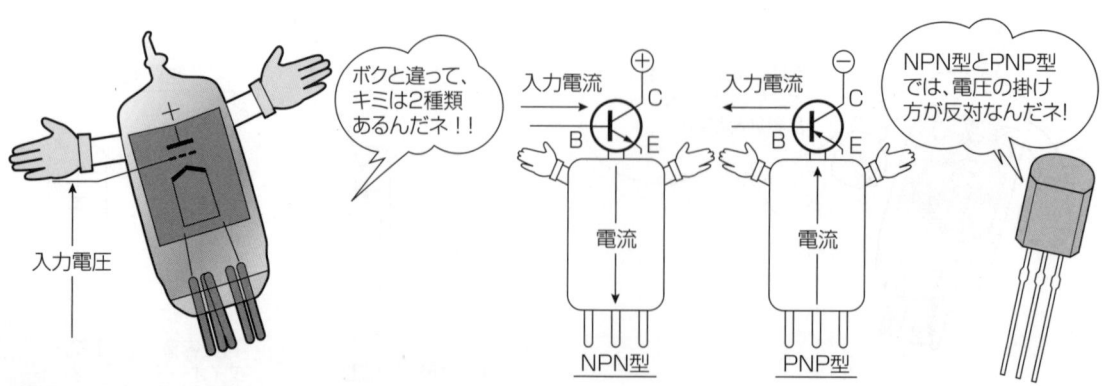

■ 図1-18　これがトランジスタ

1-3 半導体部品の種類とデータの入手法

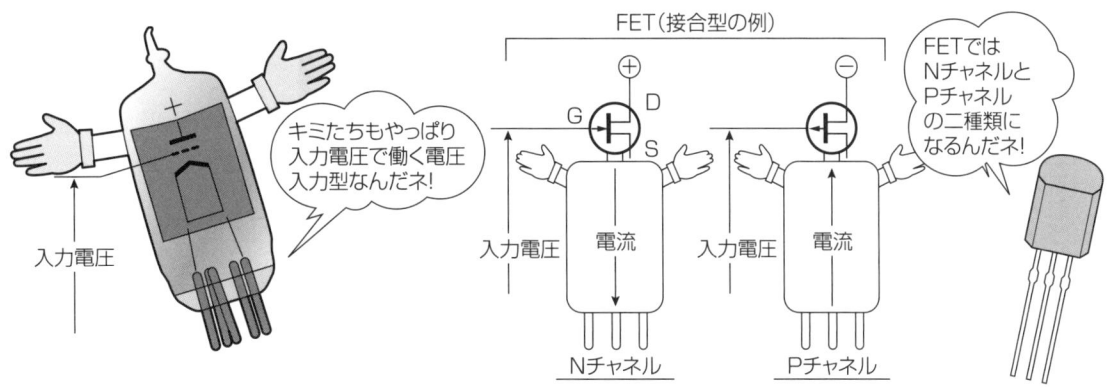

■図1-19 FETではこのようになる

MOS型FETでも同じです。

トランジスタとFETの大きな違いは、トランジスタが入力電流で働く電流入力型だったのに対して、FETは真空管と同じく入力電圧で働く電圧入力型だということです。これはFETの入力抵抗が高いということで、トランジスタに比べると入力回路の設計が容易になります。

トランジスタとFETはこのように違いがありますが、実際にはそれぞれの特長を生かして用途に合わせて使われています。

1-3-2 半導体部品の情報収集

半導体回路を設計したり作るとき、半導体部品を使いますが、その場合にはダイオードやトランジスタといった半導体部品の最大定格や電気的特性、各種の特性図、それにピン接続などの情報が必要になります。

情報を得る方法としては、メーカーや出版社から提供されている規格表やデータブック、データシートといったものを用意します。

●データを横断的に見られる規格表

まず、私たちがいつでも確実に手に入れられるのが、各種の規格表です。写真1-2はその一例で、CQ出版社から発売されているダイオード規格表とトランジスタ規格表&互換表、それにFET規格表です。そのほかに、汎用ロジック・デバイス規格表などもあります。

次ページに示す写真1-3は、ダイオード規格表の最初のページを示したものです。ごらんのように型名順に並んでおり、最大定格と電気的特性がわかるようになっています。また、外形番号によって外形寸法とピン接続がわかります。

このような規格表のいいところは、いろいろなメーカーのものを比較しながらデータを見られるということです。もし目的の型名のものが入手できないような場合には、規格表を丹念に探すことにより、置き換え可能なものを探すこともできます。

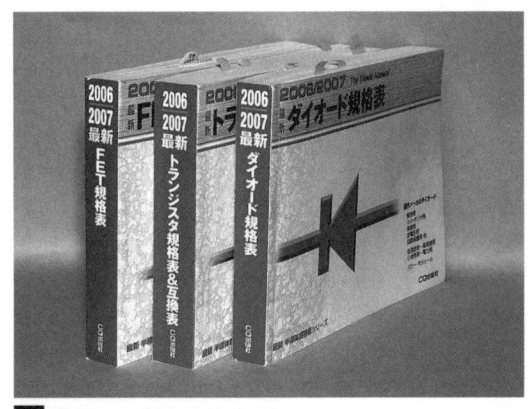

■写真1-2 各種の規格表の例

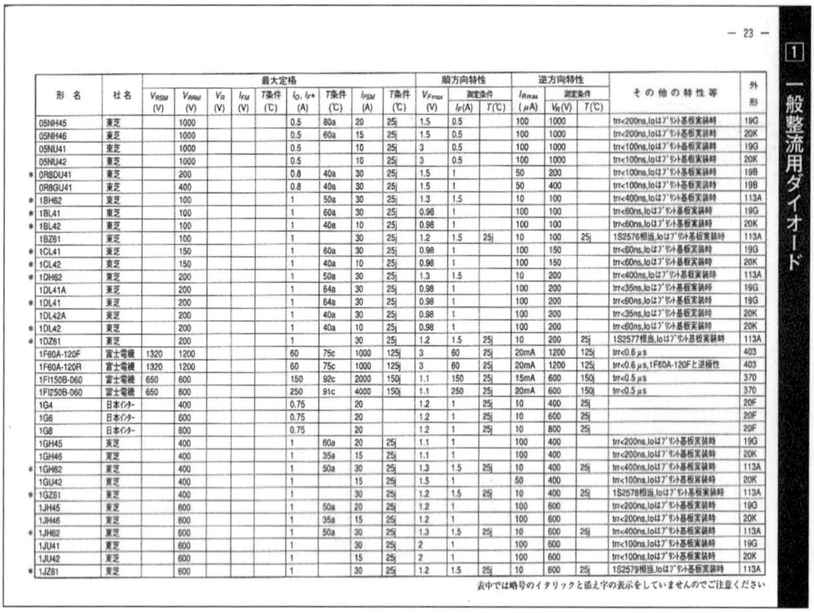

形名	社名	最大定格									順方向特性			逆方向特性			その他の特性等	外形
		V_{RSM} (V)	V_{RRM} (V)	V_R (V)	I_{FM} (V)	T条件 (℃)	I_O, I_F* (A)	T条件 (℃)	I_{FSM} (A)	T条件 (℃)	V_{Fmax} (V)	測定条件 I_F(A)	測定条件 T(℃)	I_{Rmax} (μA)	測定条件 V_R(V)	測定条件 T(℃)		
05NH45	東芝		1000				0.5	80a	20	25j	1.5	0.5		100	1000		trr<200ns,Ioはプリント基板実装時	19G
05NH46	東芝		1000				0.5	60a	15	25j	1.5	0.5		100	1000		trr<200ns,Ioはプリント基板実装時	20K
05NU41	東芝		1000				0.5		10	25j	3	0.5		100	1000		trr<100ns,Ioはプリント基板実装時	19G
05NU42	東芝		1000				0.5		10	25j	3	0.5		100	1000		trr<100ns,Ioはプリント基板実装時	20K
* 0R8DU41	東芝		200				0.8	40a	30	25j	1.5	1		50	200		trr<100ns,Ioはプリント基板実装時	19B
0R8GU41	東芝		400				0.8	40a	30	25j	1.5	1		50	400		trr<100ns,Ioはプリント基板実装時	19B
* 1BH62	東芝		100				1	50a	30	25j	1.3	1.5		10	100		trr<400ns,Ioはプリント基板実装時	113A
* 1BL41	東芝		100				1	60a	30	25j	0.98	1		100	100		trr<60ns,Ioはプリント基板実装時	19G
* 1BL42	東芝		100				1	40a	10	25j	0.98	1		100	100		trr<60ns,Ioはプリント基板実装時	20K
1BZ61	東芝		100				1		30	25j	1.2	1.5	25j	10	100	25j	1S2576相当,Ioはプリント基板実装時	113A
* 1CL41	東芝		150				1	60a	30	25j	0.98	1		100	150		trr<60ns,Ioはプリント基板実装時	19G
* 1CL42	東芝		150				1	40a	10	25j	0.98	1		100	150		trr<60ns,Ioはプリント基板実装時	20K
* 1DH62	東芝		200				1	50a	30	25j	1.3	1.5		10	200		trr<400ns,Ioはプリント基板実装時	113A
1DL41A	東芝		200				1	64a	30	25j	0.98	1		100	200		trr<35ns,Ioはプリント基板実装時	19G
* 1DL41	東芝		200				1	64a	30	25j	0.98	1		100	200		trr<60ns,Ioはプリント基板実装時	19G
1DL42A	東芝		200				1	40a	30	25j	0.98	1		100	200		trr<35ns,Ioはプリント基板実装時	20K
* 1DL42	東芝		200				1	40a	10	25j	0.98	1		100	200		trr<60ns,Ioはプリント基板実装時	20K
* 1DZ61	東芝		200				1		30	25j	1.2	1.5	25j	10	200	25j	1S2577相当,Ioはプリント基板実装時	113A
1F60A-120F	富士電機	1320	1200				60	75c	1000	125j	3	60	25j	20mA	1200	125j	trr<0.6μs	403
1F60A-120R	富士電機	1320	1200				60	75c	1000	125j	3	60	25j	20mA	1200	125j	trr<0.6μs,1F60A-120Fと逆極性	403
1FI150B-060	富士電機	650	600				150	92c	2000	150j	1.1	150	25j	15mA	600	150j	trr<0.5μs	370
1FI250B-060	富士電機	650	600				250	91c	4000	150j	1.1	250	25j	20mA	600	150j	trr<0.5μs	370
1G4	日本インター		400				0.75		20		1.2	1	25j	10	400	25j		20F
1G6	日本インター		600				0.75		20		1.2	1	25j	10	600	25j		20F
1G8	日本インター		800				0.75		20		1.2	1	25j	10	800	25j		20F
1GH45	東芝		400				1	60a	20	25j	1.1	1		100	400		trr<200ns,Ioはプリント基板実装時	19G
1GH46	東芝		400				1	35a	15	25j	1.1	1		100	400		trr<200ns,Ioはプリント基板実装時	20K
* 1GH62	東芝		400				1	50a	30	25j	1.3	1.5	25j	10	400	25j	trr<400ns,Ioはプリント基板実装時	113A
1GU42	東芝		400				1		15	25j	1.5	1		50	400		trr<100ns,Ioはプリント基板実装時	20K
* 1GZ61	東芝		400				1		30	25j	1.2	1.5	25j	10	400	25j	1S2578相当,Ioはプリント基板実装時	113A
1JH45	東芝		600				1	50a	20	25j	1.2	1		100	600		trr<200ns,Ioはプリント基板実装時	19G
1JH46	東芝		600				1	35a	15	25j	1.2	1		100	600		trr<200ns,Ioはプリント基板実装時	20K
* 1JH62	東芝		600				1	50a	30	25j	1.3	1.5	25j	10	600	25j	trr<400ns,Ioはプリント基板実装時	113A
1JU41	東芝		600				1		30	25j	2	1		100	600		trr<100ns,Ioはプリント基板実装時	19G
1JU42	東芝		600				1		15	25j	2	1		100	600		trr<100ns,Ioはプリント基板実装時	20K
* 1JZ61	東芝		600				1		30	25j	1.2	1.5	25j	10	600	25j	1S2579相当,Ioはプリント基板実装時	113A

表中では略号のイタリックと添え字の表示をしていませんのでご注意ください

写真1-3
規格表から得られるデータ

●データブックとデータシート

規格表では概略の規格を知ることはできますが、場合によってはもっと詳しいデータを知りたい場合もあります。ということは、規格表では収めきれないデータがあるということですが、その一つの例が各種の特性図です。

このようにさらに詳しいデータが必要な場合に役立つのが、一つの品種を一つのシートに収めたデータシートです。そして、このようなデータシートを1冊の本にまとめたのがデータブックです。

このようなデータブックは、以前は半導体部品を作っているメーカー各社から供給されていたのですが、最近ではデータシートがインターネットで供給されるようになり、データブックは以前ほど必要とされなくなっています。なお、データブックそのものが、Webページからダウンロードできるようになっているところもあります。

図1-20は、東芝セミコンダクター社の汎用トランジスタ2SC1815のデータシートをWebページからダウンロードしているところです。Webページにアップロードされているデータシートは PDFで供給されており、左枠のページを見ると2SC1815のデータシートは全部で4ページあることがわかります。

図1-20の右枠はデータシートの1ページ目を示しており、ここには最大定格や電気的特性のほか、外形寸法が示されています。また、左枠を見ると2~3ページには各種の特性図が示されていることがわかります。

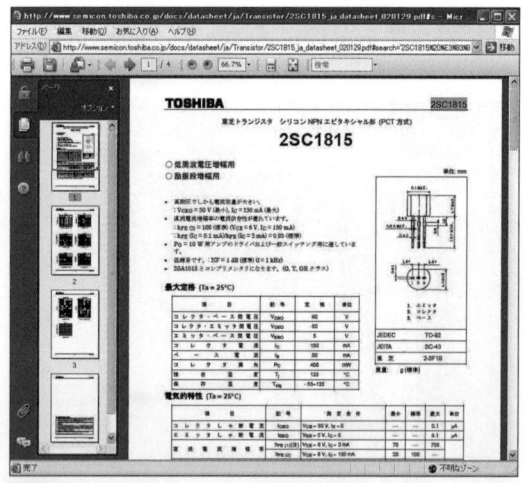

図1-20 Webからデータをダウンロード

実践 作って覚える半導体回路入門

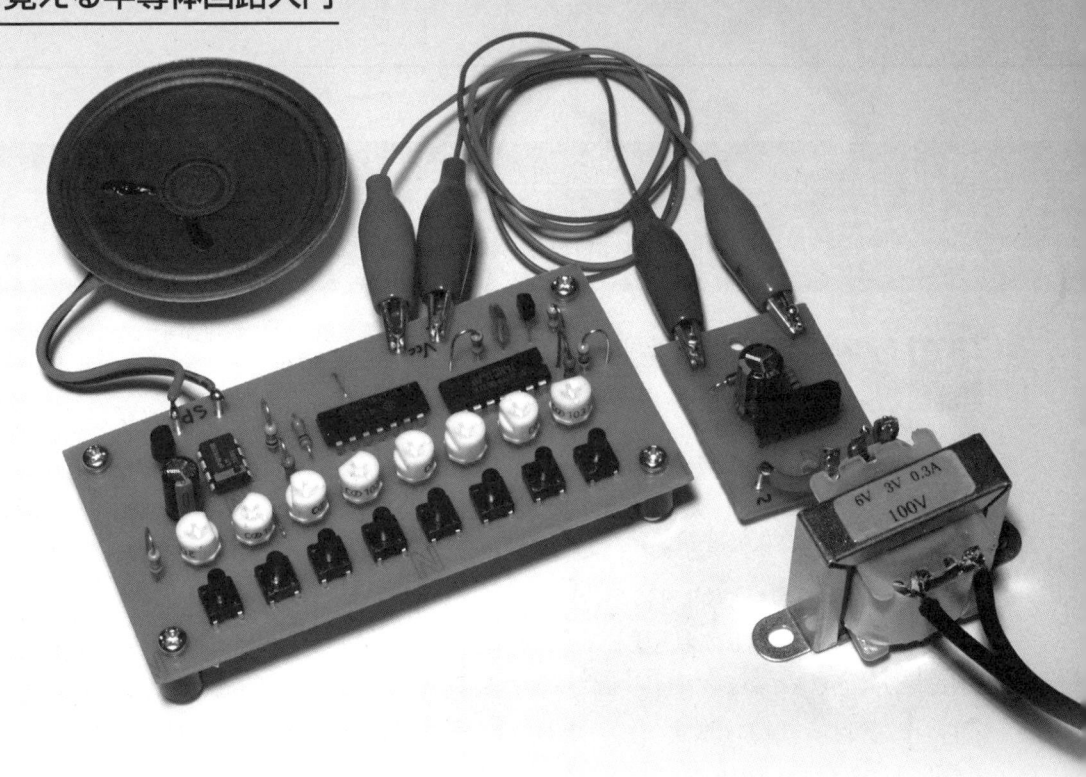

第2章　ダイオード

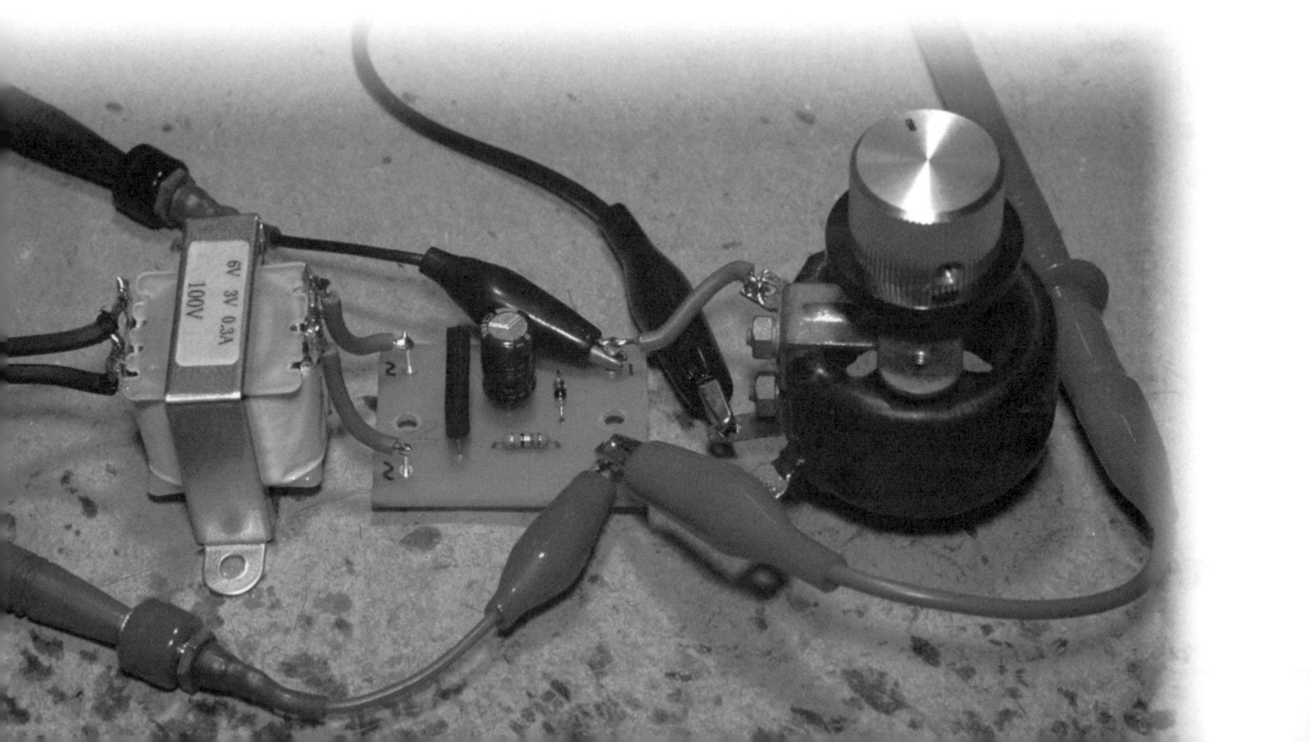

2-1 2本足のダイオード

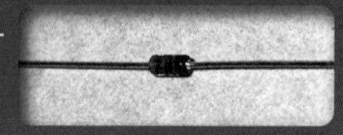

2-1-1 ダイオードの基本

2端子の電子部品であるダイオードはいろいろな構造のものがありますが、大部分は半導体のPN接合でできています。そこで、ダイオードの基本として、PN接合の性質がどのようにダイオードに利用されているかを説明しておきましょう。なお、PN接合以外でできているダイオードについては、そのつど説明することにします。

図2-1はダイオードの基本となるPN接合ダイオードを示したもので、電流が流れ込むほうはA（アノード）、電流が流れ出すほうはK（カソード）と呼ばれます。

PN接合の一方向にしか電流を流さないという不思議な性質については1-2-4項で説明しましたが、ここではPN接合をダイオードとして利用する場合について、さらに詳しく調べてみることにします。

図2-2は、図2-1のPN接合ダイオードに電圧を加え、電圧－電流特性を調べてみたものです。この図で、順領域というのはダイオードに順電圧（順バイアス、電流が流れる方向の電圧）を加えた場合で、逆領域というのはダイオードに逆電圧（逆バイアス、電流が流れない方向の電圧）を加えた場合です。

まず図2-2の順領域を見ると、順電圧を加えた場合、PN接合には電位障壁があるために障壁電圧（シリコンの場合は約0.7V）を超えるまでは電流は流れません。ダイオードの順領域を利用する場合には、このことをよく頭に入れておく必要があります。そして順電圧が障壁電圧を超えると、ダイオードには順電流が急激に流れます。

では、目を逆領域に転じてみましょう。ダイオードというのは逆電圧を加えても電流は流れないはずですが、ダイオードには降伏電圧というのがあり、逆電圧を高くして降伏電圧に達すると逆電流が急激に流れます。そして、この場合の降伏電圧はほぼ一定になります。

図1-17で多彩なダイオードを紹介しましたが、その多彩さはPN接合のこのような性質によるものです。

まず、整流や検波ではダイオードには交流が加

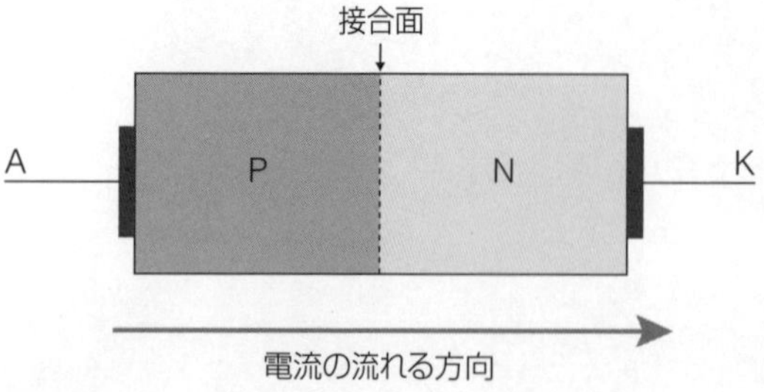

■ 図2-1 PN結合ダイオード

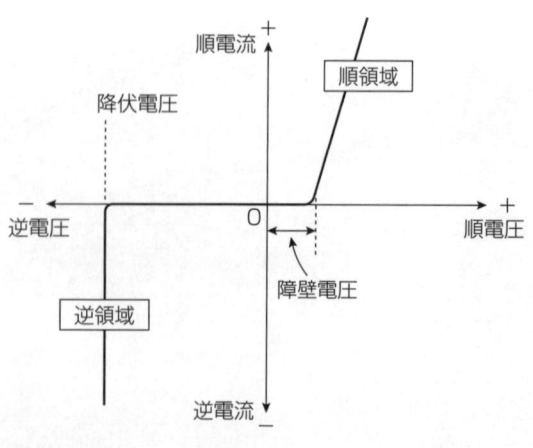

■ 図2-2 PN結合ダイオードの電圧－電流特性

わりますが、そのためにダイオードは順領域と逆領域を交互に行き来します。もちろんその動作は、順方向では障壁電圧を十分に超えること、また逆領域では逆電圧が降伏電圧に達しないことが重要です。

その点、スイッチングダイオードやLEDのように順電圧だけを加えて使う場合には、普通は順領域だけを見ていればOKです。

図1-17で、逆バイアスで使うダイオードとして紹介した可変容量ダイオードや定電圧ダイオードは、図2-2の逆領域を利用するダイオードです。このうち、可変容量ダイオードは降伏電圧に達しないところで使いますから、ダイオードには電流は流れません。

一方、定電圧ダイオードは降伏電圧がほぼ一定になることを利用して定電圧を得るものです。ですから、定電圧ダイオードでは逆電流を流して使います。

2-1-2 ダイオードの種類

ダイオードを作るための半導体材料は、元素半導体だとゲルマニウムとシリコンということになります。初期の頃にはゲルマニウムも使われましたが、今ではすべてシリコンです。

一方、マイクロ波用として使われているのが化合物半導体で、具体的にはガリウム砒素（GaAs）半導体が使われています。

半導体部品といえば、トランジスタに代表される増幅作用を持った能動部品ですが、ダイオードはエサキダイオードを除いて増幅作用を持たない受動部品です。

ダイオードは二つの電極しか持たない、半導体部品としては最も簡単な構造のものです。そして、ほとんどのダイオードは基本的にはPN接合できていますが、中には定電流ダイオードやトリガダイオードなどのようにもう少し複雑な構造を持ったものもあります。それでも端子は二つしかありませんから、ダイオードと呼ばれます。

ダイオードを用途別にみると、図2-3に示したように検波（変調/復調/混合）用ダイオードや整流用ダイオード、スイッチング用ダイオード、可変容量ダイオードや定電圧ダイオード、定電流ダイオードなどがあります。ダイオードにはエサキダイオードのように増幅用のものもありますが、今では使われません。

そのほか、トリガダイオードや温度補償用ダイオード、サージ吸収用ダイオード、さらにLED（発光ダイオード）などもありますし、PN接合でできているということでいえばフォトダイオードや太陽電池も仲間に入ってくるでしょう。

ダイオードにはもう一つ、小信号用と電力用という分け方があります。電力用ダイオードというのは主に整流用で、10Aとか100Aといった大きな電流を流せるものです。

それに対して、それ以外の検波（復調）/変調/混合用ダイオードやスイッチング用ダイオード、可変容量ダイオードなど小さな信号を扱うダイオードは、ひっくるめて小信号用ダイオードと

●検波用 ・変調,復調,混合 ●整波用 ・モジュールやスタックがある	●スイッチング用 ・直流回路,論理回路 ・高周波用 　アンテナ切替、ATT、AGC
●可変容量ダイオード ・バリコンの役目 ●定電圧ダイオード ・定電圧回路の基準電圧を作る	●増幅、発振用 ・今では使われない ●その他のダイオード ・トリガダイオード ・バリスタダイオード ・LED（発光ダイオード） ・太陽電池 ・フォトダイオード

■ 図2-3　用途からみたダイオードの種類

いうように呼ばれます。

ここではダイオードの用途の項目だけを挙げましたが、それぞれのダイオードの詳細については、この後で実際に使ってみながら説明することにします。

2-1-3　ダイオードの型名、記号、外形

図2-4は、ルネサスの小信号ダイオードのデータシートを見たものです。このダイオードの型名は1SS270Aとなっていますが、型名はダイオードを特定するときのよりどころですから重要です。

ダイオード規格表の型名のところを見ると、1S123とか1S234というように頭に1Sの付いたものと、そうでないものがあります。この型名は、日本でいえばJEITA（電子情報技術産業協会）に登録されたときに与えられたものと、メーカーが独自に付けたハウスナンバーと呼ばれる二つがあります。頭に1Sの付いたものがJEITAに登録されたときに与えられた1Sナンバーというもので、それ以外はメーカーが付けたハウスナンバーです。

ダイオード規格表を見ると、ダイオードの場合には実際には1Sナンバーよりもハウスナンバーのほうが多いくらいで、これはちょっと意外な感じを抱きます。

JEITAが登録制度を実施しているのは標準化することにより情報が統一できること、また新しいデバイスの情報をいち早く提供できる、といったことが上げられています。その標準化の一環として、JEITAではダイオードの型名は図2-5のように付けることになっています。では、ルネサスの小信号ダイオード1SS270Aを例にして、型名の付け方を説明してみましょう。

まず、最初の2文字（第1項）の1Sというのはダ

■図2-4　ダイオードの型名や外形の一例

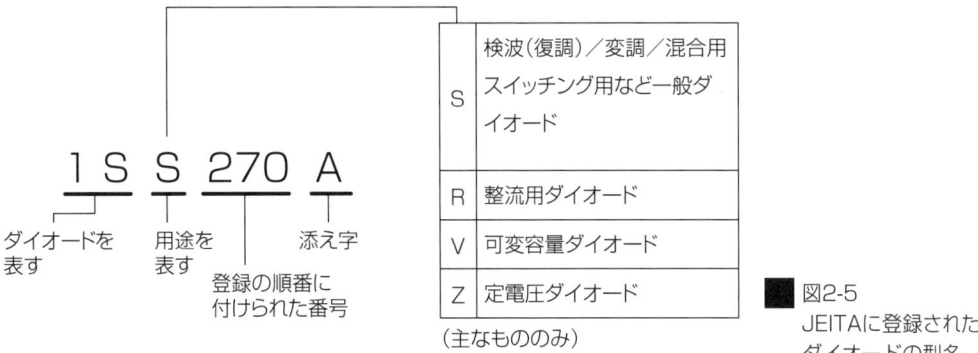

図2-5 JEITAに登録されたダイオードの型名

イオードを表しており、JEITAに登録されたダイオードに共通です。ちなみに、最初の数字の1は2端子のデバイスであることを、また2番目の文字のSは半導体を表しています。

第2項のSはダイオードの用途を表すもので、実際には細かく分類されていますが、主なものを上げてみると右側の表のようになります。というわけで、第2項の文字を見るとそのダイオードの大体の用途がわかります。

なお、ダイオード規格表を見るとたいていの用途のものに、第2項のない1S1146といったような型名のダイオードが見受けられます。これは今のようにダイオードが多彩でなかった頃、用途に関わらず第2項を省略してダイオードの型名が与えられたときの名残のためです。

ついでに、1N34のように型名が1Nで始まっているダイオードがありますが、これはアメリカの電子部品の標準化を進める団体JEDEC（Joint Electron Device Engineering Council）が付けた型名です。

では、話を先に進めましょう。第3項の数字の270が登録された順番に付けられたもので、ここで始めて一つのダイオードが特定されます。ここまでが、ダイオードの型名の基本となるところです。

第4項の添え字は付いていないのが普通ですが、改良が加えられたりするとA、B、C…のように付けられるものです。

図2-6は、よく使われるダイオードの記号を示したものです。（a）は一般用（検波用、スイッチング用）ダイオードの記号を示したもので、文字記号はDが使われます。また、（b）は可変容量ダイオード、（c）は定電圧ダイオードの記号で、図記号も文字記号も一般用とは違っています。そのほか、LEDや双方向トリガダイオードも特別な記号が使われますが、基本的には（a）の一般的なダイオードの記号が使われています。

ダイオードの外形は用途によって違いますが、よく使われる小信号用の一般用ダイオードや可変

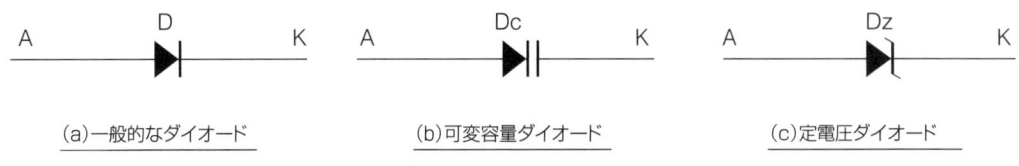

図2-6 よく使われるダイオードの記号

容量ダイオード、定電圧ダイオードの場合には、図2-7のようなものが普通です。これらのうち、私たちが実際にいじれるのは写真2-1に示したようなリード線タイプのものです。このタイプのダイオードは、カソードマークを付けてAとKの別がわかるようになっています。

最近では、新しく発表されるダイオードの大部分が（c）に示したような表面実装用です。でも、このタイプは小さ過ぎて、手作業で扱うのは無理だといってもいいでしょう。

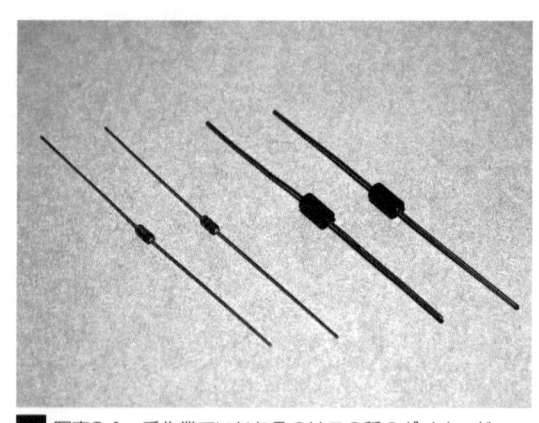

■ 写真2-1　手作業でいじれるのはこの種のダイオード

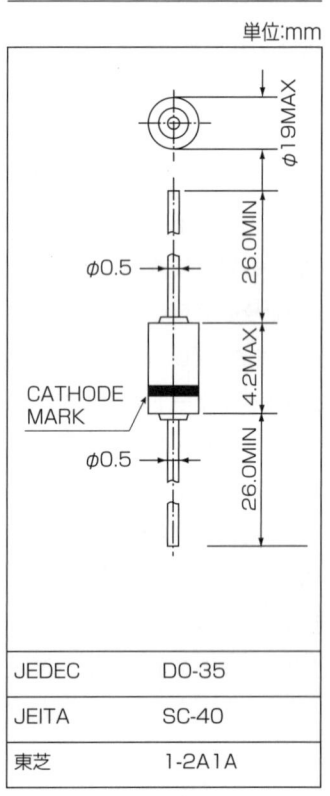

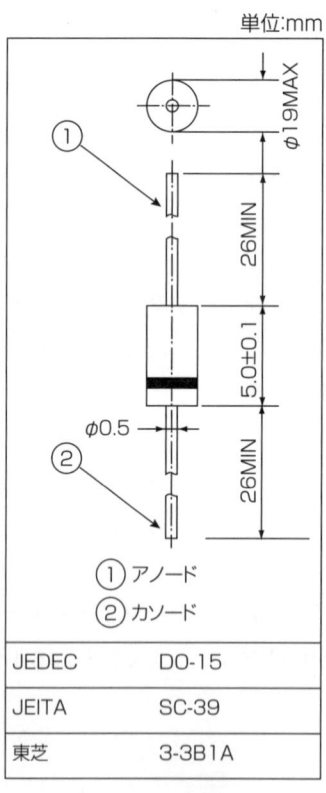

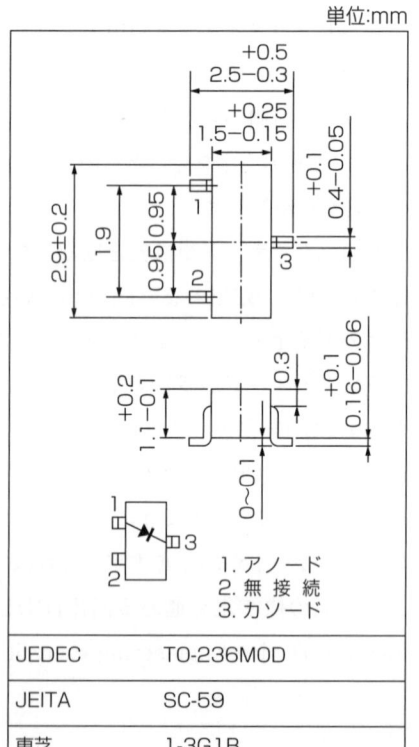

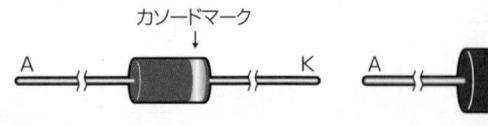

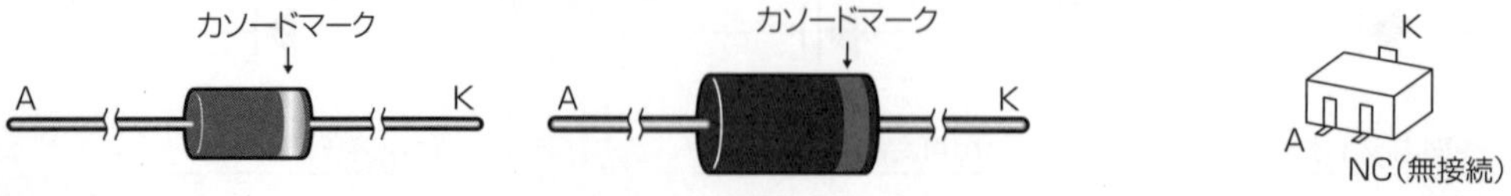

■ 図2-7　よく使われるダイオードの外形寸法図

2-2 検波用ダイオード：AMの検波

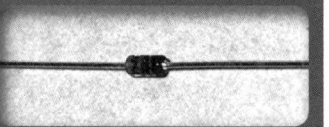

2-2-1 死語になった!?"ゲルマラジオ"

日本でラジオ放送が開始されたのは1925（大正14）年3月、当時使われていたのは鉱石ラジオです。そして、鉱石ラジオに使われていた鉱石検波器が検波用ダイオードの元祖です。

この鉱石検波器は黄鉄鉱や方鉛鉱、紅亜鉛鉱といった鉱石に金属製の針の先を接触させたもので、ラジオ部品として完成したときには図2-8のように筒の中に鉱石と針としてスプリングを持った探針を収めた構造になっていました。ちなみに、探針と呼ばれたのは鉱石の表面で感度のいいところを探すためでした。

この鉱石検波器は、鉱石の表面に探針を接触させて使うところから、点接触式と呼ばれました。

鉱石検波器は電子部品としては不完全なものでしたが、トランジスタが発明され、半導体時代の幕開けと共に検波用ダイオードに生まれ変わりました。以来、先頃まで検波用ダイオードとして使われてきたのが、1N60に代表される点接触型のゲルマニウムダイオードです。

この点接触型ゲルマニウムダイオードは、初期の頃には1N34（日本では1S34）など何種類かのものがありましたが、最後まで残ったのはテレビ映像検波用の1N60と呼ばれるものでした。この1N60も今では製造中止になり、市場に残っているもののみとなっています。

このようにゲルマニウムダイオードが姿を消した今、長い間慣れ親しんできたゲルマラジオという呼び名も死語になりつつあります。

2-2-2 ゲルマラジオに1N60が使われてきた理由

検波用ダイオードが使われるのはラジオや無線の世界で、周波数でいえばAM放送で使われている中波から、テレビや携帯電話で使われているようなマイクロウェーブにまで及びます。したがって、高周波特性がよくなくてはなりません。

一方、ラジオや無線の世界で扱われる電圧は、一般的にいって、マイクロボルトやミリボルトといったとても小さなものです。ですから、検波用ダイオードでは障壁電圧が低いことも大切な要素になります。

外観

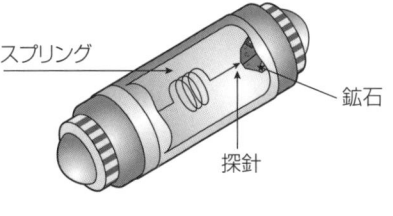
スプリング　鉱石　探針
構造

■ 図2-8　検波用ダイオードの元祖"鉱石検波器"

図2-9は、検波用ダイオードとして使われてきた点接触型ゲルマニウムダイオードの構造を示したものです。点接触型ゲルマニウムダイオードはN型ゲルマニウムに金属針を接触させるところから点接触型と呼ばれますが、鉱石検波器と違って、フォーミングといって瞬間的に接触部に大きな電流を流すことにより小さなPN接合を作っています。ですから、接触部は鉱石検波器のような不安定さはありません。

このようにして作られた点接触型ゲルマニウムダイオードは、接合部が小さいので寄生容量が小さく、そのために高周波特性がいいのです。

また、ゲルマニウムはシリコンに比べると障壁電圧が低く（約0.3V）、ゲルマニウムダイオードは小さい信号を扱うのに向いていました。

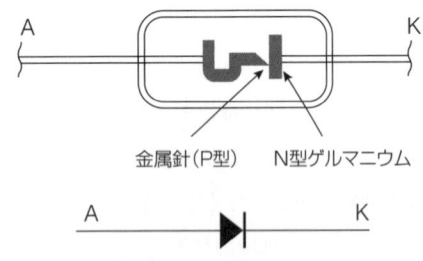

▎図2-9 点接触型のゲルマニウムダイオード

2-2-3 1N60に変わる検波用ダイオードを探す

これまで検波用として使われてきた、点接触型ゲルマニウムトランジスタが姿を消しつつある今、ゲルマラジオを作り続けるには、1N60に代わる検波用ダイオードを探す必要があります。そこで、いくつかの候補を選んで試してみることにしました。

まず、ダイオードとして最も入手しやすく、また安価なのが、小信号用シリコンダイオードです。これが検波用として使えれば、何の心配もありません。そこで、ダイオード規格表の中から、小信号用シリコンダイオードの代表として写真2-2の中央

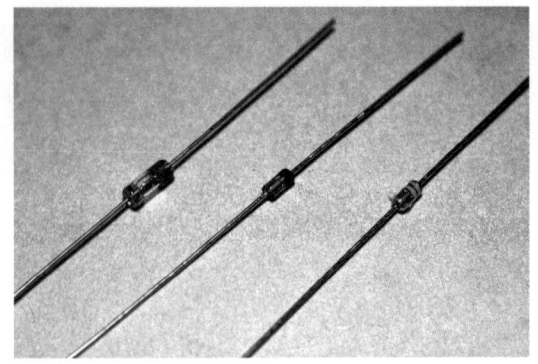

▎写真2-2 検波のテストに使ったダイオード
（左から1N60、1S1585、1SS86）

に示した1S1585を選んでみました。ちなみに、左端は点接触型ゲルマニウムダイオードの1N60です。

一方、V/UHFやマイクロ波の検波用ダイオードとされているのが、小信号用ショットキーバリアシリコンダイオード（以下、ショットキーバリアダイオード）です。このショットキーバリアダイオード、以前はちょっと高嶺の花だったのですが、最近では入手も容易になっています。そこで、ショットキーバリアダイオードの代表として、写真2-2の右端に示した1SS86を用意してみました。

実は、ショットキーバリアダイオードの構造はちょっと変わっていて、図2-10に示したように金属（M）と半導体（S）によるMS接合（ショットキー接合ともいう）でできています。ショットキーバリアダイオードは逆回復時間が短くて障壁電圧も低く、高周波での特性が優れています。

さて、ゲルマラジオに使われる1N60に代わるダイオードを探す場合に重要なのは、どれくらい弱い電波まで受信できるかということで、それを決めるのはダイオードの順方向特性です。

図2-11は、選択した3本のダイオードの順方向特性の小信号領域を、データシートから書き出してみたものです。これを見ると、例えば順電流として0.5mAを流すのに必要な順電圧は、ショットキーバリアダイオードの1SS86で約0.17V、点接触

2-2 検波用ダイオード：AMの検波

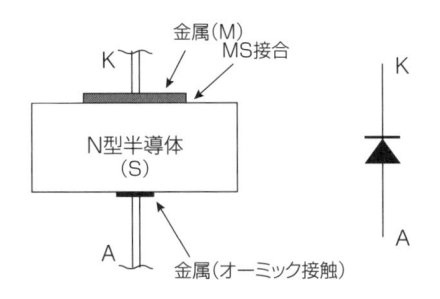

■ 図2-10 ショットキーバリアダイオードの構造

型ゲルマニウムダイオードの1N60が約0.32V、そしてシリコンダイオードの1S1585が約0.62Vとなっています。

この図からわかることは、シリコンダイオードの1S1585の順電圧は1N60に比べると2倍以上あり、1S1585はゲルマラジオ用のダイオードとして1N60の代わりは務められそうにありません。それに比べると、ショットキーバリアダイオードの1SS86の順電圧は1N60の半分ほどですから、1SS86を1N60の代わりに使うともっと感度のいいゲルマラジオが作れそうです。

2-2-4 3本のダイオードを比較してみる

ではゲルマラジオを用意して、3本のダイオードをそれぞれ試して比較してみることにしましょう。

次ページの写真2-3は科学教材社からキットで発売されているゲルマラジオのSP-Gで、これを図2-12のような回路に組み上げたものです。

では、図2-13のようにゲルマラジオに入力信号（E_i）としてSG（信号発生器）からAM信号を加え、出力電圧（E_o）がどのようになるかをダイオードごとに調べてみましょう。なおAM信号は、搬送波が1MHz、信号波は400Hz、変調率は約33%としました。

写真2-4は、AM波の入力電圧E_iを一定としたときの出力電圧E_oを、3本のダイオードで比べてみたものです。画面の波形は、上が変調波1MHzのもの、そして下が出力として得られた400Hzの出

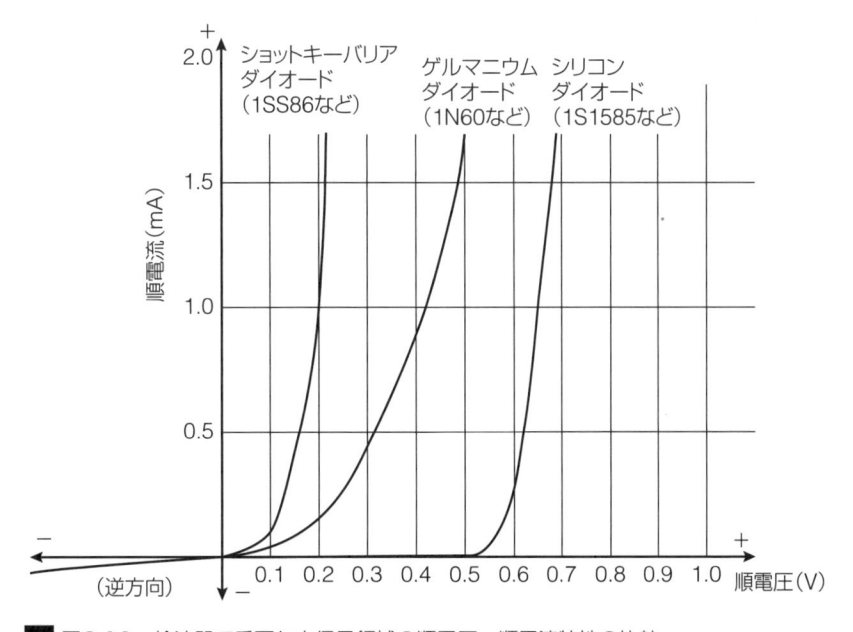

■ 図2-11 検波器で重要な小信号領域の順電圧－順電流特性の比較

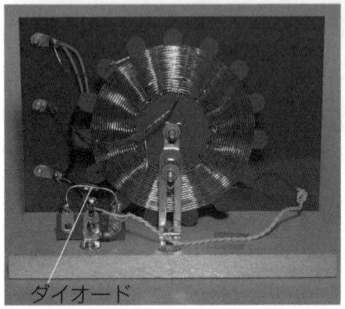

第2章 ダイオード

写真2-3 検波用ダイオードのテストに使ったゲルマラジオ（科学教材社 SP-G）

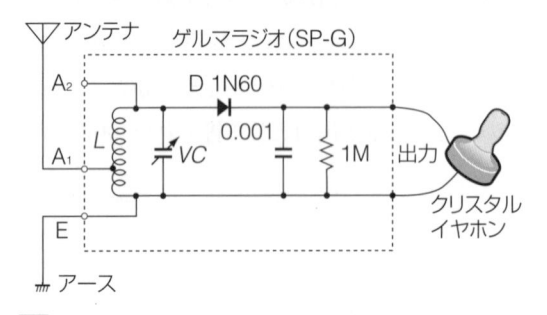

ダイオード

図2-12 ゲルマラジオの回路図

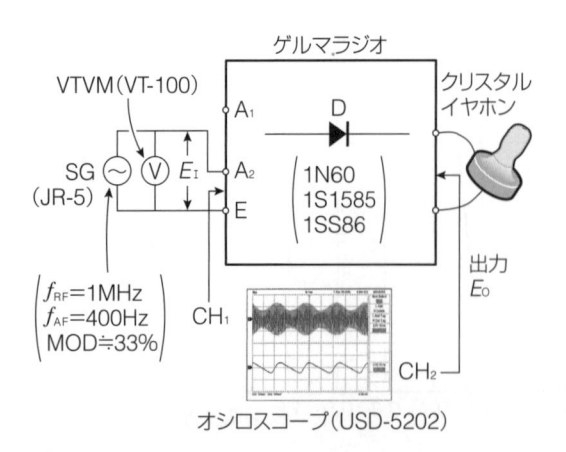

図2-13 3本のダイオードを試してみる

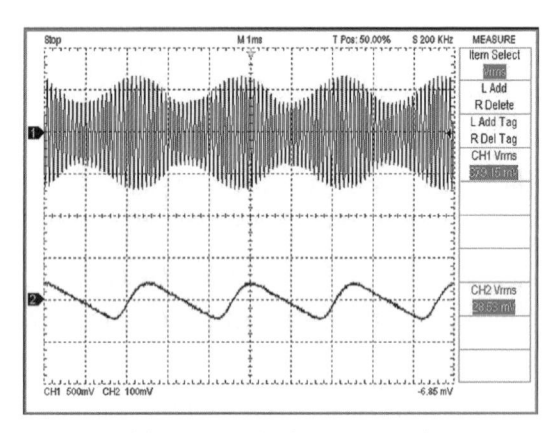

(a) 1N60の場合 （E_0=28.35mV）

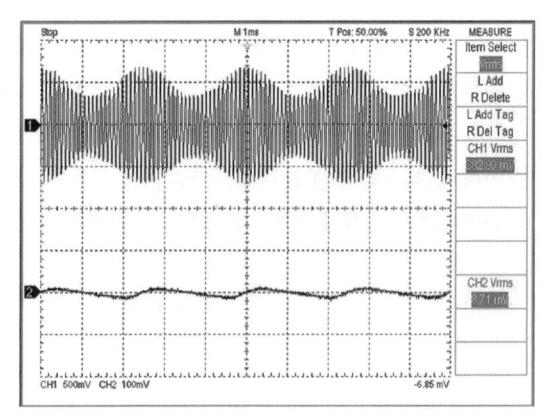

(b) 1S1585の場合 （E_0=8.71mV）

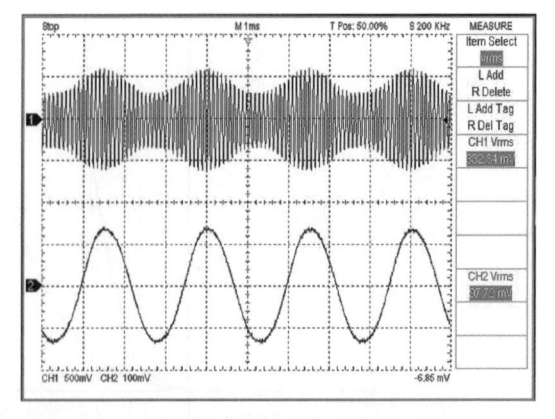

(c) 1SS86の場合 （E_0=97.72mV）

写真2-4 3本のダイオードを比べてみる

力波形です。

まず、(a)はゲルマニウムダイオードの1N60の場合で、出力電圧E_oは28.35mV、これを基準にして1S1585と1SS86の場合を比べてみることにします。

(b)は、いつでもどこでも手に入る小信号用シリコンダイオードの1S1585の場合で、出力電圧は3分の1以下の8.71mVに減ってしまいました。これを見ると、シリコンダイオードは実験の結果からも、ゲルマニウムダイオードの替わりには使えないようです。

そして、(c)はショットキーバリアダイオードの1SS86の場合で、出力電圧は97.72mVと1N60の場合の3倍以上になっています。これなら、1N60を使った従来のゲルマラジオの感度をぐんと向上させることができます。

ついでに、図2-13でクリスタルイヤホンで変調音を聞きながら入力電圧E_Iを減らしていき、変調音が聞こえなくなるときの入力電圧を3本のダイオードについて比べてみました。

図2-14がその結果で、シリコンダイオードの1S1585の場合には入力電圧が10mVを切ると聞こえなくなってしまいました。ゲルマニウムダイオードの1N60とショットキーバリアダイオードの1SS86の場合には大きな差はなかったのですが、やはり1SS86のほうが2倍ほどいい成績を示しました。

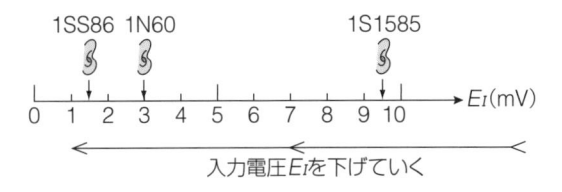

■ 図2-14 消音するときの入力電圧を比べてみた

2-2-5 1SS86で作るニューゲルマラジオ

用意した3本のダイオードをゲルマラジオで試してみた結果、点接触型ゲルマニウムダイオードが姿を消しても、ショットキーバリアダイオードを使えばゲルマラジオが作れることがわかりました。でも、これではゲルマラジオと呼ぶには実体が伴いません。

といって、ショットキーバリアラジオと呼ぶのも変な感じです。いずれふさわしい名前が付けられるかもしれませんが、ここではそれまでのゲルマラジオの呼び名に敬意を表して、ニューゲルマラジオと呼んでおくことにします。

ショットキーバリアダイオードは、本来はV/UHFやマイクロ波の検波用として用意されたものですから、その多くは私たちの手には負えないチップタイプです。その中で1SS86は写真2-2に示したようにリード線タイプで、自作派にとっては貴重なダイオードといえます。

1N60が廃品種になった今、市場に残っている1N60は1個ずつ袋に詰められていてけっこう高価です。その結果、今では1SS86は1N60よりも安価に入手できます。

本来はマイクロ波用のショットキーバリアダイオードを、中波や短波の領域で使うのはもったいない気がしないでもありません。でも、1N60が廃品種となった今、従来のゲルマラジオよりも感度のいいニューゲルマラジオが作れる1SS86は、貴重な存在といえるでしょう。

*

東京・秋葉原の電子部品店を回ってみると、ゲルマニウムダイオードの1N60はお店を探せばまだ入手できます。でも、通常の半導体部品を扱っているお店には置いてありません。

一方、ショットキーバリアダイオードの1SS86は大抵の半導体部品店で手に入るようになりましたし、通信販売でも入手できます。インターネットの検索エンジンで1SS86を検索してみると、売っているところを探すことができます。

2-3 検波用ダイオード―AM変調／検出

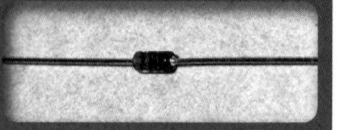

2-3-1 リング変調／復調回路とは

電子回路の中で検波用ダイオードが活躍するのはAM波の変調回路や復調回路で、ここで使われるのがリング変調器とかリング復調器と呼ばれるものです。

リング変調器やリング復調器の基本回路は図2-15のようなもので、4個のダイオードがリング（輪）のようにつながれているところからこのように呼ばれます。これは、見るからにダイオードが主役の回路です。

リング変調回路やリング復調回路は二つの入力を持っており、二つの入力は出力に対して平衡が取れています。そのために、入力1にf_1、入力2にf_2を加えると、これらは出力には現れません。出力に出てくるのは、入力の和のf_1+f_2と、差のf_1-f_2の二つだけです。

リング変調回路やリング復調回路は増幅作用を持たない受動回路で、回路を見るとわかるように入力1と出力は左右対称になっており双方向性を持っています。

図2-16は、リング変調回路の動作を示したものです。この回路では入力1に信号波（f_S）、入力2に搬送波（f_C）を加えていますが、平衡が取れている限り出力にはf_Sやf_Cは出てきません。

この出力を周波数スペクトラムで眺めてみると、図2-17のようになります。この出力は両側波帯抑圧搬送波と呼ばれるもので、f_C+f_Sが上側波帯（USB）、f_C-f_Sが下側波帯（LSB）と呼ばれます。普通の放送ではこのような両側波帯抑圧搬送波は使われていませんが、アマチュア無線では専ら上側波帯または下側波帯を使った単側波帯（SSB）が使われています。

SSB波を得るには、このあとフィルタを使ってUSBまたはLSBのみを取り出しますが、リング変調回路の出力はSSB波を得るための第一歩として使われています。

以上はリング変調回路の場合でしたが、リング復調回路の場合にはどのようなことになるでしょうか。リング復調回路はSSB波の復調に使われ、図2-16の入力1に変調波が加えられます。

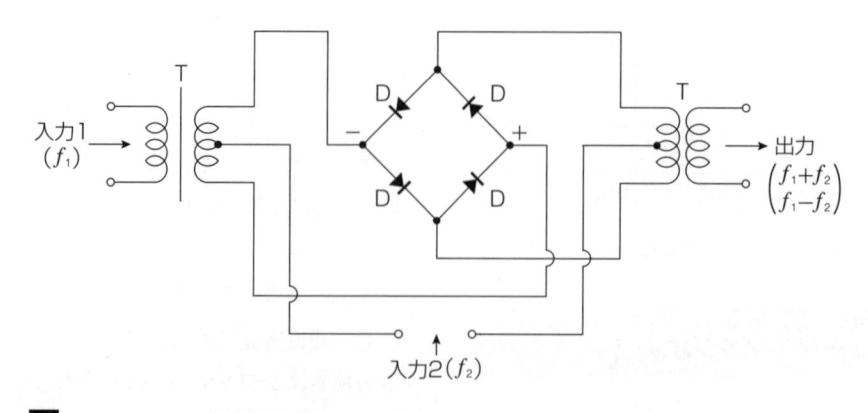

■図2-15　リング変調／復調器の基本回路

2-3 検波用ダイオード－AM変調／検出

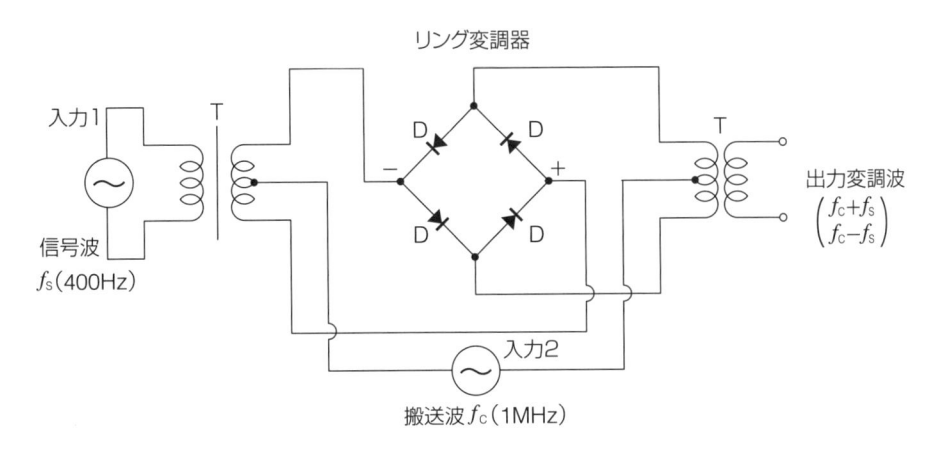

■ 図2-16 リング変調回路の動作

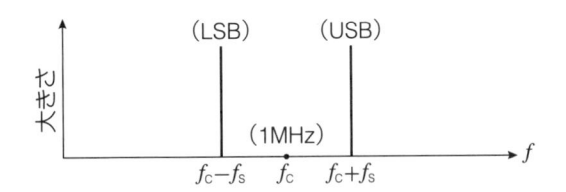

■ 図2-17 リング変調回路から得られる出力の周波数スペクトラム

図2-16の入力1にSSBの変調波を加えると、この回路はそのままリング復調回路に変身します。いま仮に、入力1にUSB（1.000400MHz）を加えると、出力には1MHzとの和の2.000400MHzと差の400Hzの二つが出てきます。この二つは周波数が大きく離れていますからフィルタで簡単に分離でき、目的の信号波（f_s、400Hz）を取り出すことができます。

2-3-2 リング変調回路の実験

では、リング変調回路を用意して、実際に働かせてみることにしましょう。図2-18がリング変調の実験回路で、図2-16とはちょっと違っていますが働きは同じです。

まず、リング変調器を構成するダイオードは、2-2-1項で紹介したショットキーバリアダイオードの1SS86を4個使います。このダイオードは、平衡度を上げるには本当は特性の揃ったものを用意する必要があります。ここでは複数の中から適当に4本

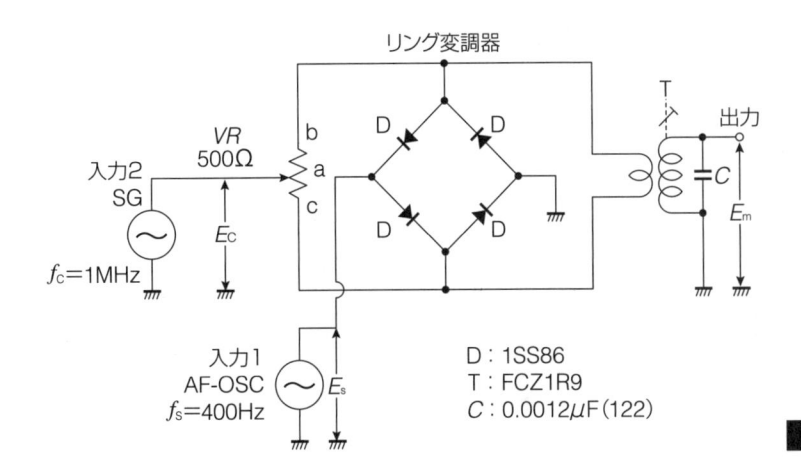

■ 図2-18 リング変調の実験回路

を選びましたが、どのようなことになるでしょうか。

入力2には搬送波（f_C）を加えますが、可変抵抗器（VR）は搬送波の平衡度を加減するためのものです。このVRを回したとき、中央のa点では平衡が取れて図2-16のような動作をしますが、b点やc点に移動すると平衡がくずれ、出力に搬送波（f_C）が洩れて出てきます。VRは、本来は平衡度を調整して搬送波が出ないようにするのが目的ですが、ここではこの後作ってみるAMワイヤレスマイクを作るための予備実験を兼ねています。

出力側には、1MHzに共振した同調回路を用意します。図2-18に示したトランス（T）がそれで、FCZの1R9は本来は1.9MHz用（C=390pF）ですが、ほかに適当なものがないので同調容量を変えてこれを流用します。C=0.0012μFとすると、うまい具合に1MHzに同調します。

では、写真2-5のように平ラグ板の上に図2-18の回路を組み立てて実験を始めることにしましょう。信号源として用意したのは、信号波用がAF-OSC、搬送波用が信号発生器（SG）です。実験に使用する周波数は信号波が400Hz、搬送波が1MHzとしました。それと、電圧測定用にRFミリバルとオーディオ用のVTVM、それに波形観測用にオシロスコープを用意しました。

●実験①：平衡した状態のリング変調回路

まず、入力1の信号波をゼロ（E_s=0）とし、無変調の状態で実験してみました。写真2-6はその様子を示したもので、（a）は搬送波として入力2にE_c=1Vを加えたときの入力波形、（b）はVRを回して平衡を取り、出力電圧E_mが最小になるようにしたときの出力波形です。なお、オシロスコープの垂直入力の感度は両方とも同じです。

結果は、VRによる平衡調整を最良に調整しても、出力には搬送波がわずかですが洩れていることがわかります。ちなみに、このときの出力電圧E_mは、約0.03V（30mV）でした。

無変調の場合の様子がわかったところで、入力1に信号波を加えて変調を掛けてみることにしましょう。写真2-7は入力1に信号波としてE_s=0.4V

■ 写真2-5　リング変調回路の実験の様子

2-3 検波用ダイオード－AM変調／検出

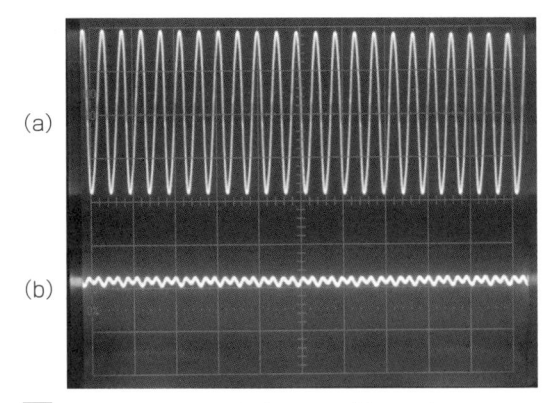

■ 写真2-6 無変調の場合のリング変調回路

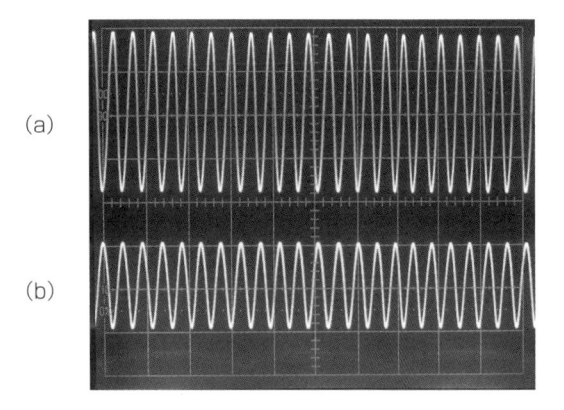

■ 写真2-8 平衡をくずすと搬送波が洩れてくる

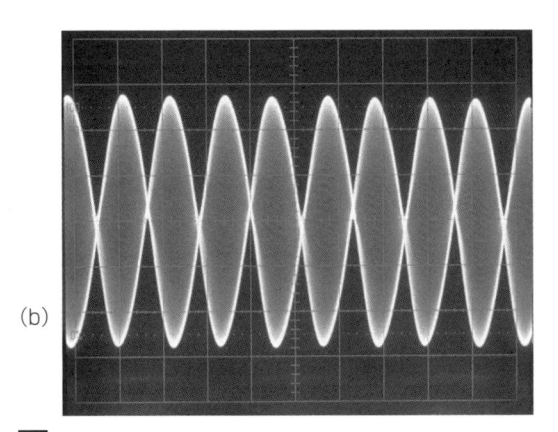

■ 写真2-7 図2-17の出力波形

(400mV)を加えた場合で、これが図2-17に示した抑圧搬送波両側波帯の場合の出力波形です。この波形は、教科書どおりです。

● **実験②：AM変調の実験**

実験①の場合のVRの役目は、平衡度を調整して搬送波の洩れを最小にすることでしたが、VRをbやcの位置にすると平衡がくずれ、出力には搬送波が洩れてきます。

写真2-8は無変調の状態で平衡をわざとくずしてみたもので、(a)は写真2-7の場合と同様に入力2に加えた搬送波（$E_c=1V$）です。そして、(b)はVRをb（またはc）側に回して平衡をくずした場合で、出力電圧E_mを0.5VになるようにVRを調整し

た場合を示したものです。

では、この状態で入力1に信号波を加えて変調を掛けてみましょう。写真2-9は信号波として$E_s=0.12V$（120mV）を加えた場合の出力波形で、ごらんのようにきれいな振幅変調波（AM波）が得られています。この場合の変調率は約50％、出力電圧E_mは約0.6Vでした。

ではこの後、実験②の結果を使って、AMワイヤレスマイクを作ってみることにします。

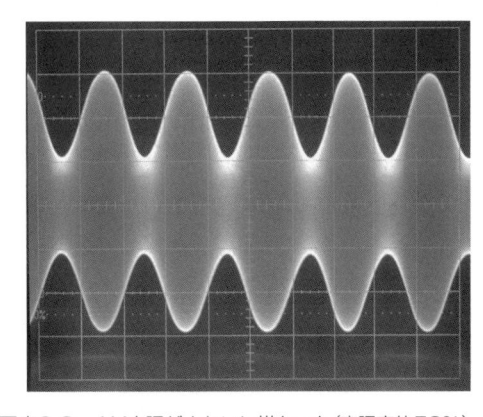

■ 写真2-9 AM変調がきれいに掛かった(変調率約50％)

2-3-3 AMワイヤレスマイクを作る

AMワイヤレスマイクを作る場合、搬送波の終段電力増幅器に変調を掛ける高電力変調方式がよ

第2章 ダイオード

く使われますが、それ以外にも2-3-2項の実験②のような方法でAM変調を掛け、それを増幅するといった方法で作ることもできます。このような方法を、低電力変調方式といいます。

図2-19が、リング変調回路による低電力変調方式のAMワイヤレスマイクの回路図です。このAMワイヤレスマイクの周波数は、受信をどこにでもある中波放送受信用のAMラジオで行うことにして、2-3-2項の実験で使ってきた1MHz（1,000kHz）とすることにしました。

まず、トランジスタの2SC1815が、搬送波の1MHzを作るための発振回路です。市販のセラミック発振子（CR）には標準品として1MHzのものが用意されており、これを使うことにします。なお、セラミック発振子以外にも、1MHzの水晶発振子でもOKです。

発振回路は、発振子をトランジスタのコレクタ（C）とベース（B）の間につなぐピアースC-B回路です。この回路は、T_1と$0.0015\mu F$で作る共振回路が容量性になったときに発振します。共振回路を容量性にするには共振周波数を1MHzより低くしますから、同調容量は図2-18の場合と違って$0.0015\mu F$にしてあります。

発振回路のベースにつながっているC_Bは、発振用の帰還容量です。この回路はC_Bなしでも発振しますが、C_Bを入れるとがぜん発振が強くなります。

発振周波数はセラミック発振子を使っているのでほぼ正確ですが、C_Bや共振回路の共振周波数を変える（具体的にはT_1のコアを調整する）ことで、±10kHzくらいの範囲で周波数が変わります。実際に実験してみたところでは、C_Bを100pFとし、T_1を発振周波数がほぼ1MHzになるように調整したところで、強力で安定な発振が得られました。

本機の心臓部であるリング変調回路は、実験に使った図2-18と同じです。

ここでは、MOD端子に入れる信号波の変調信号をどうするかを考えておかなければなりません。AMワイヤレスマイクというと、本来はマイクロホンからの入力をここに加えるためにマイクアンプが必要ですが、ここでは図2-20のような使い方を考えて、変調信号をラジカセやテレビのイヤホン端子から得ることにしました。これでマイクアンプが不用になり、すっきりします。

図2-18の実験では、約50%変調を掛けるのに必要な変調信号電圧は約0.12Vでした。ラジカセやテレビのイヤホン端子からはこの電圧が十分に得られますし、ボリュームを回せばこの電圧を変えられます。

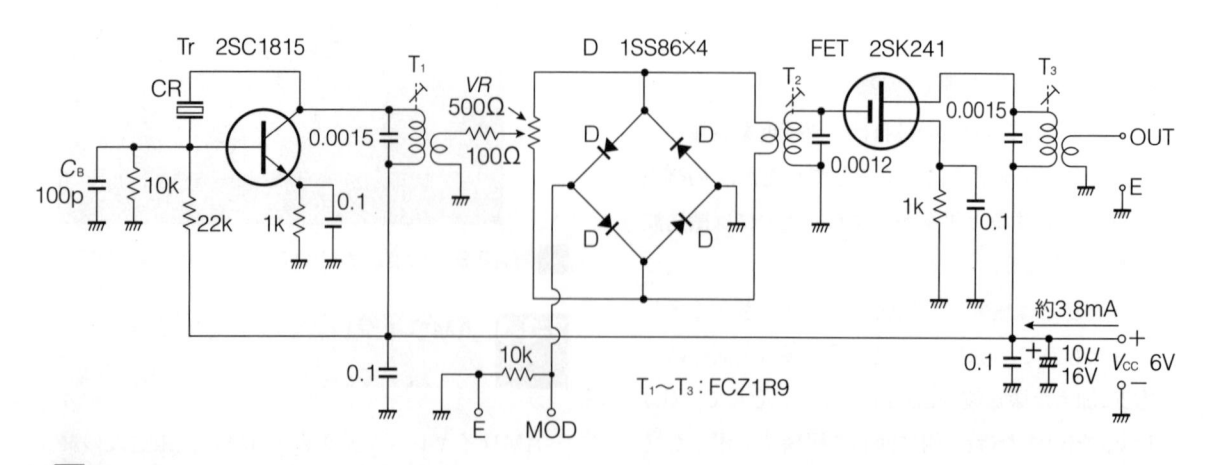

■図2-19 AMワイヤレスマイクの回路図

2-3 検波用ダイオード−AM変調／検出

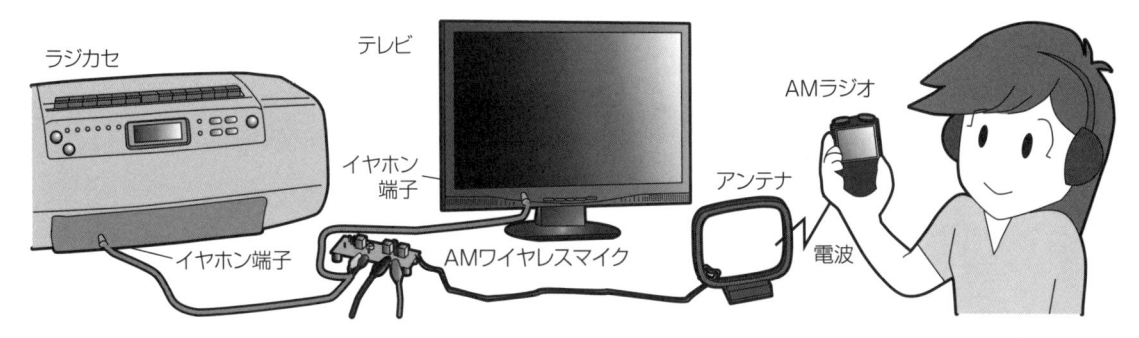

図2-20 変調信号はイヤホン端子から得る

　これでリング変調回路からAM波が得られますから、これをFETの2SK241で増幅します。FETはトランジスタに比べるとゲインは少ないのですが、内部容量が小さいので安定なRFアンプが作れます。なお、AM波をひずみなく増幅するには、RFアンプはリニアアンプでなくてはなりません。

　では、図2-19の回路をプリント板の上に作ってみることにしましょう。図2-21にプリントパターンを示しておきますので、組み立ての参考にしてください。

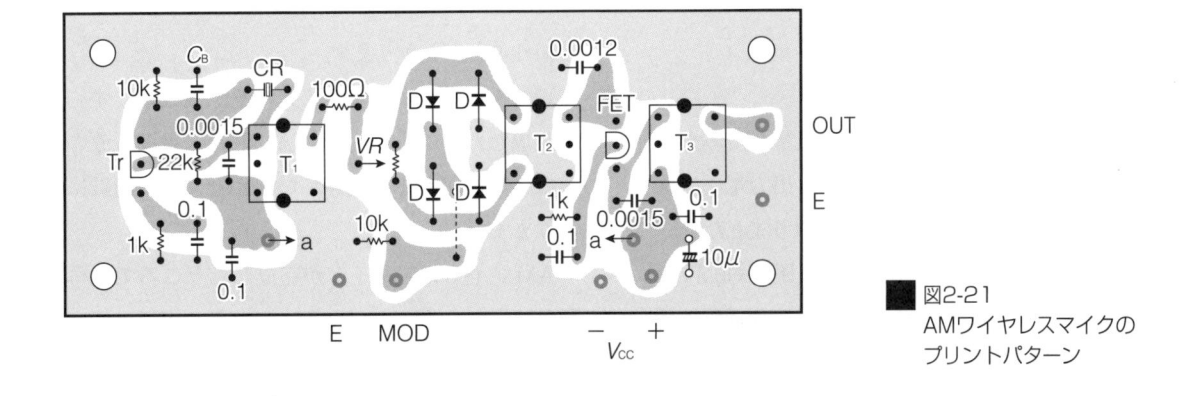

　次ページの写真2-10は、完成したAMワイヤレスマイクの様子です。組み立てが終わったら、500ΩのVRをほぼ12時の位置におき、電源端子（V_{CC}）に6Vを加えてみましょう。このとき、トランジスタの2SC1815のエミッタ電圧が約1.2V、FETの2SK241のソース電圧が約0.8Vになっていることを確認してください。

　では、2SC1815の発振回路から調整を始めましょう。T_1の出力にオシロスコープをつないだら、T_1のコアを回してみます。すると、オシロスコープに示された波形の振幅が図2-22のように変化します。もし周波数カウンタがあったら、発振周波数も一緒に測ってみてください。

　T_1のコアの最終調整点は、図2-22に示したあたりに調整します。これで、たぶん発振周波数も1000kHzくらいになっているはずです。なお、AMワイヤレスマイクとしては、発振周波数の正確さは気にすることはありません。

　発振回路の調整が終わったら、オシロスコープをT_2の同調回路側（2SK241のゲート）に移します。準備ができたらVRを回し、VRがほぼ12時の位置で写真2-6（b）のように出力がほとんどゼロになることを確認します。

　ではVRを回してリング変調回路の平衡をくずし、

図2-21
AMワイヤレスマイクのプリントパターン

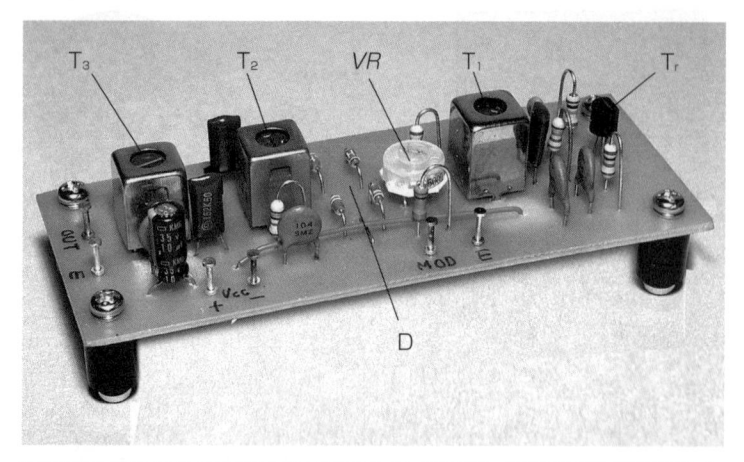

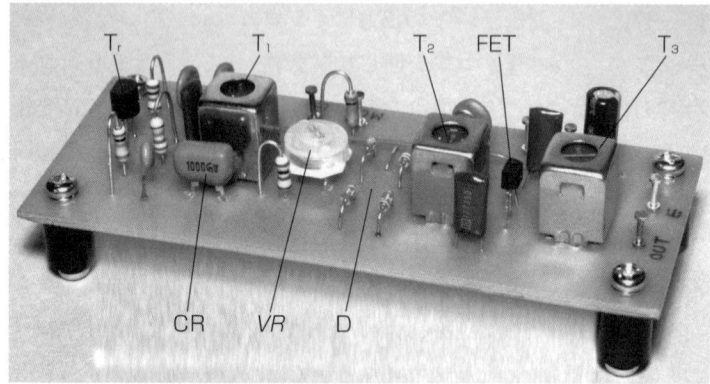

■ 写真2-10
組み立てを終わった
AMワイヤレスマイク

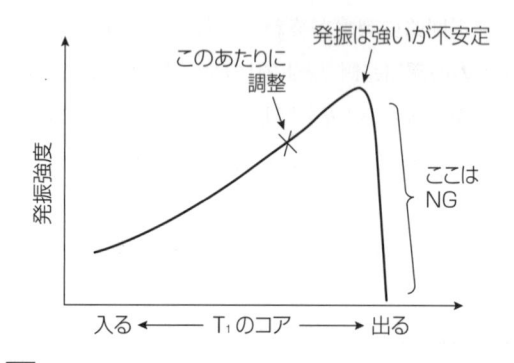

■ 図2-22 ピアースC-B回路の調整

搬送波を出してみましょう。実際に実験してみた結果では、搬送波が最大となったとき、出力電圧は図2-18の場合と同じように約0.6Vとなりました。

ここまでうまくいったら、出力電圧が約0.3Vになるように VR を加減すれば、リング変調回路の調整は終わりです。

最後に、オシロスコープを出力端子（OUT）につなぎ替え、出力電圧が最大になるように T_3 を調整します。調整の結果、100Ωの負荷に対して約0.2Vの出力電圧が得られました。これより、出力電力 P は、

$$E = \frac{E^2}{R} = \frac{0.2^2}{100} = 0.0004 \text{[W]} = 400 \text{[}\mu\text{W]}$$

ということがわかります。

このAMワイヤレスマイクの電源電流は、すべて完成したところで約3.8mAでした。電源電流の値は、回路がうまく働いているかどうかの指針になります。

AMワイヤレスマイクが完成したところで、写真2-11のようにラジカセにつなぎ、実際に使ってみました。

2-3 検波用ダイオード—AM変調／検出

■ 写真2-11
AMワイヤレスマイクを試してみる

AMワイヤレスマイクではアンテナをどうするかが問題になりますが、ここではラジオ付きのオーディオ装置に付いてきたAM受信用のループアンテナを使ってみました。このループアンテナは写真2-11に示したようなものですが、AMラジオ用のループアンテナとして市販品もあります。

受信はポケットに入れて使う携帯用のAMラジオを使ってみましたが、音質は良好で、通達距離は3～4mといったところでした。

2-3-4 無線機用"ピカピカLED"（高周波の検出）

検波用ダイオードのもう一つの役目に、高周波の検出があります。

身近にある高周波検出の例としては、一頃流行した携帯電話のアンテナの先に付けてピカピカ光らせるアクセサリがあります。このアクセサリでは、携帯電話から送信される電波をダイオードで検出し、送信電波のエネルギーでLEDを光らせていました。

でも、最近の携帯電話は大抵の場合アンテナが筐体の中に収められていて、このようなアクセサリは使えなくなってしまいました。

では、というわけで携帯電話に替わるものを探してみると、誰でも使える特定小電力トランシーバやアマチュア無線用のV/UHFハンディトランシーバが頭に思い浮かびます。これらはいずれもFMトランシーバですから送信時には連続して電波が発射され、LEDを光らせるには好都合です。

そこで、ダイオードを高周波検出に使う例として、これらの無線機を使ってLEDを光らせる"ピカピカLED"を作ってみることにしました。

●よく光りそうなLED探しから始める

アマチュア無線用のハンディトランシーバの出力は大抵1W以上あり、LEDを楽に光らせることができます。でも、特定小電力トランシーバの出力は最大でも10mW（0.01W）しかなく、LEDを光らせるのは大変です。そこで、よく光りそうなLED探しから始めることにしました。

次ページの図2-23は、LEDの光り方を調べてみるために作ったテスト回路です。

第2章　ダイオード

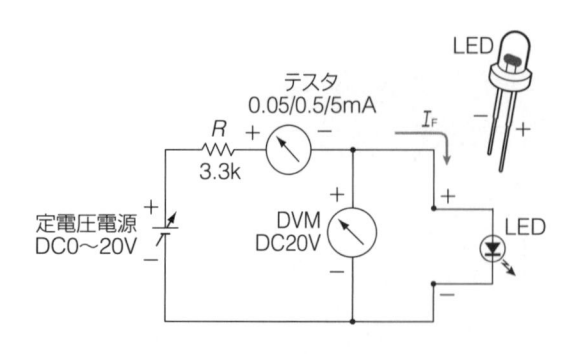

■ 図2-23　LEDの光り方をテストする

　LEDでは発光色（赤や緑など）、パッケージの形（丸や角）や大きさ（丸の場合3φとか5φ）、またパッケージが透明樹脂か拡散樹脂か、といったようにいろいろなものがあります。ここでは、一般的な丸型で3φまたは5φのもの、また光り具合のよくわかる透明樹脂のものを対象に探してみることにしました。

　LEDの素性は、電気的光学的特性で表されます。まず、電気的特性ではLEDに順電流（I_F）を流したときの順電圧（V_F）があり、これはLEDの発光色により異なります。具体的には、順電圧が一番低いのは赤色で1.6V程度、橙色や黄色で1.8V程度、そして緑色や青色では2Vを超えます。LEDの順電圧はこのように発光色により異なるのですが、これが"ピカピカLED"でどのように関係してくる

かも調べたいと思います。

　LEDの光学的特性にはいろいろなものがありますが、一番気になるのは明るさです。LEDの明るさは発光光度 I_V（mcd）で表され、普通のLEDの発光光度は数十mcdといったところです。一方、高輝度LEDの発光光度は数百mcd以上あり、大抵は1000mcd以上、大きいものには1万mcdを超えるものもありました。

　ここで、手元にあるLEDを探してみたら写真2-12のようなものが集まりました。そこで、これらを図2-23で片っぱしからテストしてみた結果わかったのは、どのLEDも I_F=5〜10μAで光り始めて I_F=1mAでほぼ完全に光る、そして2mA以上流しても明るさはほとんど変わらない、また同じ順電流を流して明るさを比較してみるとやはり高輝度LEDのほうが明るく光る、ということでした。

　というわけで、よく光りそうなLEDは発光光度の大きい高輝度LEDが適当だという結論に達しました。そこで、この結論をもとにLEDを買いに出かけた結果入手してきたのは、表2-1に示したスタンレーのH-2000LとUG5306X、それにたまたま見付けためちゃくちゃ発光光度の大きい台湾製のAD57Wでした。なお、これらのLEDのパッケージは、いずれも無色透明です。

　ここで、発光色に赤色のほかに緑色を選んだの

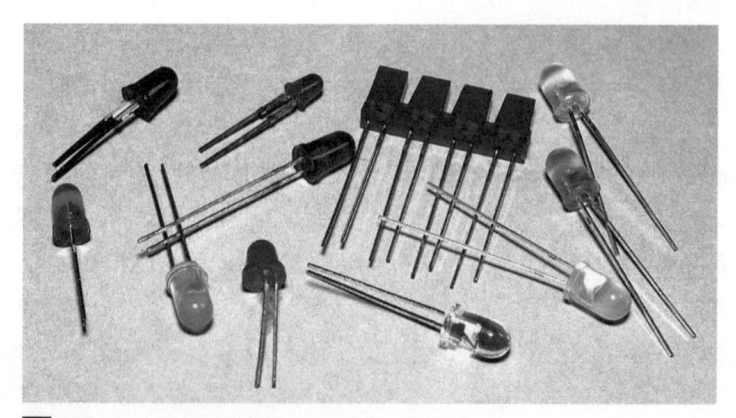

■ 写真2-12　手元にあったLEDを試してみる

2-3 検波用ダイオード－AM変調／検出

項　目	H-2000L	UG5306X	AD57W
発光色	赤	緑	白
発光光度（I_V）	2,000mcd	6,720mcd	12,000mcd
順電圧（V_F）（I_F=2mA）	1.70V	2.75V	2.76V
I_F=2mAのときの光り具合	明るい	すごく明るい	超明るい

■表2-1　入手したLEDを調べてみる

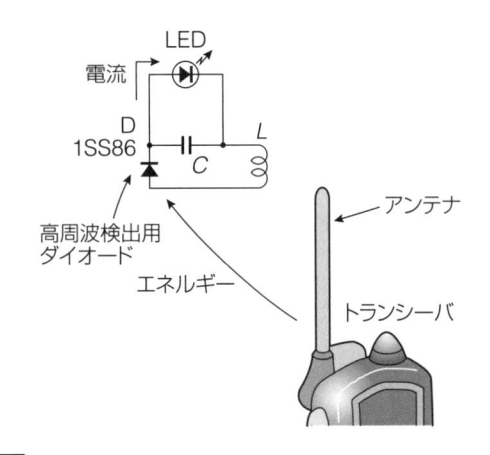

■図2-24　"ピカピカLED"の基本回路

は、順電圧の違いが"ピカピカLED"にどのように影響するかを調べてみたかったから、またパッケージに無色透明を選んだのは中で発光している様子を観察してみたかったからです。

表2-1には入手したLEDを図2-23の方法で調べてみた結果も入れてありますが、順電圧（V_F）は順電流（I_F）が2mAのときのものです。赤色のH-2000Lは1.70Vとほぼ予想どおり、緑色のUG5306Xは2.75Vと赤色のものより1Vほど高い値となりました。AD57Wは白色なのでもっと高くなるかと思ったのですが、予想に反してUG5306Xとほぼ同じ2.76Vでした。

これから作る"ピカピカLED"は、これらのLEDを使って作ってみることにします。

● 特定小電力トランシーバで光るかな？

特定小電力トランシーバは免許なしでだれでも使えるもので、周波数は420MHz帯、電波型式はFM、そして出力電力は10mWです。

図2-24は、携帯電話などのアクセサリとして使われていたものの基本的な回路です。コイル（L）はアンテナから高周波エネルギーを受け取りますが、これを検出するのが高周波検出用のダイオード（D）です。ダイオードからの電流はLEDに流れ、LEDを光らせます。コンデンサ（C）はバイパスコンデンサで、このコンデンサ以降のLEDの部分の配線は、任意に延長できます。

そこで予備実験用として、図2-24の回路で次ページの写真2-13のようなものをバラックセットで作ってみました。これらはコイルの巻数を変えてみたもので、左から1回巻き、中央が3回巻き、そして右端が6回巻きのものです。

これらを、とりあえず出力電力の大きなアマチュア無線用の430MHz帯のトランシーバ（出力は1W）で光らせてみたら、1回巻きではほとんど光らず、3回巻きはよく光ります。そこで6回巻きにしたらもっと光るかと思ったら、3回巻きより光りませんでした。以上の結果から、特定小電力用トランシーバの"ピカピカLED"のコイルの巻数は、3回巻きとすることにしました。

では、以上の結果をもとに、特定小電力トランシーバ用の"ピカピカLED"を作ってみることにしましょう。

まず最初の作業は、特定小電力トランシーバのアンテナの直径を測ることです。用意したトランシーバのアンテナの直径は、きっかり6φでした。

アンテナの直径がわかったら、コイルの巻き枠を用意します。巻き枠の直径はアンテナの直径にぴったりのものがよく、いろいろ探したのですが適当なものがなかったので6φのドリルの刃を使うことにしました。

写真2-14は"ピカピカLED"を製作するため

第2章　ダイオード

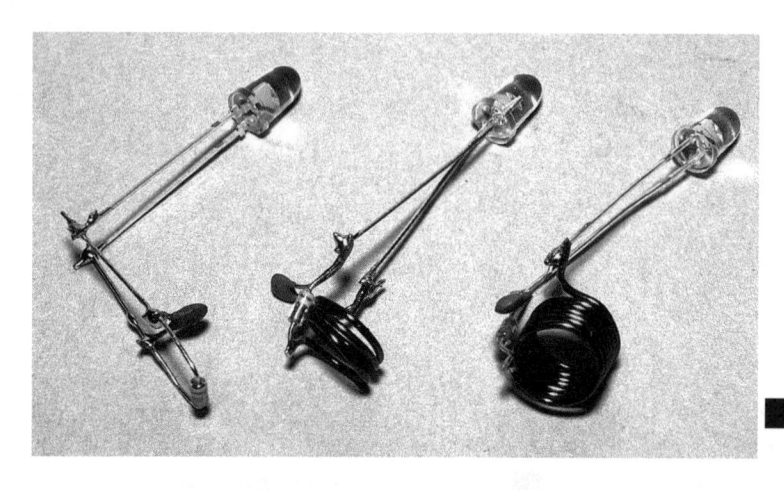

■ 写真2-13
実験用に作ったバラックセット

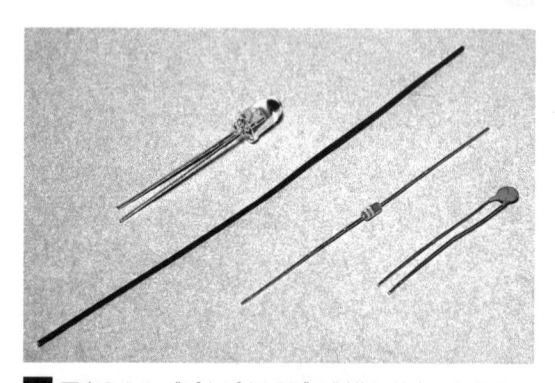

■ 写真2-14　"ピカピカLED"の製作に用意した部品

に用意した部品で、上から高輝度LEDのH-2000L（表2-1参照）、コイルを巻くための0.8φのエナメル線を10cm、ショットキーバリアダイオードの1SS86、それに0.001μFのセラミックコンデンサです。

部品が揃ったら、図2-25のようにして"ピカピカLED"を組み立てます。まず（a）はコイル巻きで、3回巻いたらハンダ付けする部分のエナメルをカッターナイフを使ってはいでおきます。なお、コイルのピッチは適当でかまいません。

(a) コイルを巻く　　(b) 全体の組み立て

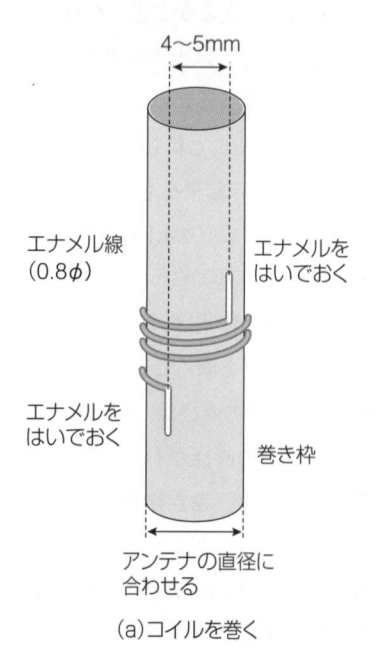

■ 図2-25　"ピカピカLED"の組み立て

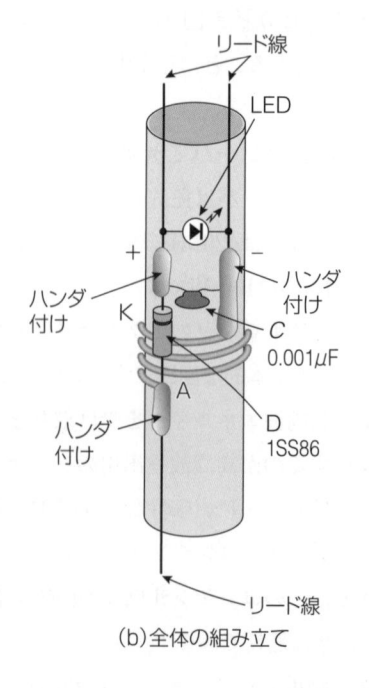

2-3 検波用ダイオード－AM変調／検出

コイルの準備ができたら、図2-24の回路にしたがって(b)のように全体を組み立てます。このとき、極性のあるダイオード(AとK)とLED(+と−)は、極性を間違えないように注意してください。

写真2-15は、巻き枠に6φのドリルの刃を使って"ピカピカLED"を組み立てているところです。コイルにダイオード(D)とコンデンサ(C)を取り付けてありますが、部品をハンダごての熱で壊さないよう、ハンダ付けは手早く行わなければなりません。

このあとLEDを取り付けたら、不用なリード線を切って完成です。写真2-16に、完成した特定小電力トランシーバ用の"ピカピカLED"を示しておきます。

では、完成した"ピカピカLED"を特定小電力トランシーバのアンテナに取り付けて働かせてみましょう。写真2-17はその様子を示したもので、この位置では"ピカピカLED"は光りませんでした。

用意した特定小電力トランシーバで"ピカピカLED"が光ったのは、写真2-18のように"ピカピカLED"をアンテナの根元に置いたときでした。あなたの場合にはどうなるか、試してみてください。

特定小電力トランシーバの場合には出力電力が10mWととても小さいので、LEDはやっと光っている状態です。そのために、アンテナのそばに手などの異物を近づけるとLEDは消えてしまいます。

なお、"ピカピカLED"は特定小電力トランシー

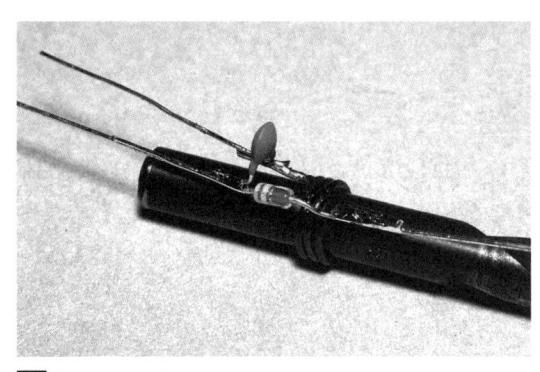

■ 写真2-15　"ピカピカLED"を組み立てているところ

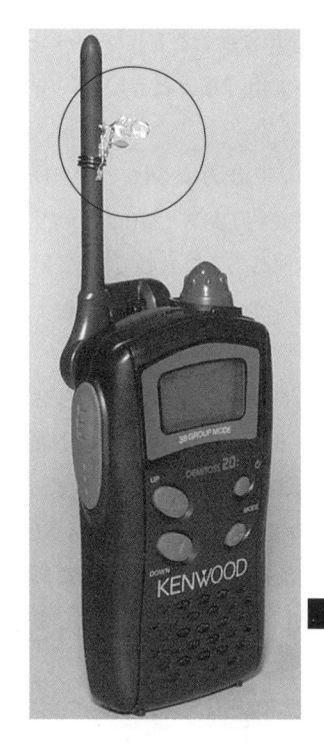

■ 写真2-17　特定小電力トランシーバのアンテナに"ピカピカLED"を取り付けたところ

■ 写真2-16　完成した"ピカピカLED"

■ 写真2-18　特定小電力トランシーバで"ピカピカLED"が光った

バの出力の一部をもらって光っています。そこで、LEDがどれくらいの電力で光っているかを推定してみました。今仮りに電圧が1.5V、電流が1mAとすると、電力は1.5mWになります。この電力、特定小電力トランシーバにとってはけっこう大きな値といえます。

● **アマチュア無線用トランシーバの場合**

アマチュア無線用のFMトランシーバにはいろいろなものがありますが、ここでは手元にあった144/430/1200MHz帯をカバーするトリプルバンドFMトランシーバでハム用"ピカピカLED"を光らせてみることにしました。

用意したFMトランシーバの出力は、144/430MHz帯が約1W、1200MHz帯が約0.28W（280mW）で、トランシーバの大きさは同じようなものですが、出力電力は特定小電力トランシーバに比べると数十倍から100倍くらい大きくなっています。

アマチュア無線用のFMトランシーバで光らせる"ピカピカLED"も、回路や作り方は特定小電力トランシーバの場合とまったく同じです。ただ、用意したトランシーバのアンテナの直径が太いところで約8.5mmあったので、写真2-14に示した部品のうち、エナメル線は1φのものを12cm用意しました。また、LEDは表2-1に示したものの中で、緑色のUG5306Xを使ってみました。

写真2-19が、完成したハム用"ピカピカLED"です。写真2-16に示した特定小電力トランシーバ用に比べると、全体的に大ぶりになっています。なお、写真2-19ではLEDと反対側のリード線を残してありますが、これは"ピカピカLED"をアンテナに取り付けたときに滑り止めに利用しようという魂胆からです。

写真2-20は、完成したハム用"ピカピカLED"をトランシーバのアンテナに取り付けたところです。用意したアマチュア無線用のFMトランシーバは144/430/1200MHz帯のトリプルバンドなのでアンテナもそれに対応するようになっており、実際に実験してみるとバンドごとに"ピカピカLED"の光る位置が変わります。これは、バンドごとにアンテナのどの位置が働いているかがわかるわけで、とても面白い体験です。

写真2-21は、430MHz帯で送信したときに"ピカピカLED"が光っているところです。この場合には出力電力が約1Wと十分あるために、特定小電力トランシーバの場合と違ってアンテナに異物を近づけても、"ピカピカLED"の光り方には変化はありませんでした。

■ 写真2-19　ハム用"ピカピカLED"

2-3 検波用ダイオード－AM変調／検出

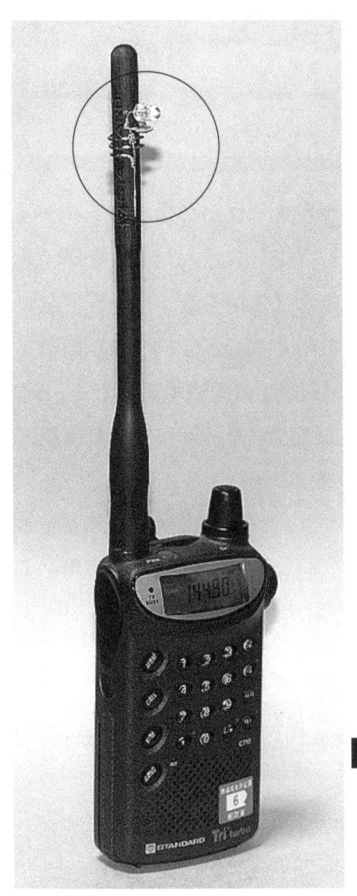

■ 写真2-20 アンテナに"ピカピカLED"を取り付けたところ

■ 写真2-21 430MHz帯で"ピカピカLED"が光っているところ

COLUMN
電波と周波数のはなし

　電気には直流と交流がありますが、交流はオーディオ周波数や無線周波数に分けられます。オーディオ周波数はいわゆる低周波のことで、耳に聞こえる周波数です。これに対して無線周波数はいわゆる高周波で、周波数でいえば数100kHz以上が電波として利用されています。

　おなじみの中波放送を例にすると、NHK東京第1放送は594kHzで放送されており、この594kHzというのが周波数です。

　周波数というのは1秒間の振動数のことで、単位はHz（ヘルツ）です。高周波では振動数が多くなるので、普通は1,000倍のkHz（キロヘルツ）や100万倍のMHz（メガヘルツ）が使われます。

　例えば1MHzというのは1,000,000Hzということで、1秒間に100万回振動していることになります。

　無線周波数は、中波とか短波、VHF（超短波）やUHF（極超短波）というように分けられています。中波というのは周波数が300～3,000kHz（3MHz）の電波のことで、短波は3～30MHz、VHFは30～300MHz、そしてUHFというのは300～3,000MHzとなります。一般的に利用されている電波は、だいたいこの範囲にあります。

2-4 整流用ダイオード

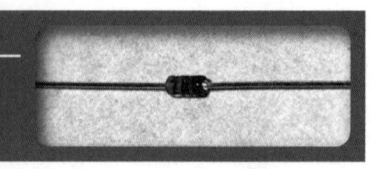

2-4-1 整流用ダイオードと整流回路

ダイオード規格表を見ると、整流用ダイオードに関係するものには、
 ①一般整流用ダイオード
 ②整流用アバランシェダイオード
 ③整流用ショットキーバリアダイオード
 ④整流用ダイオードモジュール／スタック
といったものがあります。

これらのうち、②と③についてはスイッチング電源など特殊な用途のもので、私たちが手にすることはほとんどありません。私たちが整流電源を作るときに使うのは、もっぱら①の一般整流用ダイオードと、④のうちの整流用ダイオードモジュールです。

整流用ダイオードはダイオードの中では大きな電力を扱うことが多く、したがって外観も大きなものになっています。

●整流回路と整流用ダイオードの関係

整流用ダイオードは、AC100Vから直流を得る電源装置の中で、交流を直流に変換する整流回路に使われます。その整流回路には半波整流回路や全波整流回路があり、使用する整流回路によって整流用ダイオードの種類や数が違ってきます。

図2-26は最も簡単な半波整流回路の場合で、使用する整流用ダイオードは1個だけです。半波整流回路で使われる整流用ダイオードは個別部品に属する一般整流用ダイオードで、その外観は写真2-22に示したようなものです。

全波整流回路には、図2-27（a）に示したように電源トランスに中点タップが必要なセンタタップ型全波整流回路と、（b）に示したようなダイオードをブリッジに組んで使用するブリッジ型全波整流回路の二つがあります。そして、（a）のセンタタップ型全波整流回路では整流用ダイオードを2個、（b）のブリッジ型全波整流回路では整流用ダイオードを4個使います。

全波整流回路ではこのように複数の整流用ダイオードが必要なので、写真2-23のような整流用ダイオードモジュールが用意されています。

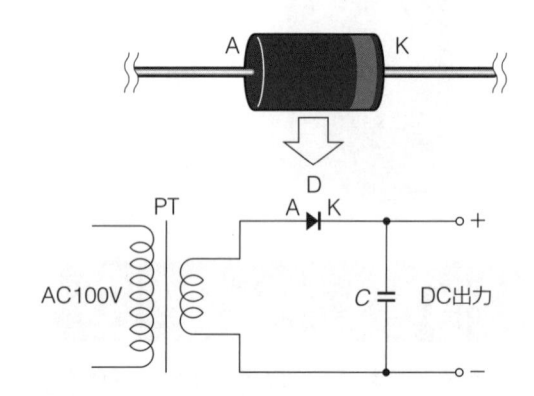

■ 図2-26　半波整流回路の場合

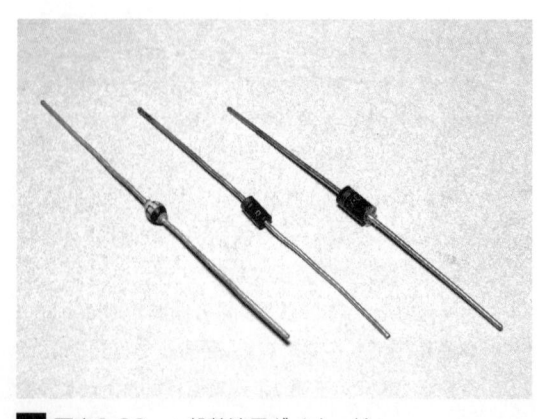

■ 写真2-22　一般整流用ダイオード

(a) センタタップ型全波整流回路

(b) ブリッジ型全波整流回路

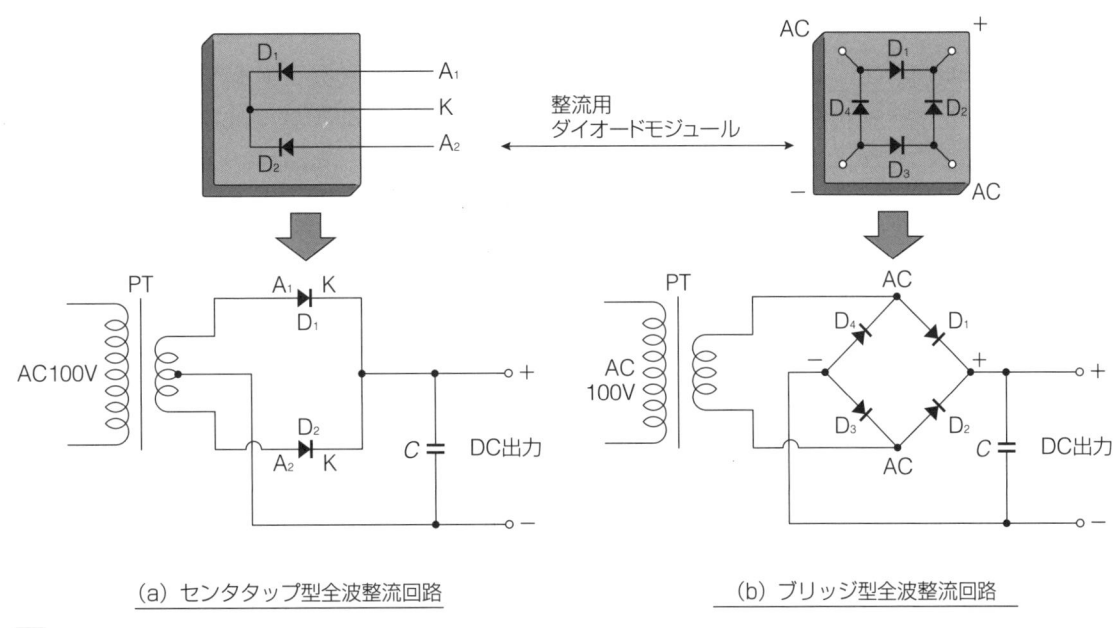

■ 図2-27　全波整流回路の場合

■ 写真2-23　整流用ダイオードモジュールの一例

図2-27（a）のセンタタップ型全波整流回路で使われる整流用ダイオードモジュールは写真2-23の左側に示した3本足のもので、その中は図2-27（a）に示したようになっています。図に示したのはダイオードのカソード（K）を共通にしたカソードコモン呼ばれるものですが、アノード（A）を共通にしたアノードコモンもあります。

図2-27（b）のブリッジ型全波整流回路で使われる整流用ダイオードモジュールは写真2-23の右側に示した4本足のもので、写真には角型（上）と平型（下）の2種類が示してあります。図2-27（b）に示した整流用ダイオードモジュールは、角型の場合です。

図2-27に示した全波整流回路は、もちろん写真2-22に示したような個別部品の整流用ダイオードを複数個使って構成してもいいのですが、今では便利な整流用ダイオードモジュールを使うのが普通です。

●整流用ダイオードの規格の見方

図2-26や写真2-22に示したような個別部品の整流用ダイオードは、一般整流用ダイオードとして半導体部品店の店頭で"100V/1A"といったように表示されて売られているものです。では、この"100V/1A"というのはどういうことなのでしょうか。

次ページの表2-2は、写真2-22の右側に示したシリコン整流器（SR）1S1885の最大定格をデータシートから抜粋したものです。なお、最大定格

第2章 ダイオード

項　　目	記　号	定格値
尖頭逆方向電圧(T_a=25℃)	V_{RRM}	100V
平均順方向電流(T_a=65℃)	$I_{F(AV)}$	1A
接合部温度(T_a=25℃)	T_j	150℃

■ 表2-2　1S1885の最大定格

というのは、それ以上の電圧を加えたり、あるいは電流を流すと壊れますよ、という値です。

そこで表2-2と"100V/1A"を比べてみると、100Vというのは尖頭逆方向電圧（V_{RRM}）、また1Aというのは平均順方向電流（$I_{F(AV)}$）だということがわかります。そして、これを実際の整流回路にあてはめてみると、尖頭逆方向電圧というのは整流用ダイオードに加わる逆電圧の最大値（E_{Rmax}）、また平均順方向電流というのは整流電流（I_O）と考えるとわかりやすくなります。

さて、整流用ダイオードを壊さないようにするには、ダイオードに加わる逆電圧が表2-2に示した尖頭逆方向電圧を超えないようにしなければなりませんが、整流用ダイオードに加わる逆電圧の最大値は整流回路によってそれぞれ違ってきます。

図2-28のような半波整流回路では、整流用ダイオードに交流の正の半サイクルが加わった場合には電流が流れ、コンデンサは交流電圧のピークまで充電されます。例えば、E_{AC}=6Vとするとピーク電圧E_{ACmax}は$\sqrt{2}$倍の約8.4Vとなり、コンデンサはこの電圧まで充電されます。

整流用ダイオードに、最も大きな逆電圧（E_{Rmax}）が加わるのは図2-28のように負の半サイクルが加わった場合で、E_{Rmax}は負の半サイクルの8.4Vとコンデンサに充電されている8.4Vが直列になって16.8Vにもなります。

以上のことから、半波整流回路では整流用ダイオードに加わる逆電圧の最大値E_{Rmax}は、

$$E_{Rmax}=2\sqrt{2}\,E_{AC}\fallingdotseq 2.8E_{AC}$$

になることがわかります。

以上が半波整流回路の場合でしたが、全波整流回路の場合にはどうなるでしょうか。

図2-29はその様子を示したもので、(a)はセンタタップ型全波整流回路の場合です。この場合にはD_1とD_2は交互に働いており、それぞれは図2-28の半波整流回路の場合と同じです。ですから、$E_{Rmax}\fallingdotseq 2.8E_{AC}$になります。

(b)はブリッジ型全波整流回路の場合で、実線の方向に電圧が加わった場合には⊕→D_1→R→D_3→⊖、点線の場合には⊕→D_2→R→D_4→⊖というように電流が流れ、整流用ダイオードが2個直列になって働きます。

これは整流用ダイオードに順電圧が加わった場合でしたが、逆方向に対してもダイオードは2個直列になって逆電圧を分け合いますから、1個あたりは$E_{Rmax}\fallingdotseq 1.4E_{AC}$になります。

以上で、整流回路によって整流用ダイオードにどのような逆電圧が加わるかがわかりましたが、ダイオード規格表で整流用ダイオードのV_{RRM}のところを見るとわかるように、尖頭逆方向電圧は最低でも100Vはありますから、DC出力が6Vとか12V、24Vといった電源を作る場合には不便はありません。

表2-2のもう一つ、平均順方向電流$I_{F(AV)}$、実は整流電流I_Oのほうはどうなるでしょうか。整流電流のほうは電源装置の規模により異なり、組み込み用の簡単なものなら1A以下のものもあります

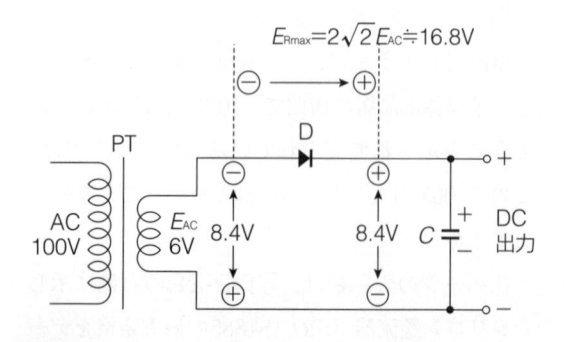

■ 図2-28　半波整流回路の場合の逆電圧の最大値

2-4 整流用ダイオード

(a) センタタップ型の場合

(b) ブリッジ型の場合

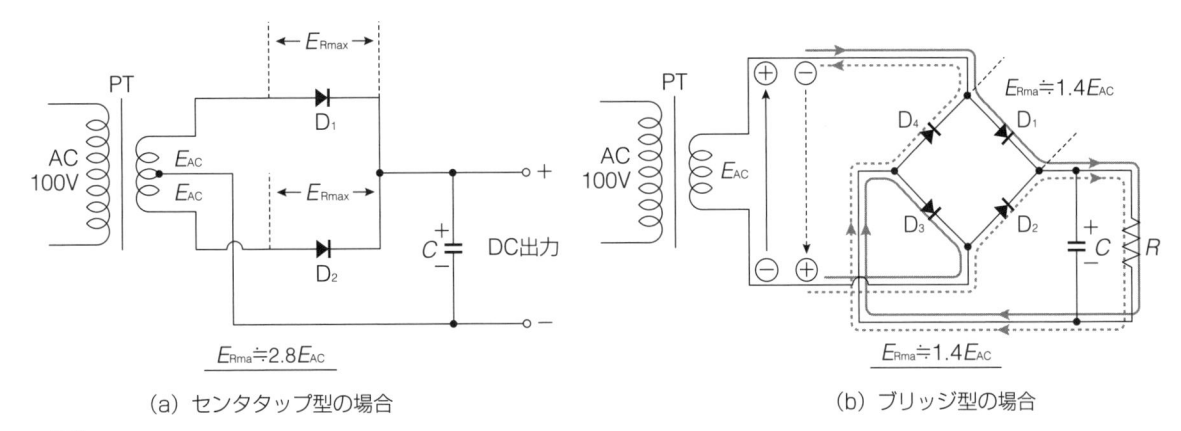

■図2-29 全波整流回路の場合の逆電圧の最大値

し、数Aから数十Aのものまでいろいろです。そのような場合には、余裕をみて"100V/4A"とか"100V/15A"といった整流用ダイオードを選ばなくてはなりません。

●整流回路でのダイオードの動作

図2-30はダイオードに入力として正弦波交流を加えた場合を示したもので、ダイオードには正の半サイクルだけ電流が流れます。これが整流で、交流を整流すると出力波形はプラス側だけの脈流になります。これが整流用ダイオードの基本的な動作で、整流は交流から直流を作り出す第一歩の作業になります。

では、整流回路ごとにダイオードによって整流がどのように行われるかを調べてみることにしましょう。実験のために用意した電源トランスは、東栄変圧器のJ0603（6V/0.3A）とJ12015（6V/150mA×2）です。

まず最初は、半波整流回路です。次ページの図2-31のように半波整流回路を作り、［a］と［b］の波形をオシロスコープで眺めてみたら、写真2-24のようになりました。写真2-24の上が［a］、下が［b］の波形で、これは図2-30の入力波形と出力波形そのままです。

ちなみに、写真2-24を見ると、［a］の電圧は約7.42Vで周波数は50Hz（60Hz地域では60Hz）、[b]の電圧は約3.85Vで周波数は同じく50Hz（60Hz地域では60Hz）のようになっています。これでわかるように、半波整流回路のリプル周波数は整流前の周波数と同じく50Hz（または60Hz）になります。

つぎに、図2-32のようにして全波整流回路の場合を調べてみましょう。最初は（a）のセンタ

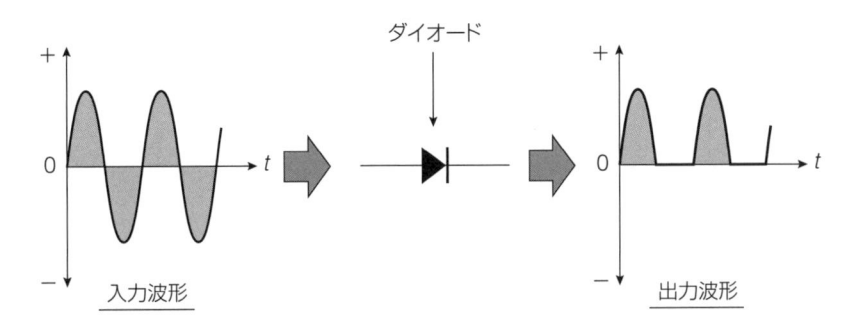

■図2-30 ダイオードに正弦波交流を加えると…

第2章　ダイオード

タップ型全波整流回路の場合で、写真2-25は図2-32（a）の［a］と［b］の波形を見たものです。この二つを比べてみると、位相がちょうど180度ずれていることがわかるでしょう。その結果、ダイオードD_1とD_2には交互に電流が流れます。

写真2-26は、図2-32（a）の［a］と［c］の波形を比べてみたものです。写真2-26の上が［a］、下が［c］の様子で、写真2-24の半波整流回路の場合の出力波形と比べてみると、全波整流の意味がよくわかるでしょう。

最後は、図2-32（b）のブリッジ型全波整流回路の場合です。結果は写真2-26と同じで、当然のことですが［a］は上、［b］は下のようになりました。

全波整流回路の場合の写真2-26を見ると、上に示した入力側の波形の周波数は50Hzですが、出

■ 図2-31　半波整流回路でのダイオードの整流の様子を調べる

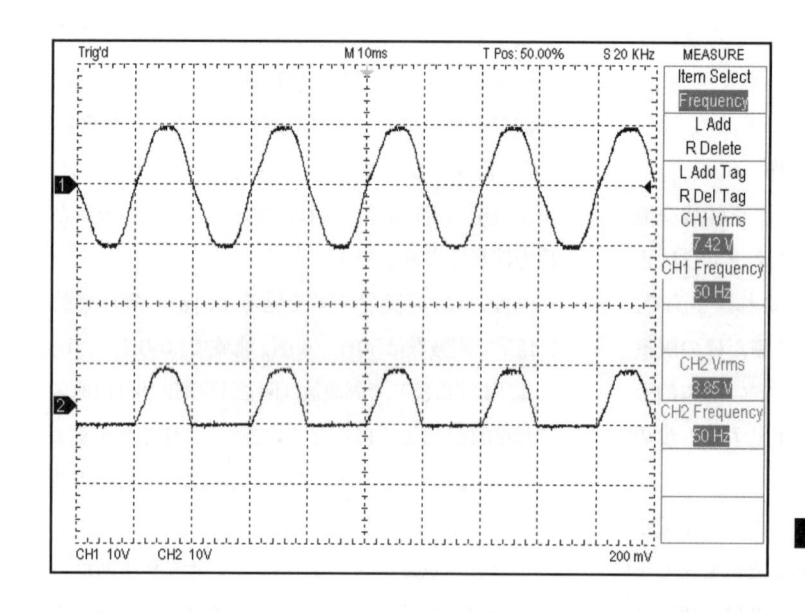

■ 写真2-24　半波整流回路の整流の様子

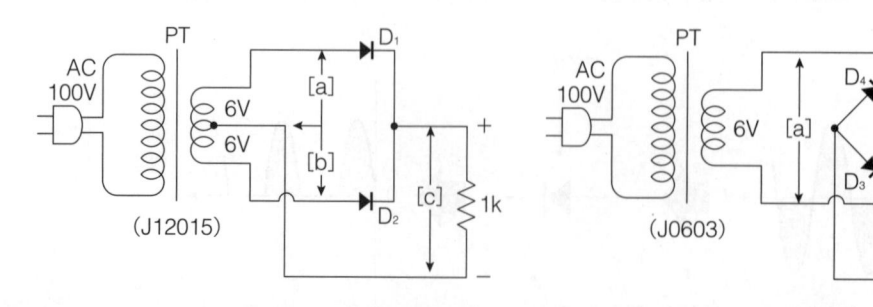

(a) センタタップ型全波整流回路

(b) ブリッジ型全波整流回路

■ 図2-32　全波整流回路でのダイオードの整流の様子を調べる

2-4 整流用ダイオード

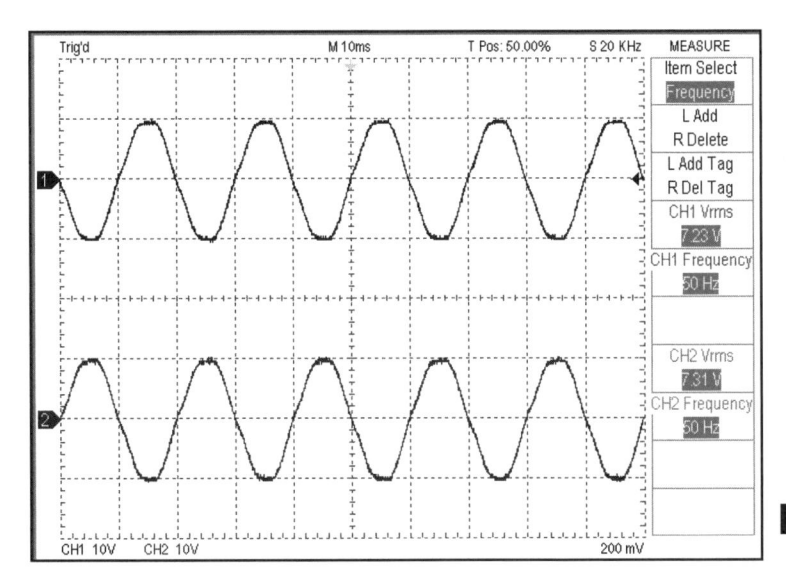

■ 写真2-25
図2-32(a)の[a]と[b]の波形

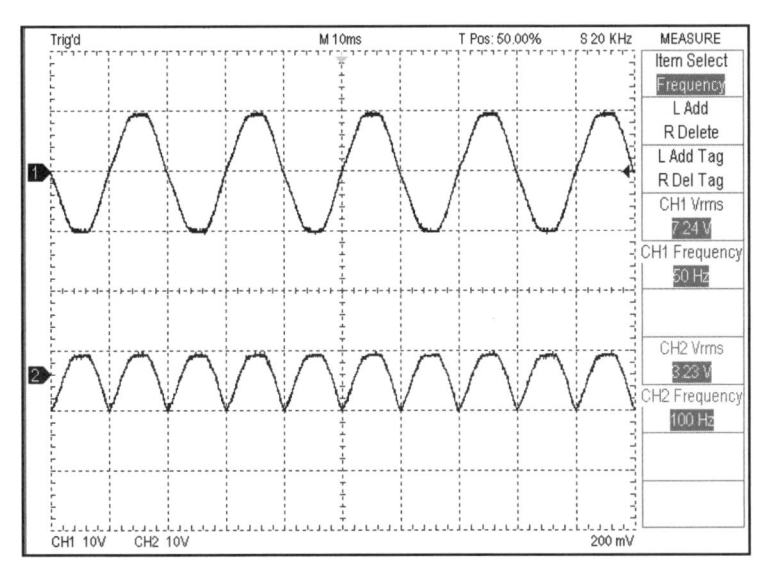

■ 写真2-26
全波整流回路の整流の様子

力側の下の波形の周波数は2倍の100Hzになっています。このことから、全波整流回路の場合のリプル周波数は100Hz（電源周波数が60Hzの地域では120Hz）になることがわかります。

2-4-2 半波整流回路の実験

実験に入る前に、半波整流回路を使った図2-33のような整流電源回路の下調べをしておきましょう。

$P_I = E_{AC} \cdot I_{AC}$ (VA)　　$P_o = E_{DC} \cdot I_{DC}$ (W)

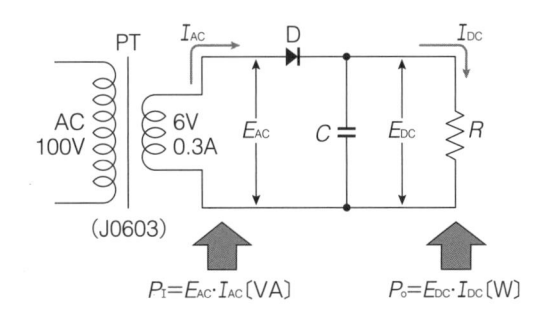

■ 図2-33　半波整流回路を使った整流電源回路

57

まず、実験に使う電源トランス（J0603）の二次側電力容量P_Iは、

$$P_I = E_{AC} \cdot I_{AC} \text{〔VA〕} = 6 \times 0.3 = 1.8 \text{〔VA〕}$$

です。また、整流電源回路から得られる直流出力電力P_Oは$P_O = E_{DC} \cdot I_{DC}$〔W〕です。

半波整流回路の場合、電源トランスの二次側電力容量P_Iと直流出力電力P_Oの関係は、

$$P_I = 3.49 P_O \quad \cdots\cdots\cdots（63ページの注を参照）$$

のようになります。これは逆にいえば、

$$P_O \fallingdotseq 0.3 P_I$$

と書き直すことができ、電源トランスの二次側電力容量のうちで直流出力電力として利用できるのは約30％ということになります。わかっていることではありますが、半波整流回路の効率の悪いのには驚きます。

さて、図2-33の場合の電源トランスの二次側電力容量は1.8VAでしたから、この整流電源回路から取り出せる直流出力電力P_Oは1.8VAの30％の約0.5Wということになります。ということは、E_{DC}を6Vとすると取り出せる直流出力電流I_{DC}はたったの約0.08A（80mA）しかありません。

では、図2-34のような半波整流回路を使った整流電源回路を実際に作って、電圧変動率やリプル含有率がどのようになるかを調べてみることにしましょう。なお、VTVMはリプル電圧を測るためのものです。

用意した部品は、電源トランスが東栄変圧器のJ0603、シリコン整流器が表2-2で紹介した東芝の1S1885、それに若干のCR部品です。フィルタ回路に使うコンデンサ（C）は100μFと470μF、それに1,000μF（定格電圧は共に16V）を用意しました。

写真2-27は、実験の様子を示したものです。実験では、可変抵抗器（VR）を回して負荷を変えながら直流出力電流（I_{DC}）と直流出力電圧（E_{DC}）の関係がどのようになるかを調べます。

図2-35はCを100μF、470μFと替えて調べてみた結果です。1,000μFについても試してみましたが、470μFとあまり変わりませんでした。

では、この結果から電圧変動率とリプル含有率がどのようになるかを調べてみましょう。

まず、電圧変動率は無負荷時の出力電圧をE_O、定格負荷電流（この場合には80mA）を流したときの出力電圧をE_Lとすると、

$$電圧変動率 = \frac{E_O - E_L}{E_L} \times 100 \text{〔％〕}$$

で表されます。

そこで図2-35の場合の電圧変動率を求めてみると、まず$C=100\mu$の場合には$E_O=9.8V$、$E_L=4.1V$になっていますから、電圧変動率は100％を超えて140％近くと大きな値になってしまいました。一方、$C=470\mu F$のほうは$E_O=9.8V$で変わりませんが、E_Lは6.8Vとなり、電圧変動率は約44％と大きく改善されています。

つぎに、ラジオやオーディオアンプでハムの原因になるリプル含有率は出力電圧をE_D、リプル電圧をE_aとすると、

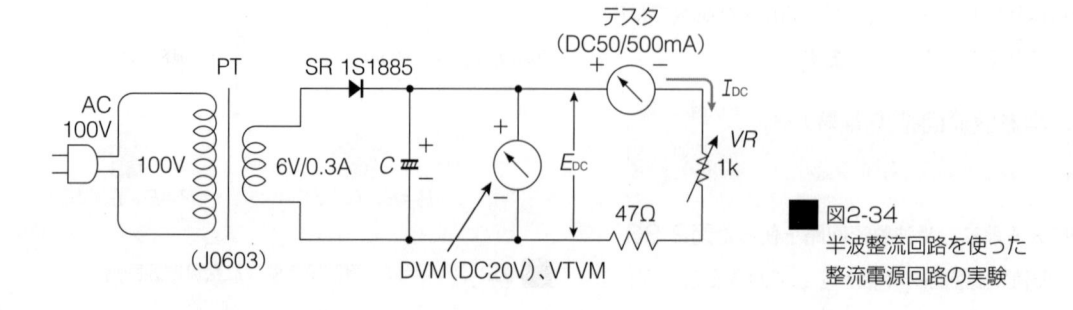

■図2-34
半波整流回路を使った整流電源回路の実験

2-4 整流用ダイオード

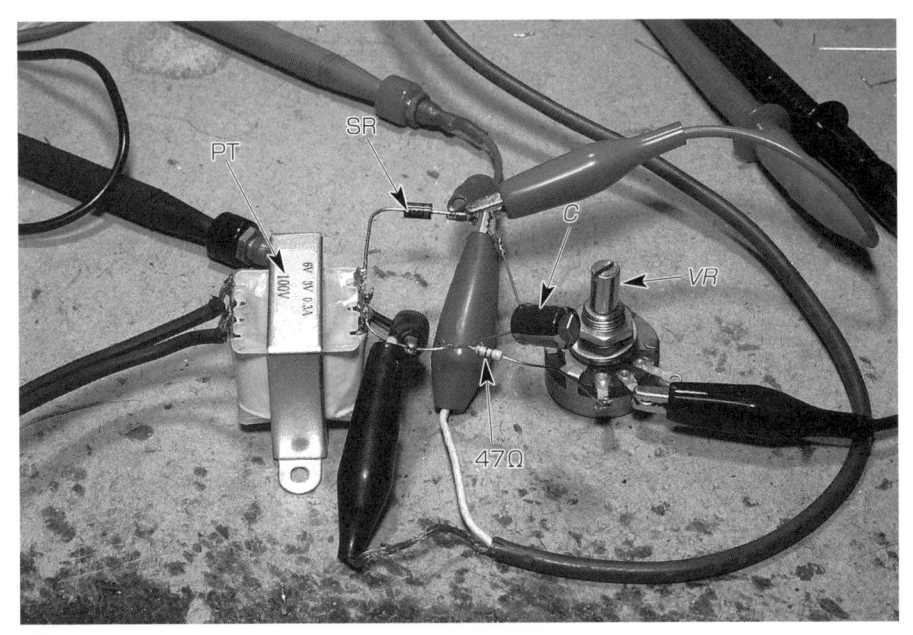

■ 写真2-27 半波整流回路を使った整流電源回路の実験（PTはJ0603）

リプル含有率＝$\dfrac{E_a}{E_D} \times 100$〔%〕

となります。

このリプル含有率が一番大きくなるのは、最大負荷を掛けたときです。そこで、図2-35のaとbのときのリプル電圧E_aを測ってみたら、aでは約2.5V、bでは約0.8Vとなりました。

まず、$C=100\mu F$の場合には$E_a=2.5V$、$E_D=4.1V$ですから、リプル含有率は約61%と大きな値になりました。実用的な電源装置を作るときにはリプル含有率は10%以下におさえたいところですが、この目標を大きく上回っています。

つぎに、$C=470\mu F$の場合には$E_a=0.8V$、$E_D=6.8V$ですからリプル含有率は約12%と大幅に減少し、ほぼ目標の10%に近づきました。

最後に、コンデンサを$1,000\mu F$にしてみたら、$E_a=0.4V$、$E_D=7.2V$となってリプル含有率は約5.6%まで改善しました。このように、Cの値を増やすことはリプル含有率を改善するには有効です。

なお、リプル含有率は値の一番大きくなる最大負荷のときを調べましたが、負荷が軽くなるとリプル含有率はどんどん小さくなります。

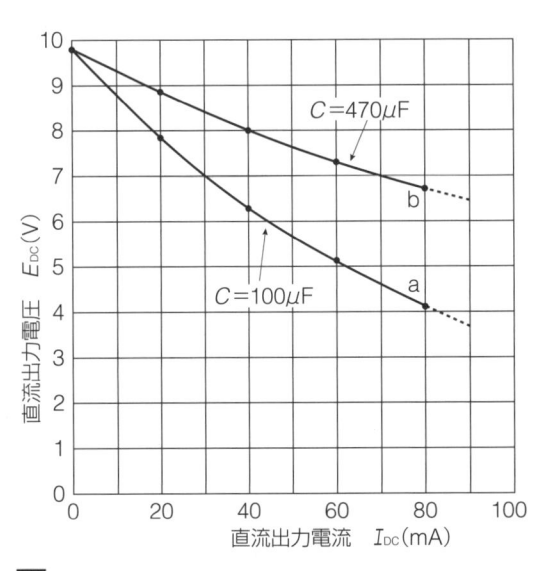

■ 図2-35 半波整流回路の場合

2-4-3 センタタップ型全波整流回路の実験

半波整流回路の場合と同じようにして、図2-

59

第2章 ダイオード

36によってセンタタップ型全波整流回路を使って整流電源回路の下調べをしてみましょう。

まず、実験に使う電源トランスは図2-33で使ったJ0603と同じ二次側電力容量を持ったJ12015です。J12015の二次側は6V/150mA（0.15A）の巻線を二つ持っており、二次側電力容量P_1は、

$$P_1 = 2 \cdot E_{AC} \cdot I_{AC} \,[\text{VA}] = 2 \times 6 \times 0.15 = 1.8\,[\text{VA}]$$

です。また、整流電源回路から得られる直流出力電力P_0は$P_0 = E_{DC} \cdot I_{DC}\,[\text{W}]$です。

センタタップ型全波整流回路の場合、電源トランスの二次側電力容量P_1と直流出力電力P_0の間には、

$$P_1 = 1.74 P_0 \quad \cdots\cdots\cdots \text{(63ページの注を参照)}$$

のような関係があります。これは逆にいえば

$$P_0 \fallingdotseq 0.6 P_1$$

と書き直すことができ、電源トランスの二次側電力容量のうちで直流出力電力として利用できるのは約60%ということになります。

さて、図2-36の場合の電源トランスの二次側電力容量は1.8VAでしたから、この整流電源回路から取り出せる直流出力電力P_0は1.8VAの60%の約1Wということになります。ということは、E_{DC}を6Vとすると取り出せる直流出力電流I_{DC}は約0.17A（170mA）です。図2-33に示した半波整流回路の場合には80mAしか電流を取り出せなかったのに比べると、同じ大きさの電源トランスを使っても、センタタップ型全波整流回路からは2倍近くの電流を取り出すことができます。

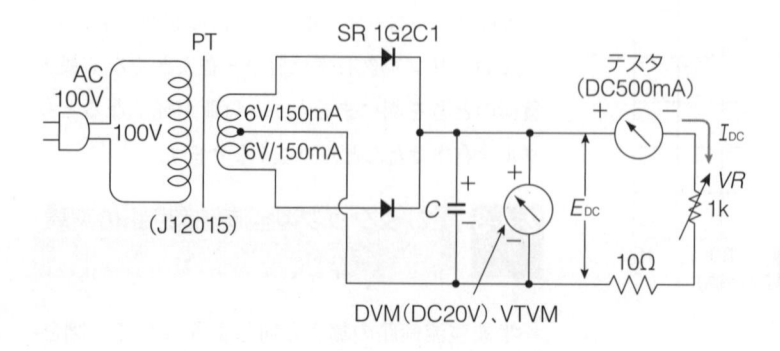

では、図2-37のようなセンタタップ型全波整流回路を使った整流電源回路を実際に作って、電圧変動率やリプル含有率がどのようになるかを調べてみることにしましょう。

用意した部品は、電源トランスが東栄変圧器のJ12015、シリコン整流器は写真2-28の左側に示した東芝の1G2C1です。1G2C1は図2-27に示したのと同じカソードコモンの整流用ダイオードモジュールで"400V/2A"というものです。その他の部品や実験の方法は、図2-34の半波整流回路の場合と同じです。

写真2-29は実験の様子を示したもので、電源トランスは写真2-27に示したJ0603と同じ二次側電力容量を持ったJ12015です。この二つの電源トランスの大きさは、まったく同じです。

■ 図2-36　センタタップ型全波整流回路を使った整流電源回路

■ 図2-37　センタタップ型全波整流回路を使った整流電源回路の実験

2-4 整流用ダイオード

■ 写真2-28 実験に使った整流用ダイオードモジュール

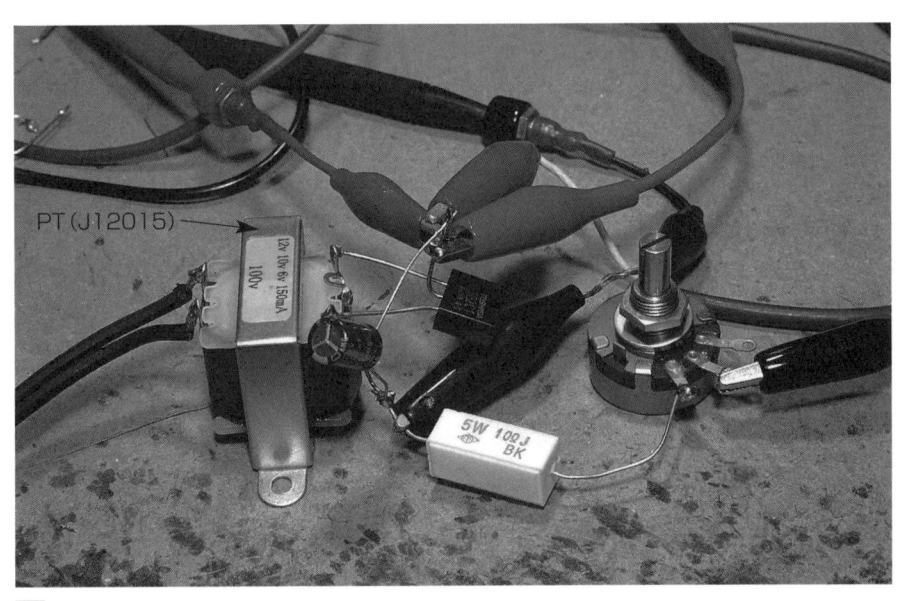

■ 写真2-29 ブリッジ型全波整流回路の実験

は約66%となりました。

電圧変動率は半波整流回路の場合と同じようなものですが、出力電流を2倍も取り出していることを考えれば全波整流の効果は現れているといえるでしょう。ちなみに、半波整流回路の場合と同じ80mAを取り出したときの電圧変動率は、ほとんど同じになっています。

ではつぎに、リプル含有率を調べてみましょう。

図2-38はCを100μF、470μFと替えて直流出力電流と直流出力電圧の関係を調べてみた結果です。1,000μFについても試してみましたが、470μFとあまり変わりませんでした。

では、この結果から電圧変動率とリプル含有率がどのようになっているかを調べてみましょう。

まず、C=100μFの場合には無負荷時の出力電圧E_0は9.6V、定格負荷電流（170mA）を流したときの出力電圧E_Lは5.0Vでしたから、電圧変動率は92%となりました。

そこでCを470μFに増やしてみたら、E_0はそのままで、E_Lは5.8Vになり、この場合の電圧変動率

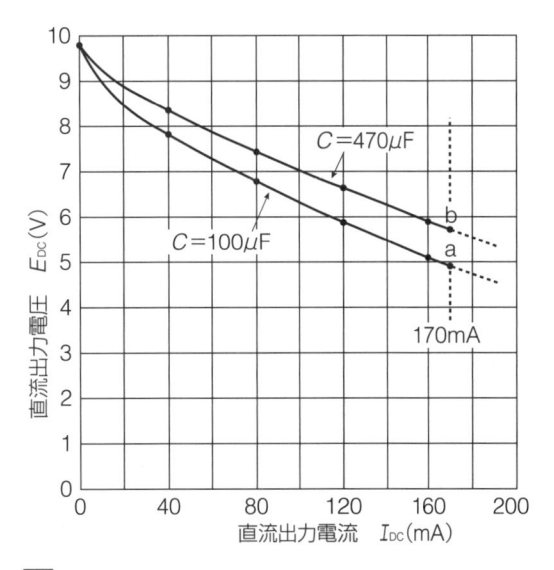

■ 図2-38 センタタップ型全波整流回路の場合

第2章 ダイオード

まず、aの$C=100\mu F$の場合の直流出力電圧E_Dは5.0V、このときのリプル電圧E_aは1.7Vでしたから、リプル含有率は34%です。つぎに、bの$C=470\mu F$の場合の直流出力電圧E_Dは5.8V、このときのリプル電圧E_aは0.3Vでしたから、この場合のリプル含有率は約5.2%になりました。

以上の結果を半波整流回路の場合と比べてみると、同じ1.8VAの電源トランスを使ってもセンタタップ型全波整流回路のほうが2倍近くの出力電流を取り出すことができます。電圧変動率は思ったより悪かったのですが、リプル含有率のほうはリプル周波数が半波整流回路の2倍になったのが効いて小さくなっています。

2-4-4 ブリッジ型全波整流回路の実験

最後は、もう一つの全波整流回路であるブリッジ型全波整流回路です。

まず、実験に使う電源トランスは半波整流回路の実験で使ったのと同じ、東栄変圧器のJ0603です。半波整流回路の実験で使ったのと同じ電源トランスをブリッジ型全波整流回路で使ったらどうなるか、ちょっと興味が湧いてきます。

電源トランスの二次側電力容量は図2-33で確認済みですが、図2-39を使ってもう一度確認すると、J0603の二次側電力容量P_1は、

$P_1 = E_{AC} \cdot I_{AC} [VA] = 6 \times 0.3 = 1.8 [VA]$

です。また、整流電源回路から得られる直流出力電力P_Oは$P_O = E_{DC} \cdot I_{DC} [W]$です。

ブリッジ型全波整流回路の場合、電源トランスの二次側電力容量P_1と直流出力電力P_Oの関係は、

$P_1 = 1.23 P_O$ ……………（63ページの注を参照）

のようになります。これは逆にいえば、

$P_O \fallingdotseq 0.8 P_1$

と書き直すことができ、電源トランスの二次側電力容量のうちで直流出力電力として利用できるのは約80%ということになります。これは、今まで調べてきた整流回路の中では最も大きな値になります。

さて、図2-39の場合の電源トランスの二次側電力容量は1.8VAでしたから、この整流電源回路から取り出せる直流出力電力P_Oは1.8VAの80%の約1.4Wということになります。ということは、E_{DC}を6Vとすると取り出せる直流出力電流I_{DC}は約0.23A（230mA）になります。取り出せる直流出力電流は半波整流回路の場合が80mA、センタタップ型全波整流回路の場合が170mAでしたから、同じ容量の電源トランスを使った場合にはブリッジ型全波整流回路が、最も大きな電流を取り出せます。

では、図2-40のようなブリッジ型全波整流回路を使った整流電源回路を実際に作って、電圧変動率やリプル含有率がどのようになるかを調べて

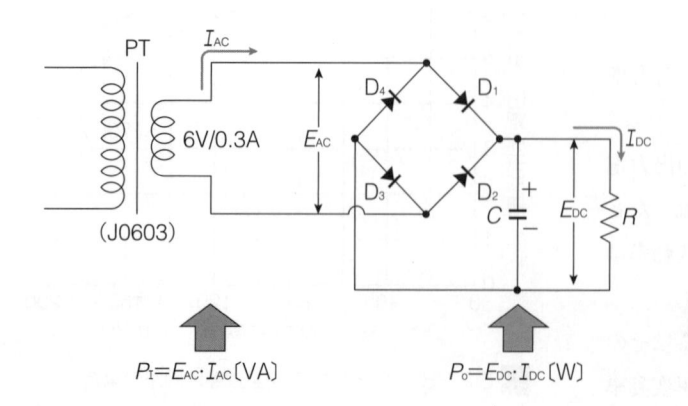

■図2-39
ブリッジ型全波整流回路を使った整流電源回路

2-4 整流用ダイオード

図2-40 ブリッジ整流型全波整流回路を使った整流電源回路の実験

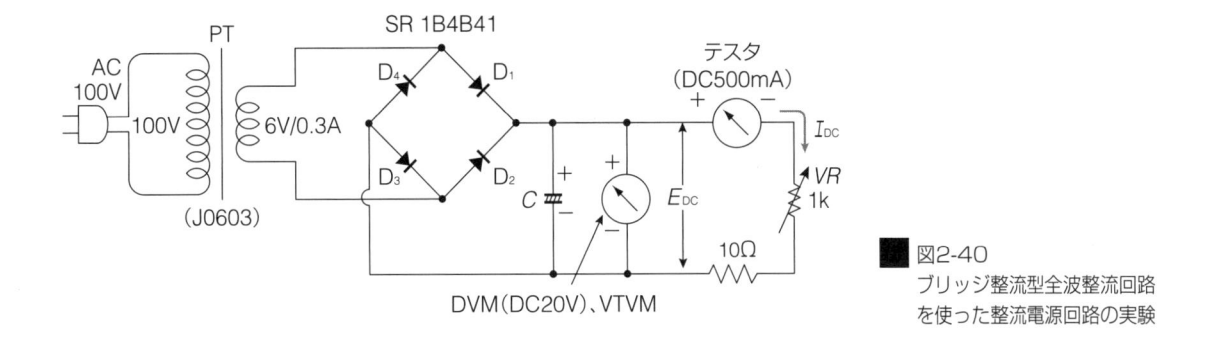

みることにしましょう。

用意した部品は、電源トランスは半波整流回路の実験で使った東栄変圧器のJ0603、シリコン整流器は写真2-28の右側に示した東芝の1B4B41です。1B4B41はダイオードを4個ブリッジに組んだ整流用ダイオードモジュールで、"100V/1A"というものです。また、そのほかの部品や実験の方法は、図2-34の半波整流回路の場合や図2-37のセンタタップ型全波整流回路の場合と同じです。

図2-41はCを100μF、470μFと替えて直流出力電流と直流出力電圧の関係を調べてみた結果です。

電源トランスの二次側のE_{AC}=6Vからいって、この整流電源回路の出力電圧はDC6Vになりますが、Cを100μFにして実験を始めたところ、直流出力電流が160mAを超えたあたりで5Vを切ってしまいました。そこで、C=100μFでの実験はここで中止しました。

図2-41を見るとわかるように、Cを470μFにすると出力電流は目標の230mAまで取り出すことができました。この場合の電圧変動率は、無負荷時の出力電圧E_Dは9.4V、I_{DC}を230mA流したときの出力電圧E_Lは5.2Vでしたから約80%となりました。

この整流電源の出力電圧をDC6Vとした場合、もし出力電圧の許容範囲を±10%とすると許容できる出力電圧の範囲は5.4〜6.6Vになります。そこで図2-41を吟味してみると、ブリーダ電流を100mAほど流せばこの要求がほぼ満たせそうで

す。ブリーダ電流を100mAほど流すと、実際に取り出せる電流は残りの130mAほどになってしまいますが、電圧変動率は20%ほどに軽減できます。

では、リプル含有率を調べてみましょう。出力電流を230mA取り出したときの直流出力電圧E_Dは5.4V、そのときのリプル電圧E_aは約0.75Vでした。これより、リプル含有率は約14%でした。Cを1,000μFに増やしても電圧変動率はほとんど変わりませんが、リプル含有率のほうは大きく改善されます。

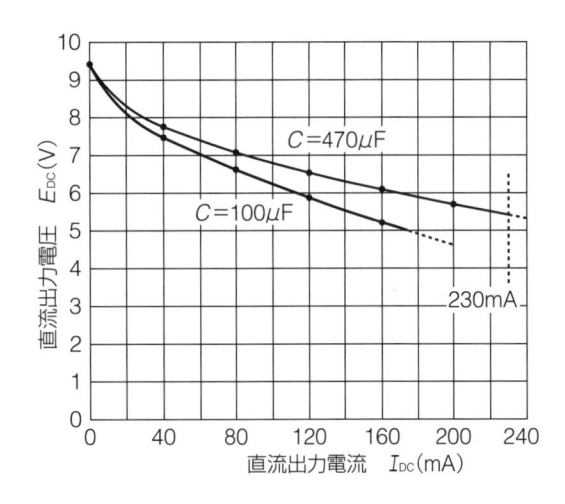

図2-41 ブリッジ型全波整流回路の場合

注:「電源回路の設計マニュアル」(田中末雄 監修、丸善㈱刊)144ページの表2.3より

2-5 小信号用シリコンダイオード

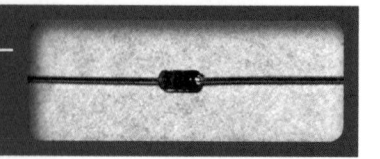

2-5-1 主な用途はスイッチング用

ダイオード規格表にみる小信号用シリコンダイオードは、ごく小規模の整流用として使われることもありますし、デジタル信号を扱う論理回路、あるいは直流や交流の電子スイッチとして、またエレクトロニクス回路では信号や電流の流れの交通整理など、いろんな用途に使われています。

ダイオード規格表には多くの小信号用ダイオードがリストアップされていますが、私たちが街の半導体部品店で購入できるのは限られています。

写真2-30は入手が容易な小信号用ダイオード1S1588で、データシートから規格を抜粋してみると表2-3のようになっています。

では、表2-3を最大定格のほうから見ていきましょう。まず、ごくまれなことですが、1S1588を整流用として使う場合には交流電圧が加わりますから、尖頭逆方向電圧や平均整流電流に注目します。

小信号用ダイオードを整流以外に使うときには、よほど特殊な使い方をしない限り最大定格に注意することはないでしょう。

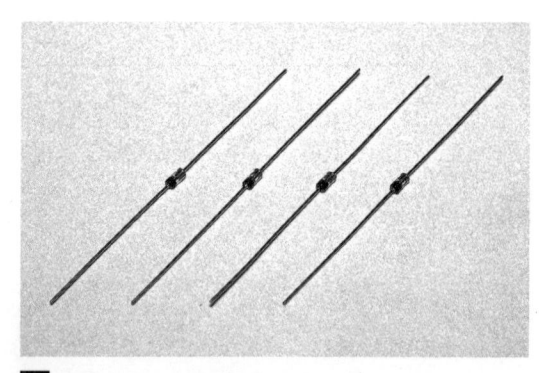

小信号用ダイオードをスイッチングに使う場合、機械的なスイッチとの違いを頭に入れておかなければなりません。表2-4はその様子を示したもので、機械的なスイッチの場合にはONのときの抵抗はゼロですし、OFFのときの抵抗は無限大です。また、方向性はありませんから入出力の区別なく使うことができます。

では、ダイオードスイッチの場合はどのようなことになるでしょうか。この場合には、表2-3の電気的特性が関係してきます。

まず、スイッチをONにするにはダイオードに順電圧を加えますが、その場合ダイオードの中に順方向電圧 V_F が残ります。そのために、出力電圧

● 最大定格（T_a=25℃）

項　目	記　号	定格値
尖頭逆方向電圧	V_{RRM}	35V
直流逆方向電圧	V_R	30V
尖頭順方向電流	I_{FM}	360mA
平均整流電流	I_O	120mA

● 電気的特性（T_a=25℃）

項　目	記　号	条　件	定格値
順方向電圧	$V_{F\ max}$	I_{FM}=100mA	1.3V
逆方向電流	$I_{R\ max}$	V_R=60V	0.5μA
端子間容量	C_t	V_R=0、f=1MHz	3pF

■ 表2-3　小信号用ダイオード1S1588の規格

■ 写真2-30　小信号用ダイオード1S1588

種　類	スイッチの状態
機械的なスイッチ SW	ON：抵抗はゼロ OFF：抵抗は無限大 方向性はない
ダイオードスイッチ D	ON：V_Fがある OFF：I_Rがある 方向性がある

■ 表2-4　機械的なスイッチとの違い

は入力電圧よりV_Fだけ低くなります。また、スイッチをOFFにするには電圧をゼロにするか逆電圧を加えますが、ダイオードの中の抵抗は完全に無限大にはならず、そのためにわずかですが逆方向電流I_Rが流れます。

ダイオードスイッチのONとOFFの状態をみた場合、スイッチOFFの場合のI_R（最大0.5μA＝0.0005mA）については無視してもいいでしょう。その点V_Fの1.3Vは、例えば電源電圧が3Vといったように低い場合には影響が無視できないので、注意する必要があります。

＊

話は変わりますが、ダイオードスイッチには高周波やマイクロ波で使われるものや、同じく高周波やマイクロ波で可変抵抗器として使うアッテネータ（ATT）や自動利得制御（AGC）用というのがあります。

ダイオードスイッチはテレビのチャネル切り替えなどのほか、HFやV/UHFトランシーバの中でのアンテナ切り替え、送信部と受信部で回路を共有するような場合の信号の切り替え、また可変抵抗器の用途としては受信部のAGCやノイズブランカといった用途があります。

このような用途に使われるダイオードは、図2-42のようにPN接合の間に真性半導体（I）をはさんだ構造を持ったPINダイオードです。PINダイオードはON時の抵抗が小さく、またOFF時の端子間容量（C_t）が小さいのが特長です。

高周波やマイクロ波ではダイオードスイッチが盛んに使われていますが、私たちがダイオードスイッチを使って実際に半導体回路を作ることはほとんどないので、紹介のみにとどめます。

2-5-2 デジタル回路への応用

デジタル回路を構成する場合、お世話になるのがAND回路とかOR回路といった論理回路です。では、ダイオードを使った論理回路を実際に作って、その働きを体験してみることにしましょう。

●AND回路とOR回路を試してみる

論理回路というと頭に浮かぶのは、トランジスタで構成したTTLの74シリーズや、FETで構成したCMOSの4000や4500シリーズです。論理回路も複雑なものになってくると、これらのお世話にならなくてはなりませんが、AND回路やOR回路といった基本的な論理回路はダイオードで作ることができます。

図2-43は、ダイオードで構成したAND回路とOR回路を示したものです。では、これらの回路が

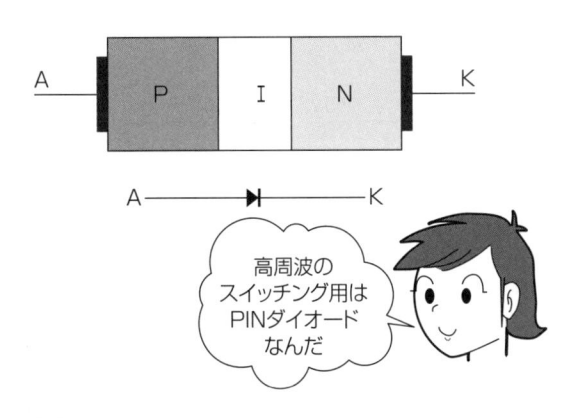

■ 図2-42 高周波のスイッチングに使われるPINダイオードの構造

IN₁	IN₂	OUT
L	L	L
L	H	L
H	L	L
H	H	H

(a)AND回路

IN₁	IN₂	OUT
L	L	L
L	H	H
H	L	H
H	H	H

(b)OR回路

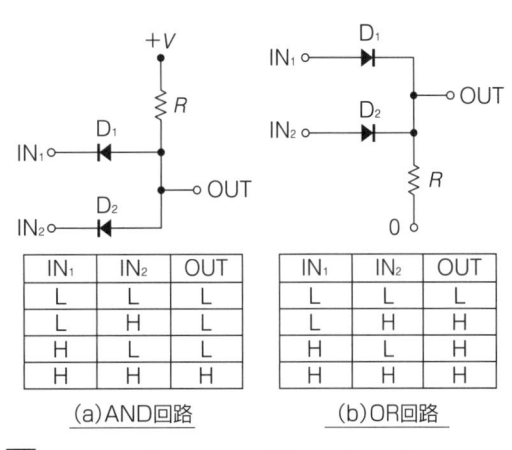

■ 図2-43 ダイオードで構成した論理回路

どのように働くのかを調べてみることにしましょう。なお、論理回路では電圧の高いほうをH（または1）、電圧の低いほうをL（または0）とします。

まず、図2-43（a）のAND回路では、入力IN_1とIN_2が共にHのときだけ出力OUTはH、そしてIN_1とIN_2のそのほかの組み合わせのときにはOUTはLになります。

図2-44（a）はIN_1とIN_2を両方ともHにした場合で、ダイオードにはD_1、D_2とも電流は流れません。これはD_1、D_2ともないのと同じだと考えてもよく、出力OUTには+5Vがそのまま現れますからHです。

図2-44（b）はIN_1をH、IN_2をLにした場合で、IN_1のほうは（a）の場合と同様でD_1は何の働きもしません。一方、LにしたIN_2のほうはD_2に順電圧が加わり、電流I_2が流れます。その結果、出力OUTはほぼゼロ（実際には、ダイオードの順電圧の約0.6Vが残る）になり、これはLです。

以上のほかにIN_1とIN_2が共にLの場合が残っていますが、これは（b）のIN_1をLにした場合を考えればOUTはLになることがわかります。

つぎに、図2-43(b)のOR回路では、入力IN_1とIN_2が共にLのときだけ出力OUTはL、そしてIN_1とIN_2のそのほかの組み合わせのときにはOUTはHです。

図2-45（a）はIN_1とIN_2を両方共Lにした場合で、ダイオードにはD_1、D_2とも電流は流れません。これはD_1、D_2ともないのと同じで、出力OUTはゼロ、すなわちLです。

図2-45（b）はIN_1をH、IN_2をLにした場合で、IN_2のほうは（a）の場合と同様でD_2は何の働きもしません。一方、HにしたIN_1のほうはD_1に順電圧が加わり、電流I_1が流れます。その結果、出力OUTには+5VからD_1の順電圧（約0.6V）を引いた約4.4Vが現れ、これはHです。

以上のほかにIN_1とIN_2が共にHの場合が残っていますが、これは（b）のIN_2をHにした場合を考えればよく、その場合にはD_2にもI_2が流れてOUTはHになります。

では、図2-46のようなダイオードで構成した論理回路の実験ツールを作って、AND回路とOR回路の動作を確かめてみることにしましょう。

（a）はAND回路の場合で、入力側のスイッチSW_1とSW_2は入力をHにしたりLにしたりするものです。また、出力側のLEDは結果を表示するためのもので、LEDが光れば出力はH、光らなければLです。

（b）はOR回路の場合で、入力側のスイッチSW_1とSW_2、それに出力側のLEDの役目は（a）の場合と同じです。

では、写真2-31のような形に作るとして、プリント板を作りましょう。図2-47にプリント板のプリントパターンを示しておきますので、組み

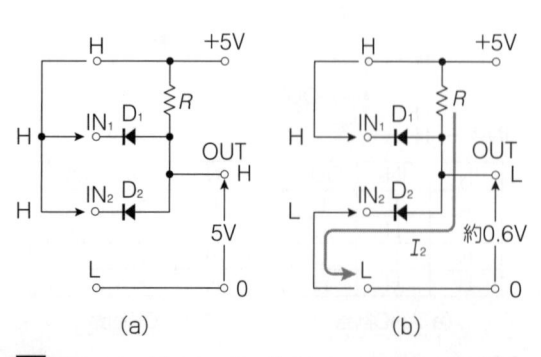

■ 図2-44　ダイオードで構成したAND回路の動作

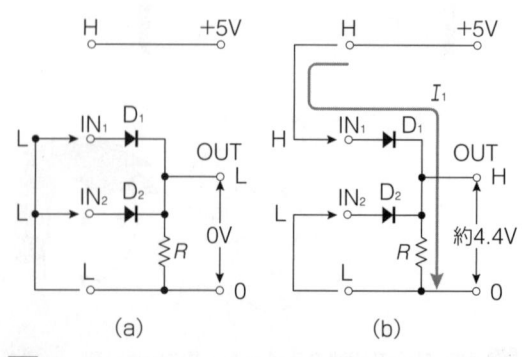

■ 図2-45　ダイオードで構成したOR回路の動作

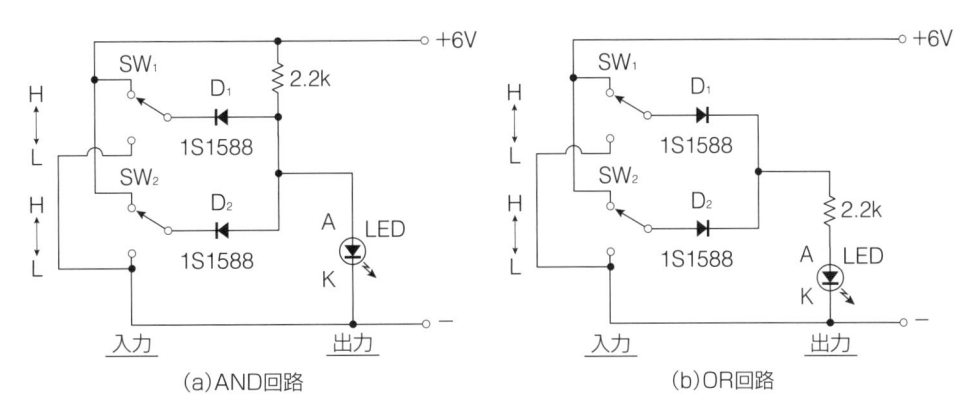

2-5 小信号用シリコンダイオード

(a) AND回路

(b) OR回路

■ 図2-46 ダイオードで構成した論理回路の実験ツールの回路図

■ 写真2-31 論理回路の実験ツール

(a) AND 回路用

(b) OR 回路用

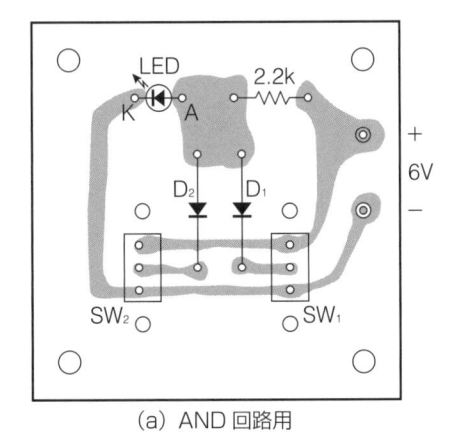

■ 図2-47 論理回路を試してみるプリントパターン

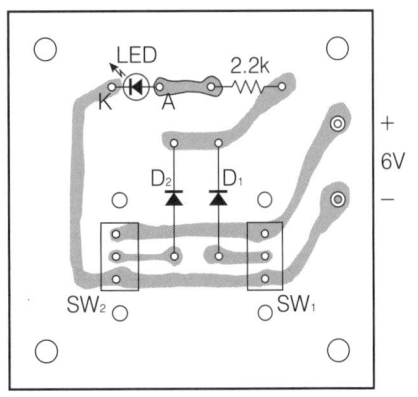

第2章　ダイオード

立ての参考にしてください。写真2-32に、OR回路のほうのプリント基板の裏側の様子を示しておきます。

実験ツールができたら、さっそく試してみましょう。まずAND回路の実験ツールのSW₁とSW₂をHにしたら、電源を加えてみましょう。すると、LEDが光ったでしょう。このことから、AND回路では二つの入力をHにすると出力はHになることがわかります。あとは、SW₁とSW₂を操作して、

■写真2-32　プリント基板の裏側の様子

AND回路が図2-43の（a）のように働くことを体験してください。

AND回路がうまくいったら、OR回路です。OR回路の実験ツールに電源を加えたら、SW₁とSW₂を操作してOR回路が図2-43（b）のように働くことを体験します。なお、この場合にもLEDが光れば出力はHです。

●AND回路とOR回路の応用"モールスVサイン"

では、ダイオードで構成したAND回路とOR回路を応用した"モールスVサイン"を作ってみることにしましょう。"モールスVサイン"というのは、押しボタンスイッチを押すと自動的に電子ブザーでモールス符号を鳴らすようにした装置です。

図2-48は、"モールスVサイン"の回路図です。IC₁の4011はクロック発振で、押しボタンスイッチ（SW）を押すと発振し、離すと発振は止まります。この"モールスVサイン"の速度はクロック発振の周波数で決まりますが、可変抵抗器VRによって発振周波数を変えられるようにしてあります。

IC₂とIC₃の4017は10進カウンタで、ジョンソン

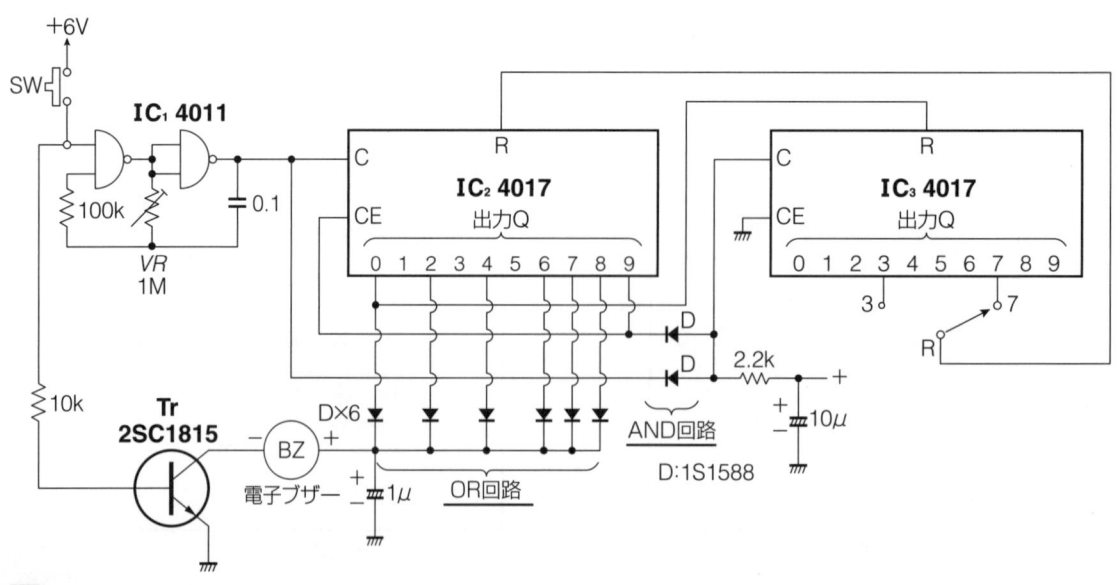

■図2-48　AND回路とOR回路を使った"モールスVサイン"の回路図

カウンタと呼ばれるものです。このカウンタは、クロックが入るたびにQ_0〜Q_9の出力が順番にHになります。また、4017はバッファを内蔵しており、LEDや電子ブザーを直接駆動することができます。

さて、モールス符号というのは図2-49のように短点と長点の組み合わせでできており、1長点は3短点、字と字の間隔は3短点で語と語の間隔は7短点という約束になっています。また、モールス符号の1文字の長さは可変長で、例えば図2-49に示したAは5ビット、Bは9ビット、Cは11ビット…となっています。

では、図2-50でモールス符号のAを発生させる様子を説明してみましょう。まず、カウンタICにクロックを送り込むと出力はQ_0から順番にHに上がりますから、電子ブザーを鳴らしたいところだけにダイオードDをつなぎます。これは、実はダイオードがOR回路を構成しており、モールス出力にはごらんのようにAの出力が取り出せます。

以上が"モールスVサイン"でモールス符号の文字を発生する仕組みですが、モールス符号で文字や単語を発生させるには字と字の間（3短点）、

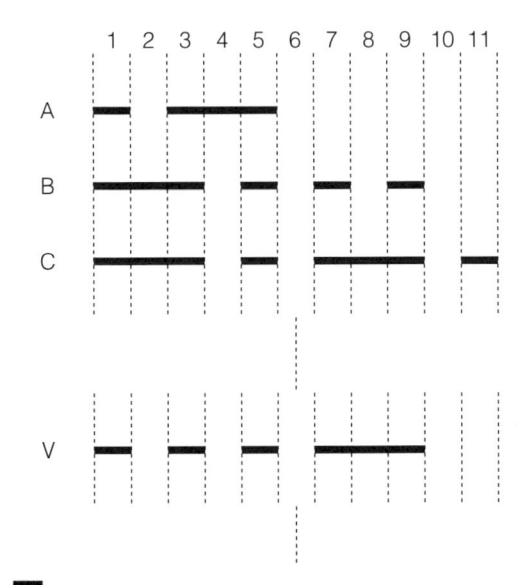

■図2-49　モールス信号の成り立ち

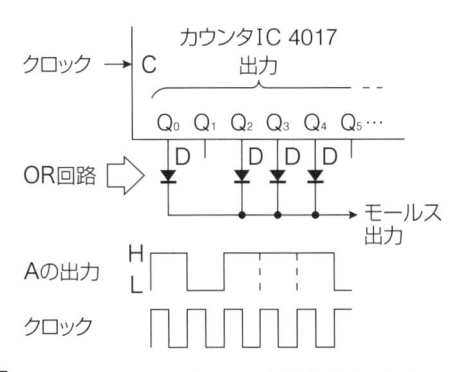

■図2-50　モールス信号のAを発生させてみる

あるいは語と語の間（7短点）に入れるスペースを用意する必要があります。このスペースも符号のうちなので、馬鹿にできません。

というわけで、最初は「I am a boy」といった文章、あるいは無線通信で使われる一括呼び出しの「CQ」を出してみようかと思ったのですが、スペースを入れると必要なビット数が増えてカウンタICが多数必要なことがわかり、あきらめました。その結果選んだのが、無線機器の調整のときに使われるV符号です。

これでモールス符号のVを出すことが決まったのですが、図2-49でわかるようにV符号は9ビットが必要なので、10進カウンタの4017を1個だけではスペースを作る余裕がありません。そこでカウンタをカスケードにつないでビット数を増やすのですが、これがけっこうやっかいです。

次ページの図2-51は、データブックに示された4017をカスケードにつなぐ方法です。このようにカスケードにつなぐと、1段目の4017では出力が一つ減ってQ_0〜Q_8の9出力になり、それ以降の4017では二つ減ってQ_1〜Q_8の8出力となることに注目してください。

以上のことがわかったところで、図2-48に戻りましょう。カウンタは4017の2段で構成しており、それぞれのカウンタの役目は図2-52のようになります。これを見ると、1段目のIC_2はちょう

第2章 ダイオード

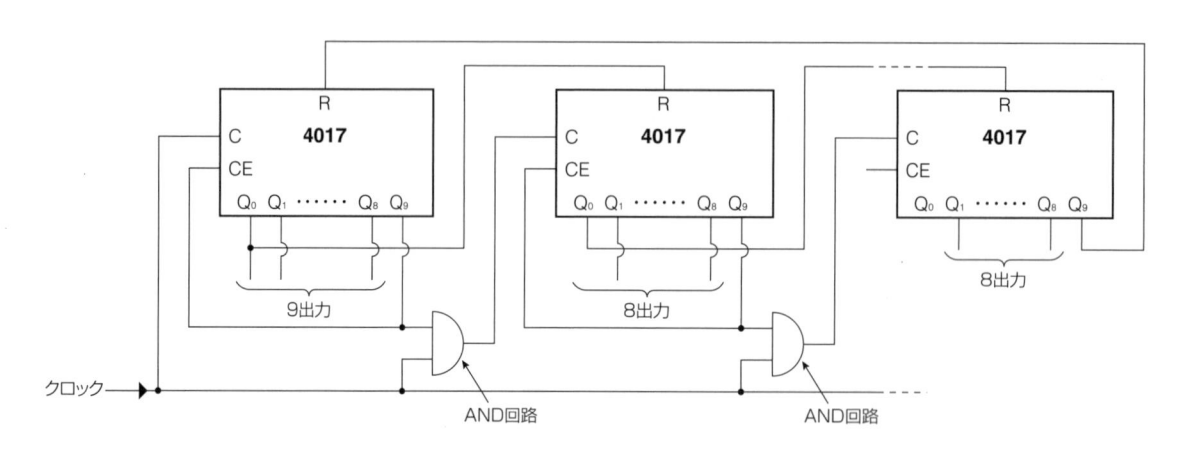

■ 図2-51　4017をカスケードに接続する方法

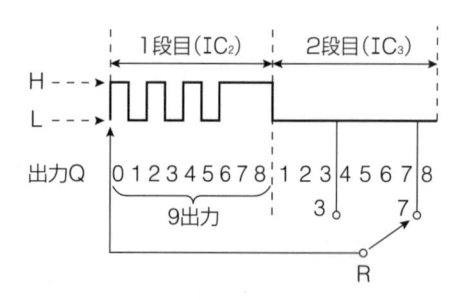

■ 図2-52　出力Qとモールス符号(V)の関係

どV符号を出すのに使っており、2段目のIC$_3$はスペースを作り出すのに使っています。なお、2段目のIC$_3$のほうは、字と字の間隔の3短点と語と語の間隔の7単点を選べるようにしてみました。

では、図2-48の説明を続けましょう。V符号を出すIC$_2$のほうには出力にダイオードが6個つながっていますが、ここはどのダイオードかが導通すると出力が出て電子ブザーを鳴らす、OR回路になっています。

ついでに、トランジスタTrは押しボタンスイッチSWを押していないときに電子ブザーの働きを止める電子スイッチの役目をしています。このトランジスタがないと、押しボタンスイッチを離すタイミングによっては電子ブザーが鳴りっぱなしになってしまいます。

この"モールスVサイン"では、ダイオードの役目としてもう一つ、AND回路があります。図2-51のように4017をカスケードにつなぐ場合、1段ごとにANDゲートが1個必要です。このANDゲートは普通でしたらANDゲートが4個入った図2-53のような4081を使いますが、今回のようにANDゲートが1個あればいい場合にはダイオード2個で済みますから、ダイオードによるAND回路を使うと省スペースになります。

この"モールスVサイン"では、出力として電子ブザーを鳴らします。電子ブザーには圧電ブザーと電磁ブザーの二種類がありますが、図2-48の回路ではどちらの電子ブザーともうまく鳴ってくれました。

では、図2-48に示した"モールスVサイン"をプリント基板の上に作って働かせてみましょう。図2-54にプリントパターンの一例を示しておき

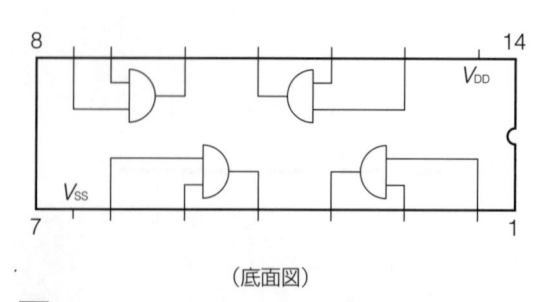

（底面図）

■ 図2-53　ANDゲート4個入りの4081

2-5 小信号用シリコンダイオード

ますので、組み立ての参考にしてください。

写真2-33は、"モールスVサイン"のプリント基板が完成したところです。VRを12時の位置に置いたら電源端子に6Vを加え、押しボタンスイッチを押してみます。すると、電子ブザーからV符号が聞こえてきたでしょう。うまくいったら、押しボタンスイッチを押しながらVRを回してみてください。すると、モールス符号のスピードが変わったでしょう。

では、リセット用のRを7と3で変えてみましょう。すると、7ではVVV…と鳴っていたのが3にするとVVV…となったでしょう。以上で、"モールスVサイン"によるAND回路とOR回路の応用例の体験は終了です。

2-5-3 アナログ回路への応用

普通では、ダイオードをアナログ信号のスイッチに使うというようなことはまずしないのですが、ここは作って覚えるということなのでダイオードのアナログ回路への応用として実験をしてみようと思います。

次ページの図2-55は、ダイオードによるアナログスイッチの構想を示したものです。なお、ア

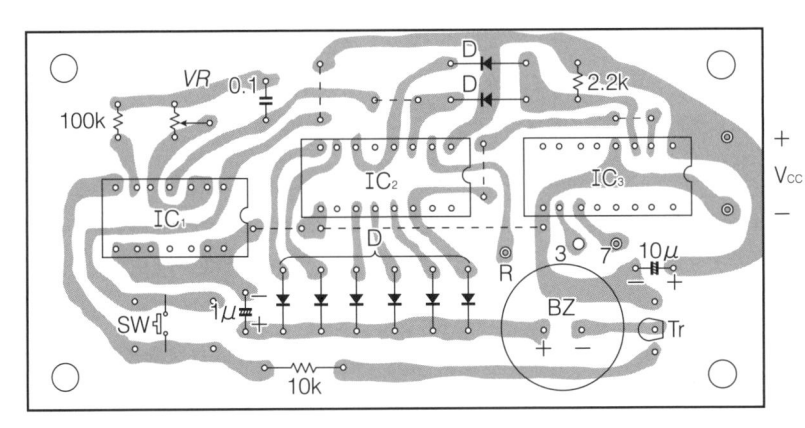

■ 図2-54 "モールスVサイン"のプリントパターン

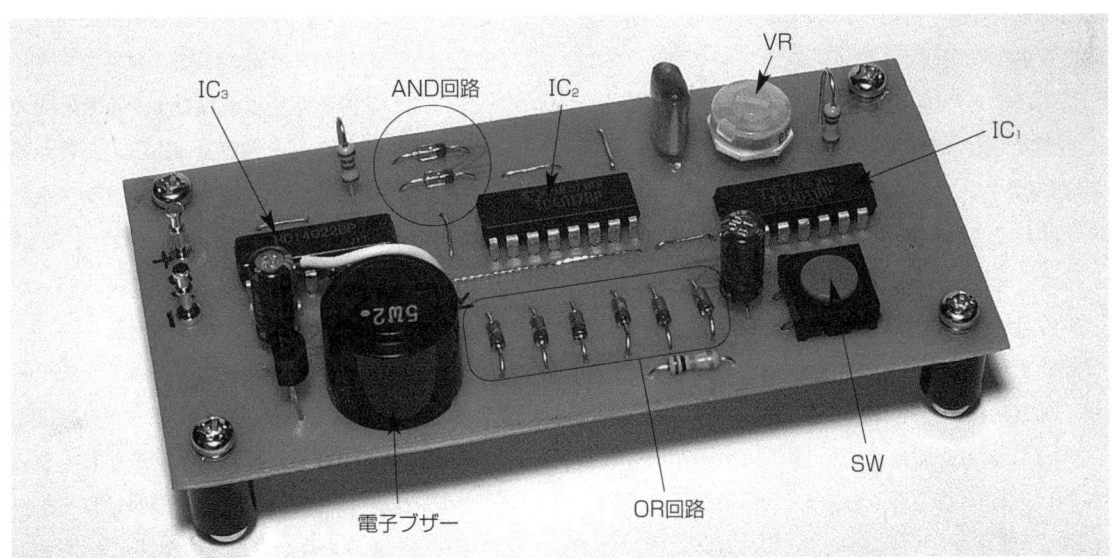

■ 写真2-33 "モールスVサイン"が完成したところ

第2章 ダイオード

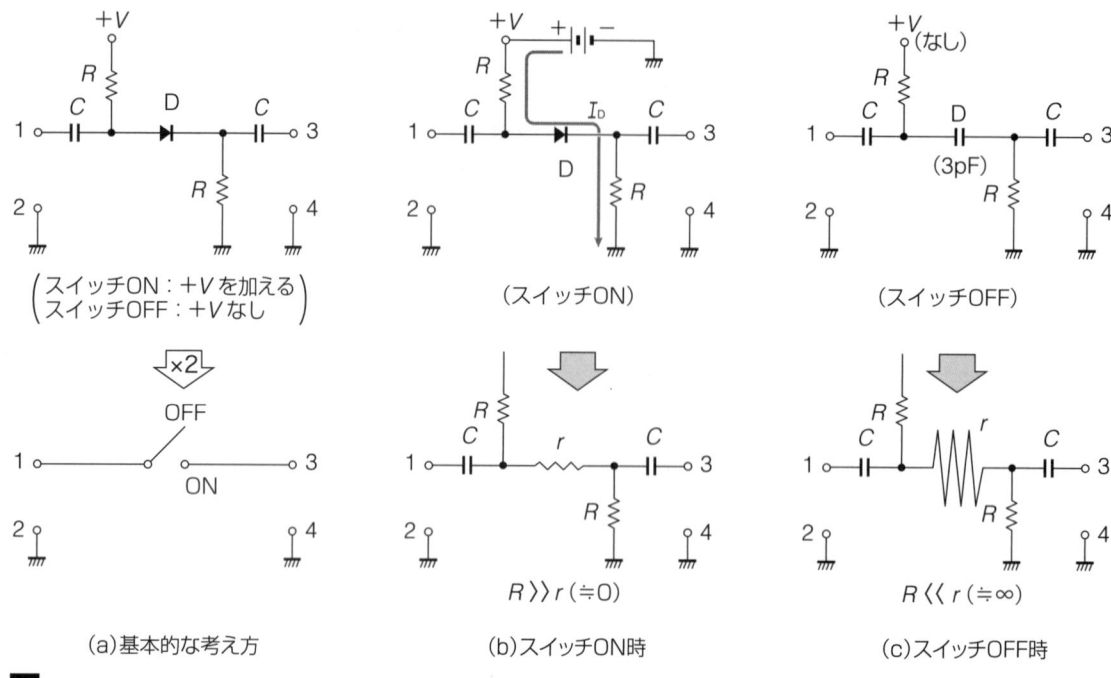

図2-55　ダイオードによるアナログスイッチの構想

(a) 基本的な考え方　(b) スイッチON時　(c) スイッチOFF時

アナログ回路で扱うアナログ信号といってもいろいろなものがありますが、ここではオーディオ信号を対象にします。

図2-55（a）は実験してみることにしたアナログスイッチの基本回路で、ダイオードのほかに、直流カット用のコンデンサ2個と、ダイオードに電流を流すための抵抗器2個からできています。

このスイッチのON/OFFはダイオードに電流を流すか流さないかで決まりますが、それを決めるのは+Vです。+Vに電圧を加えるとダイオードに電流が流れてスイッチはONになり、電圧を加えないと電流は流れないのでスイッチはOFFになります。

このスイッチは基本的には（a）の下に示した機械スイッチに相当しますから信号は両方向に通り、双方向性を持っています。具体的にいえば、1-2端子に入力を加えれば3-4端子に出力が出てきますし、3-4端子に入力を加えれば1-2端子に出力が出てきます。

では、（b）のように+Vに電圧を加え、ダイオードに電流I_Dを流してみましょう。これがスイッチONの状態で、ダイオードは低い抵抗（r）を示します。そして、もしそのrがRに比べて小さく、ほとんどゼロに近ければ信号はロスなく通過するはずです。

つぎに、（c）のような+Vのない場合を考えてみましょう。これがスイッチOFFの状態で、ダイオードに加わる直流電圧はゼロですから表2-3の電気的特性に示した端子間容量（3pF）だけが残ります。3pFの1,000Hzにおけるリアクタンスを計算してみるとrは約53MΩ（53,000,000Ω）となり、このrがRより十分大きくてほとんど無限大に近ければ、信号は通らないはずです。

以上がダイオードによるアナログスイッチの構想で、（b）や（c）のようにダイオードを抵抗として扱えばアナログ信号のスイッチとして使えそうです。しかし、アナログ信号の信号レベルが大きくなったような場合にはこの条件がくずれて、ダイオードの本性を現すかもしれません。このあ

2-5 小信号用シリコンダイオード

たりは、あとで実験で確かめてみたいと思います。

ダイオードによるアナログスイッチの構想がまとまったところで、図2-56（a）の回路を（b）のように平ラグ板の上に組み立ててみました。写真2-34は組み立てを終わったアナログスイッチで、スイッチの主役はダイオードの1S1588です。

組み立てを終わったところで、次ページの写真2-35のようにつないでアナログスイッチを働かせてみました。

まず最初はスイッチONの場合で、図2-56（a）の0/6Vのところに6Vを加えてみたら、電流が1.2mAほど流れました。そこで、1-2端子に1kHzの正弦波を加えてみたら、3-4端子に出力が出てきました。写真2-36はその様子を示したもので、上が1-2端子に加えた入力波形、下が3-4端子に現れた出力波形です。

写真2-36を見ると、上側の入力電圧は1.35Vなのに対して、下側の出力電圧は1.33Vになっています。この0.02Vのロスは、図2-55（b）のrによるものでしょう。

この実験が終わったところで、入力と出力を入れ替えてみました。3-4端子に入力を加えて1-2端子から出力を取り出してみたら、まったく同じようになりました。

以上はスイッチONの場合でしたが、スイッチOFFのほうはどうでしょうか。6Vを取り去ってゼロとした場合には、予定どおり出力はなくなりました。ただし、図2-55（c）の+V端子を抵抗でア

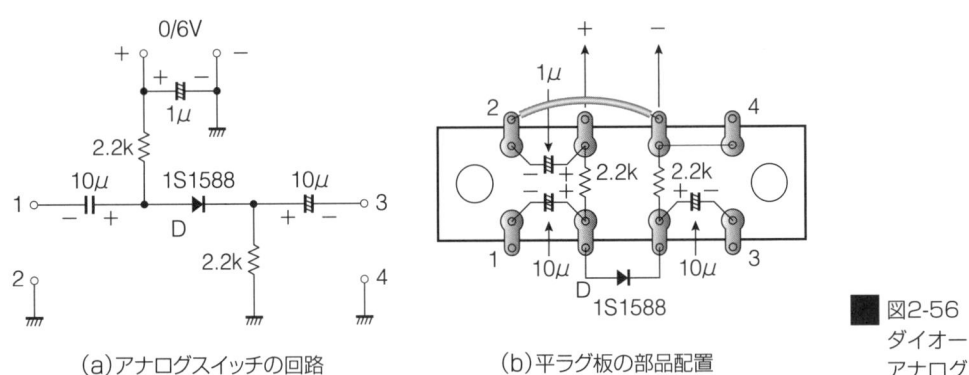

(a) アナログスイッチの回路　　(b) 平ラグ板の部品配置

■ 図2-56　ダイオードによるアナログスイッチ

■ 写真2-34　平ラグ板の上に組み立てたアナログスイッチ

第2章 ダイオード

■ 写真2-35 アナログスイッチを試してみる

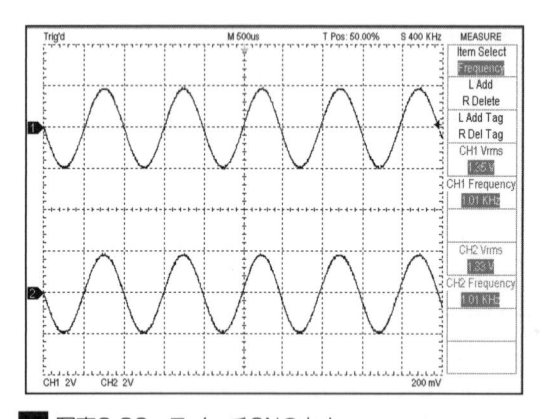

■ 写真2-36 スイッチONのとき

とりあえずダイオードによるアナログスイッチが働きそうなので、図2-57のようにスイッチをONにする場合に加える電圧E_Dを変えられるようにし、アナログスイッチの働きを調べてみました。

ダイオードを使ったアナログスイッチでは、スイッチONのための電圧E_Dを変える、すなわちダイオードに流す電流I_Dを変えると、ひずみなく通せる信号の大きさが変わります。そこで、E_Dを変えながら無ひずみで信号が通る限界の電圧（E_R）をオシロスコープの波形を目視しながら調べてみたのが図2-58です。ついでに、E_DとI_Dの関係も調べてみました。

これを見ると、E_D=6VのときにはI_Dは約1.2mA流れ、無ひずみでスイッチを通すことのできる電圧は約1.75Vでした。このことから、E_Dを6Vとした場合には、スイッチでON/OFFする信号電圧は

ースすると入力信号でダイオードに整流電流が流れ、とたんに本来のダイオードに戻ります。したがって、このスイッチをOFFとする場合には+V端子に直流の帰路を作らないことが大切で、具体的には+V端子をオープンにしなくてはなりません。

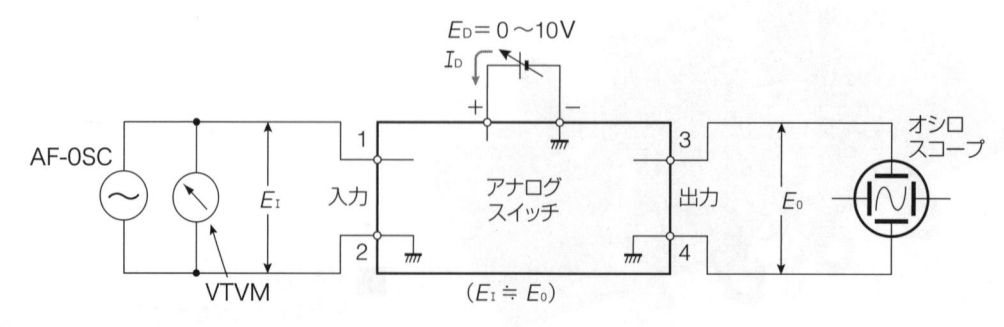

■ 図2-57 スイッチの実験をしてみる

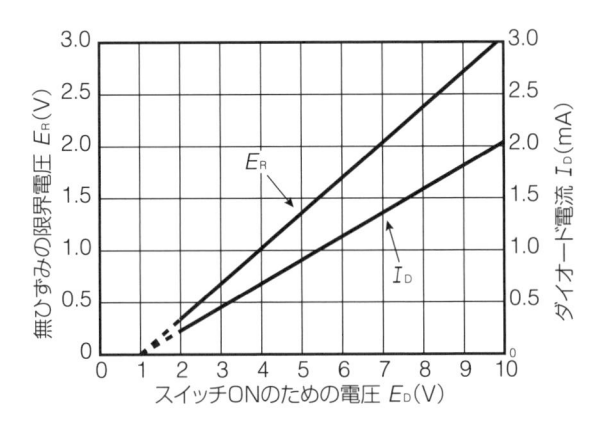

図2-58　ダイオードスイッチの実験

1.75V以下で使わなければならない、ということがわかります。

では、E_D=6Vの場合に入力電圧E_Iを1.75V以上にしたらどういうことになるでしょうか。写真2-37はその様子を示したもので、上はE_Iが1.75V以下の1.31Vの場合、下はE_Iを1.75Vを大きく超えた2.43Vにした場合です。ご覧のように、波形の下半分がひずんでいます。

写真2-37は上下とも図2-57のように1-2端子に入力を加えて3-4端子から出力を取り出した場合でしたが、これを逆に3-4端子から入力を加えて1-2端子から出力を取り出して同じように実験してみたら、写真2-37の下の波形の、今度は上半分がひずみました。このことから、このひずみはスイッチ用のダイオードによって発生していることがわかります。

以上で、ダイオードによるアナログスイッチの実験は終わりです。このアナログスイッチの応用としては、スイッチのON/OFFが信号とは別に電圧の有無でできることを利用して、離れたところから信号をON/OFFするリモートスイッチなどに使えるかも知れません。

最後に、おまけを一つ。ECM（エレクトレットコンデンサマイク）を使う場合には電源供給用の抵抗器が必要ですが、図2-59のようにするとこの抵抗器をアナログスイッチと共用できます。実際に次ページの写真2-38のようにECMをつないでみたら、うまく働いてくれました。座談会などで、複数のマイクをON/OFFしながら使いたいような場合に応用できるかもしれません。

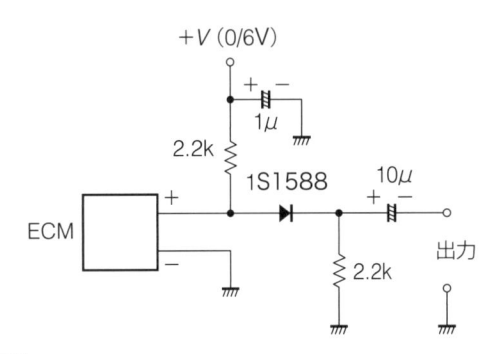

図2-59　ECMとアナログスイッチのコラボレーション

2-5-4　エレクトロニクスへの応用

各種のタイマーとかインターホンといったようなエレクトロニクス工作では、随所でダイオードが活躍します。エレクトロニクス工作ではダイオードは直流電流の流れを変えたりするのに使われますが、このような用途では小信号用ダイオードを使うのが普通です。

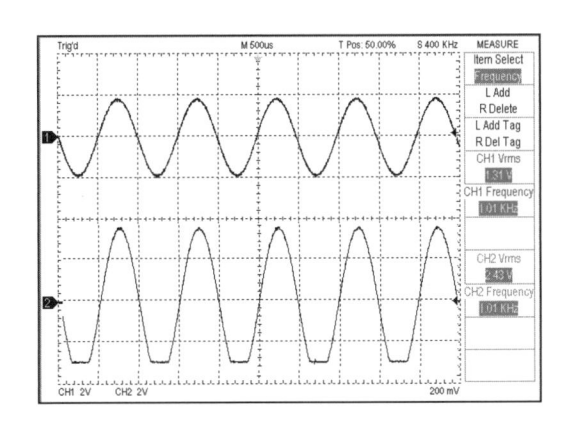

写真2-37　入力レベルが限界を超えると…

第2章 ダイオード

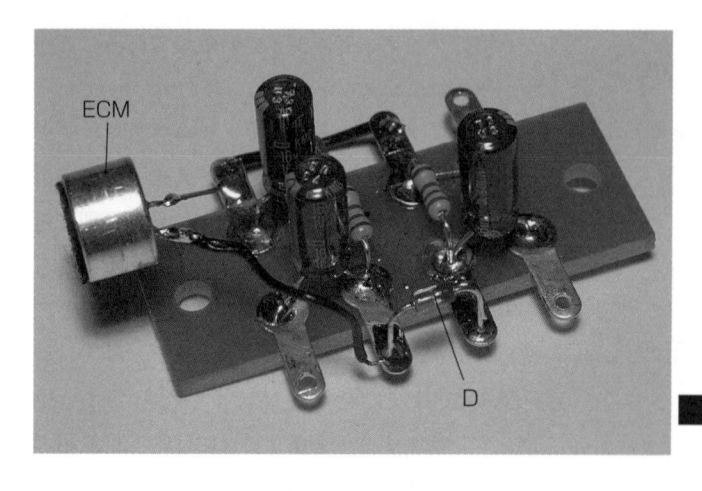

■写真2-38 ECMとアナログスイッチのコラボレーション

では、エレクトロニクス工作の中でダイオードが活躍している様子を紹介しましょう。これから紹介するのは、ダイオードでしかできない仕事です。

●ニカド電池の太陽電池での自動充電

エレクトロニクス装置では、太陽の出ている日中は太陽電池でニカド電池を充電しておき、夜になったらニカド電池から電気を取り出したい、というようなことがあります。

図2-60はこのようなときに使う方法で、太陽電池の電圧E_{SC}はニカド電池の電圧E_Bより十分高く、できれば2倍くらいにしておきます。こうしておけば日中は$E_{SC}>E_B$ですからニカド電池には充電電流I_{SC}が流れ、ニカド電池を充電できます。これだけならば、ダイオードはなくてもいいのですが…

太陽が沈んで太陽電池の電圧が下がってくると、どこかで太陽電池の電圧がニカド電池の電圧より低くなります。このとき、もしダイオードがないとニカド電池から太陽電池に電流が逆流してしまいます。そこで、図2-60のようにダイオードを入れておけば電流の逆流を防げます。

なお、太陽電池からニカド電池に充電電流を流す場合、ダイオードでは順電圧（約0.6V）分だけ充電のための電圧が下がります。図2-60の回路で十分な充電電流を流すにはE_{SC}をE_Bより十分高く選んでおく必要がありますが、その余裕がないような場合にはダイオードの順電圧も考慮に入れておく必要があります。

●ダイオードが仕事を分ける"お休みライト"

ダイオードがきっちり仕事をする例として、"お休みライト"を実験してみることにしましょう。"お休みライト"というのは、就寝の時間になって居間を出るとき、ライトを消したときに居間から出るまでの数十秒の間、小さな明かりを灯してみようというものです。

図2-61が"お休みライト"の回路図で、ダイオードを境にして「トリガ部」と「タイマー+ランプ部」からできています。この"お休みライト"では、まず最初に「トリガ部」が仕事をし、その結果をダ

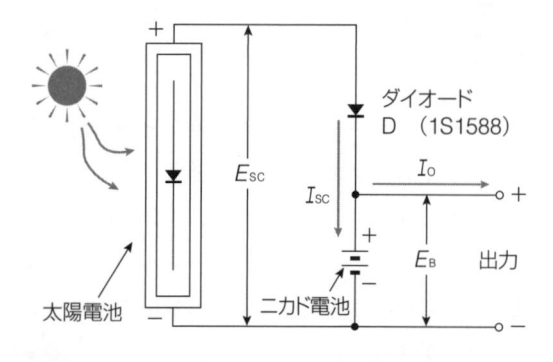

■図2-60 太陽電池でニカド電池を充電する

イオードを通して「タイマー+ランプ部」に渡します。「トリガ部」は、仕事を渡したあとは、ダイオードの働きでお休みとなります。

では、その様子を図2-62のタイムチャートで説明してみることにしましょう。

まず、「トリガ部」のIC 4001は単安定マルチバイブレータです。その入力となる①は点灯している間はCdSの抵抗は小さいのでLですが、消灯するとCdSの抵抗が大きくなってHになります。この状態は、朝が来て明るくなるまで、夜の間ずっと続きます。

さて、①がHになると②にはパルスが出ますが、このパルスのパルス幅tは、

$$t \fallingdotseq 0.69 R_T C_T$$

で、図2-61の例でいえば$R_T=1\mathrm{M}\Omega$、$C_T=3.3\mu\mathrm{F}$ですから、

$$t \fallingdotseq 0.69 \times 10^6 \times 3.3 \times 10^{-6} \fallingdotseq 2.3 \ [秒]$$

になります。

では、図2-62に戻りましょう。このtはダイオードを通った後で、③でコンデンサC_Bを充電する時間になります。逆にいえば、tはコンデンサを充電するのに十分な時間が必要で、実験してみたところではC_Tを0.1μFとしたときの0.1秒以下では時間不足、1μF以上にして1秒以上あれば十分でした。

さて、時間tが過ぎて②のパルスが出終わると図2-63の充電が終わって「トリガ部」の仕事は終了し、あとは「タイマー+ランプ部」が仕事を引き継ぎます。ランプが点灯している時間は④のようになりますが、残りの数十秒を作り出すのが③の放電です。この放電は図2-63のように行われ、C_Bに

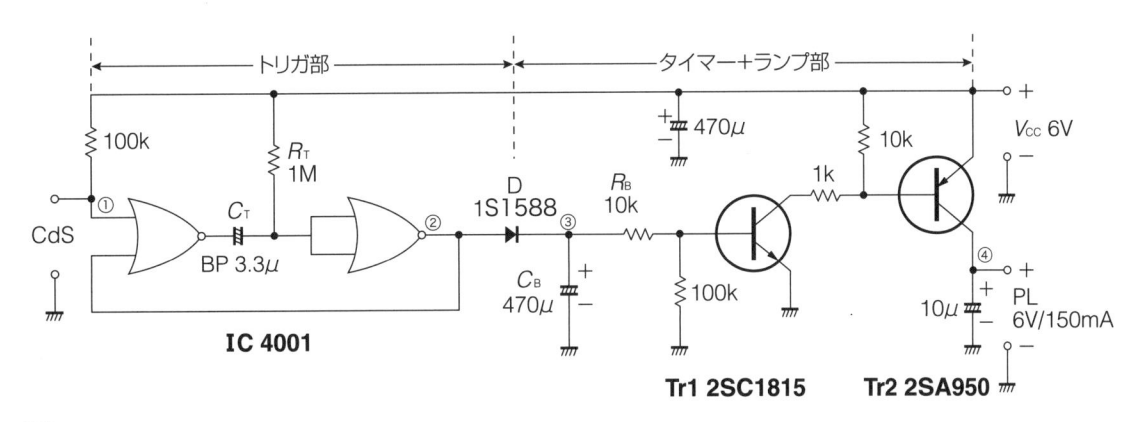

■ 図2-61 "お休みライト"の実験回路

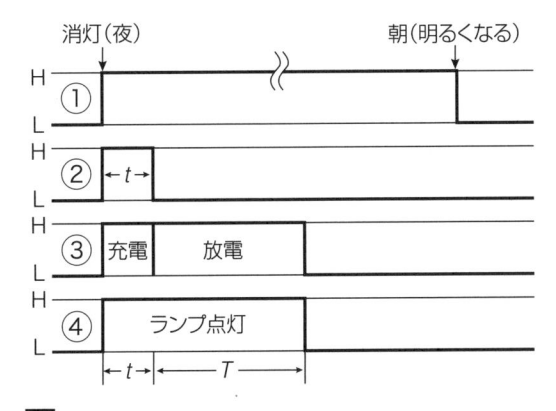

■ 図2-62 "お休みライト"のタイムチャート

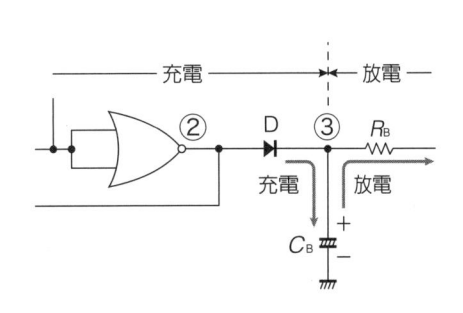

■ 図2-63 コンデンサの充電と放電

充電された電荷をR_Bを通してゆっくり放電することにより、残りの時間のTを作り出します。

では、図2-61に示した"お休みライト"をプリント基板の上に組み立て、働かしてみることにしましょう。まず、CdSは明るいときには抵抗がほとんどゼロ、暗いときには抵抗がほとんど無限大のものを選びます。「トリガ部」のC_Tは電解コンデンサを使いますが、極性のない双極性（BP）または無極性（NP）のものが必要です。もしこれらのものが入手できなかったら、図2-64のように有極性の4.7μFのものを突き合せに2個接続して無極性のものを作ってください。

図2-65は、"お休みライト"をプリント基板に組み立てるときのプリントパターンの一例です。写真2-39に組み立てを終わった"お休みライト"の様子を示して置きますので、組み立ての参考にしてください。

"お休みライト"をうまく働かせるには、ランプが光ったときに、その光がCdSに入らないようにしなければなりません。写真2-39にはそのあたりは示してありませんが、ランプとCdSにフードを被せるなど、工夫をしてください。

"お休みライト"がうまく働いたら、ダイオードの役目を確かめてみましょう。図2-61だとランプの光っている時間tは約2.3秒、そしてC_BとR_Bで作り出したTが約18秒で、トータルで20秒ほどになりました。

そこで、ダイオードを仮にショートして働かせてみたら、ランプはtの時間が過ぎたところですぐに消えてしまいました。実は、図2-61の②は図2-62でわかるようにパルスが出終わったt秒後にはLに落ちています。そのために、ダイオードがないとtの間にC_Bに充電した電荷は瞬間に放電してしまい、図2-63の放電電流がR_Bのほうに行かなかったためでした。

この"お休みライト"では、ダイオードがとても大切な働きをしていることがわかったでしょう。

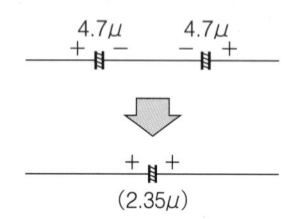

■ 図2-64　BPの電解コンデンサを作る

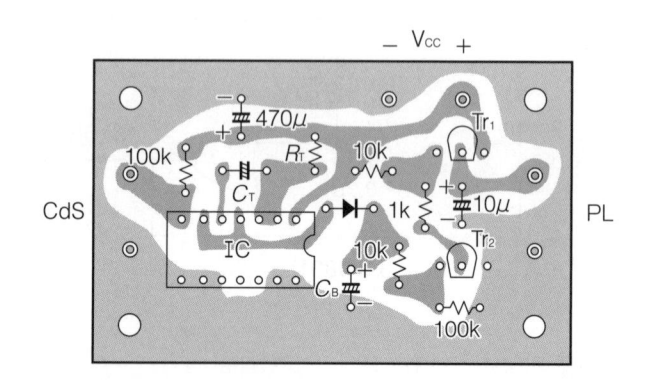

■ 図2-65　"お休みライト"のプリントパターン

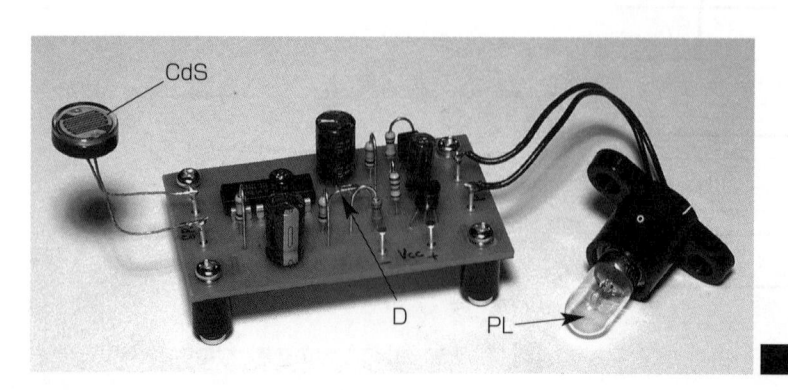

■ 写真2-39　完成した"お休みライト"

2-6 逆バイアスを加えて使うダイオード

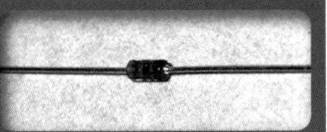

2-6-1 用途が違う二つのダイオード

今まで紹介してきたダイオードはすべて順電圧を加えて使うものでしたが、ここで紹介するのは逆電圧を加えて使うダイオードです。

逆電圧を加えて使うダイオードには、可変容量ダイオードと定電圧ダイオードがあります。この二つのダイオードは共に逆電圧を加えて使うものですが、その動作原理や用途は違っています。

● **可変容量ダイオード**

図2-66は、可変容量ダイオードの動作原理を示したものです。では、可変容量ダイオードの働きを調べてみましょう。

ダイオードに逆電圧を加えた場合、図2-66（a）に示したように降伏電圧に達するまでは電流は流れません。可変容量ダイオードでは、逆電圧が降伏電圧に達するまでの、電流の流れないところが利用範囲になります。

可変容量ダイオードでは、ダイオードに逆電圧を加えて電流を流さないで使う、これが特長です。

可変容量ダイオードというのは、その呼び名からもわかるように静電容量を持つように作られたダイオードで、しかも静電容量が変えられる、というものです。そこで、バリアブルキャパシタ、略してバリキャップとも呼ばれています。

図2-66（b）は静電容量が変わる仕組みを示したもので、ダイオードに逆電圧を加えたときにできる空乏層を利用しています。この空乏層はダイオードに加わる逆電圧の大きさによって幅が変わり、その結果、静電容量が変わります。これでわかるように、可変容量ダイオードではダイオードに加える逆電圧を変えることによって静電容量を

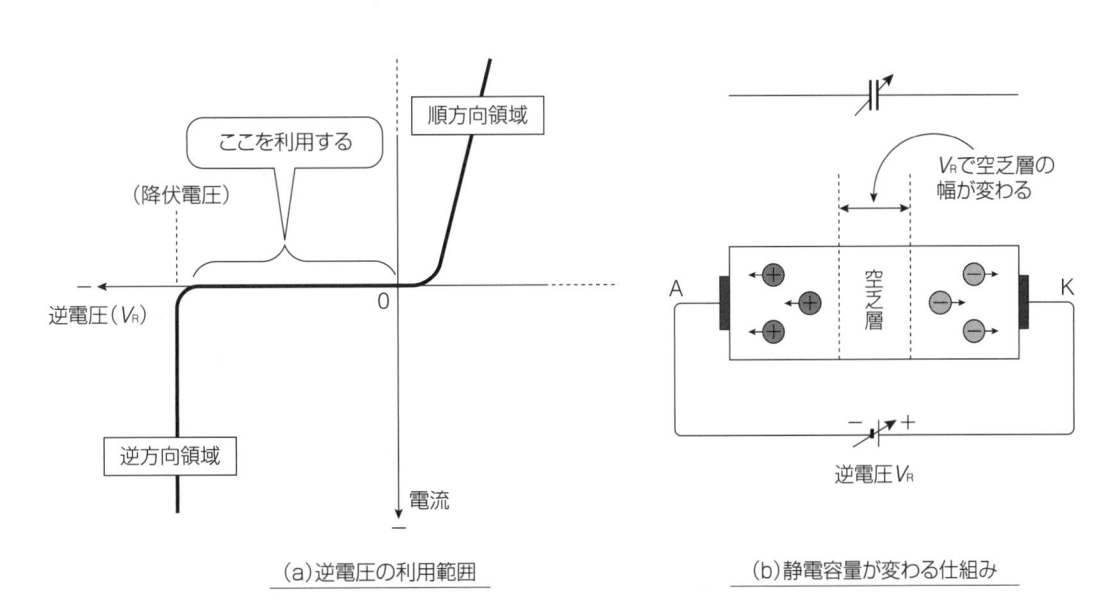

(a) 逆電圧の利用範囲

(b) 静電容量が変わる仕組み

■ 図2-66　可変容量ダイオードの動作原理

変えることができます。

図2-66（b）の空乏層の幅は逆電圧が高いほど広くなり、したがって静電容量は小さくなります。また、逆に逆電圧を低くすると空乏層の幅は狭くなり、その結果、静電容量は大きくなります。

表2-5は、可変容量ダイオードの一つである1SV279の規格をデータシートから抜粋したものです。

まず最大定格ですが、可変容量ダイオードでは逆電圧を加えて使いますから、逆電圧V_Rの項しかありません。1SV279の場合、逆電圧が15Vを超えると壊れてしまいます。なお、可変容量ダイオードでは電流は流しませんから、電流の項はありません。

つぎに電気的特性ですが、最初の逆電流の項は可変容量ダイオードに逆電圧を加えたときに流れる洩れ電流です。この逆電流は最大でも3nA、これは$0.003\mu A$、さらによく使う単位でいえば0.000003mAということで、ほとんどゼロに近い値です。この逆電流は少ないほどいいので、最大値で示されています。

つぎの静電容量は、可変容量ダイオードを選ぶときの基本になる、もっとも重要な値です。この静電容量は可変容量ダイオードに加える逆電圧が条件となっており、1SV279の場合にはV_Rが2Vのときに最小で14pF、最大では16pFとなっています。また、V_Rが10Vのときに最小で5.5pF、最大で6.5pFとなっており、このように最小と最大があるということはその値にばらつきがあるということです。

ついでに、可変容量ダイオードの電気的特性には、多くの場合、容量比が示されています。容量比は可変容量ダイオードを選択するときの直接的な値ではありませんが、静電容量の可変範囲を大きく取りたいような場合にはそれを把握するのに役に立つ値です。

そして、最後の直列抵抗r_Sはダイオードの内部に存在する、静電容量に直列につながる抵抗のことです。この抵抗は、通常のコンデンサではゼロと考えていいものですから、少ないに越したことはありません。そこで、最大値で示されるのが普通です。1SV279の場合の直列抵抗は標準で0.2Ω、最大でも0.4Ωとなっており、普通は1Ω以下です。

可変容量ダイオードの直列抵抗や逆電流は、コンデンサでいえばその良さを表すQの値に関係します。逆電流が少ないほど、また直列抵抗が小さいほど、いいコンデンサといえます。

では、可変容量ダイオードで具体的に静電容量を変える方法を紹介しましょう。図2-67はその様子を示したもので、バリコンの場合には（a）のようにダイヤルツマミを回しますが、可変容量ダイオードの場合には（b）のように可変抵抗器のツマミを回します。

*

可変容量ダイオードには、表2-6に示したように、用途別と共に低電圧用と一般用の区別があります。

まず、用途別のほうのAMラジオ用というのは、真空管時代でいえば430pFのバリコン、トランジスタ時代になってAMラジオ用のポリバリコンに相当するものです。したがって、静電容量の最大値は数百pFと大きいのが特長です。

また、HFを含めてのV/UHF用というのはFMラジオやテレビ、無線機などに使われるもので、静電容量の最大値は数pFから数十pFといったところです。

●最大定格（$T_a=25℃$）

項目	記号	定格
逆電圧	V_R	15V

●電気的特性

項目	記号	条件	最小	標準	最大
逆電流	I_R	V_R=15V			3nA
静電容量	C_{2V}	V_R=2V, f=1MHz	14pF		16pF
	C_{10V}	V_R=10V, f=1MHz	5.5pF		6.5pF
容量比	C_{2V}/C_{10V}			2.0	2.5
直列抵抗	r_S	V_R=5V, f=470MHz		0.2Ω	0.4Ω

■ 表2-5　可変容量ダイオード1SV279の規格

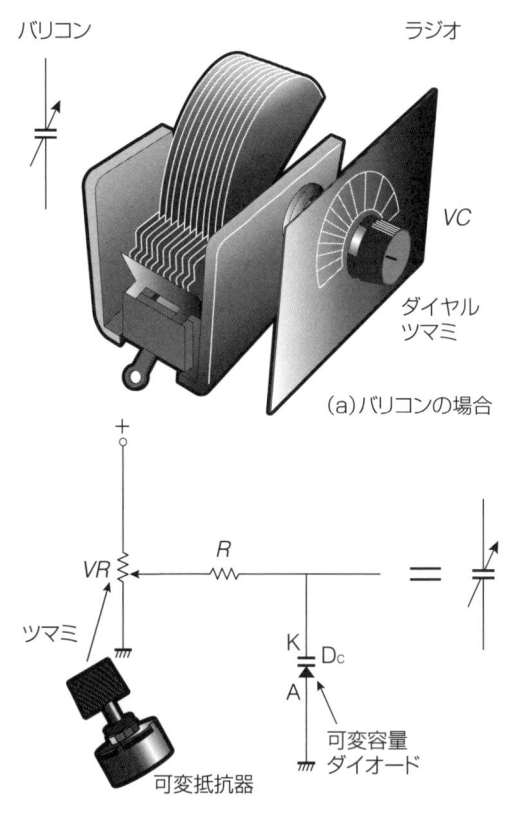

2-6 逆バイアスを加えて使うダイオード

可変容量ダイオードにはこのように低電圧用と一般用の二種類がありますから、用意できる電源電圧によって選ぶようにします。

では、用途別と使用電圧別にみた可変容量ダイオードの実際例を紹介してみましょう。

図2-68は、用途がAMラジオ用の可変容量ダイオードの逆電圧と静電容量の関係（C–V_R特性）をデータシートから抜粋したものです。用途はAMラジオ用なので、(a)(b)とも静電容量の最大値は500pFを超えています。この二つを比べて

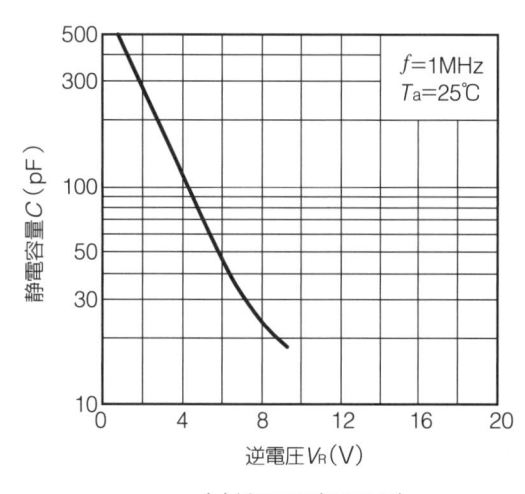

■ 図2-67　バリコンの役目をする可変容量ダイオード

(a)バリコンの場合

(b)可変容量ダイオードの場合

用　途	電　圧
AMラジオ用（〜数百pF）	低電圧用（〜6V）
	一般用（〜25V）
V/UHF用（〜数十pF）	低電圧用（〜6V）
	一般用（〜25V）

■ 表2-6　用途別に低電圧用と高電圧用がある

可変容量ダイオードはこのように用途別に用意されていますから、選ぶ場合には用途に合わせるようにします。

つぎに、可変容量ダイオードには低電圧用と一般用の二種類があります。一般用というのは従来からあったもので、電源電圧が12Vくらいの電圧で使うものです。一方、携帯電話など電池電源で働く電子装置の登場に合わせて作られたのが低電圧用で、電源電圧が6V以下で使います。

(a)低電圧用（1SV149）

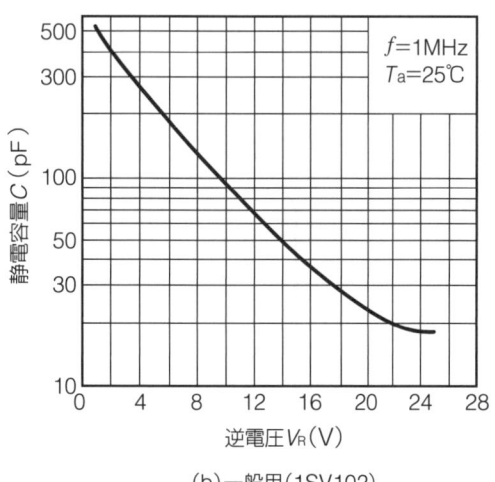

(b)一般用（1SV102）

■ 図2-68　AMラジオ用の可変容量ダイオード

みると、低電圧用と一般用の違いがよくわかるでしょう。

図2-69は、用途がV/UHF用の可変容量ダイオードの場合です。(a)は低電圧用の1SV281の場合、(b)は一般用の1SV279の場合です。静電容量はV/UHF用なので、両方とも最大で20pFくらいになっています。

● 定電圧ダイオード

図2-70は、定電圧ダイオードの動作原理と特長を示したものです。では、定電圧ダイオードの働きを調べてみましょう。

ダイオードに逆電圧を加えてその値を大きくしていった場合、降伏電圧に達するまでは電流は流れませんが、降伏電圧を超えると図2-70（a）に示したように急激に電流が流れます。そして、降

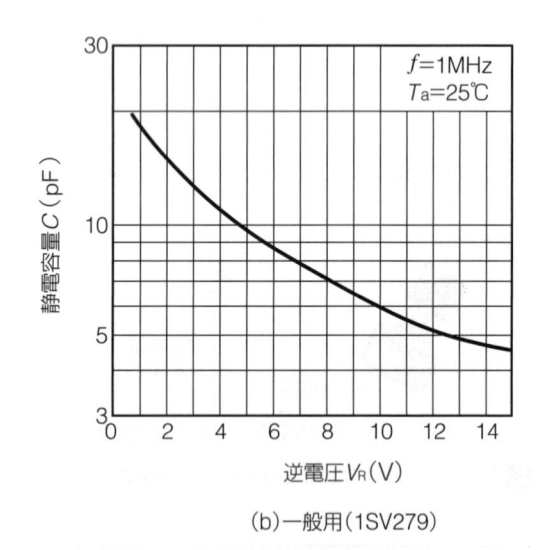

(a) 低電圧用（1SV281）

(b) 一般用（1SV279）

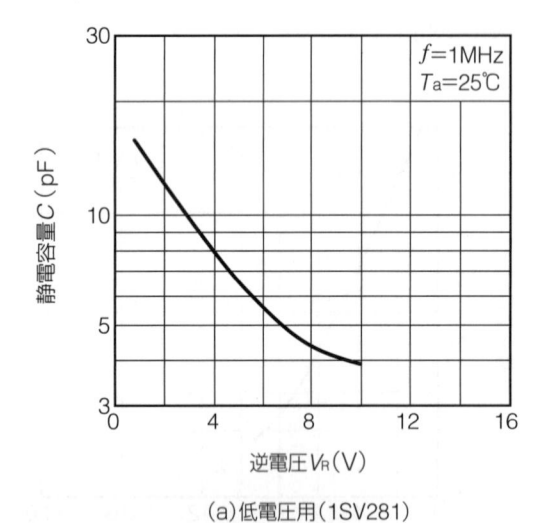

■ 図2-69　V/UHF用の可変容量ダイオード

(a) 降伏電圧を利用する

(b) 電圧が決まっている

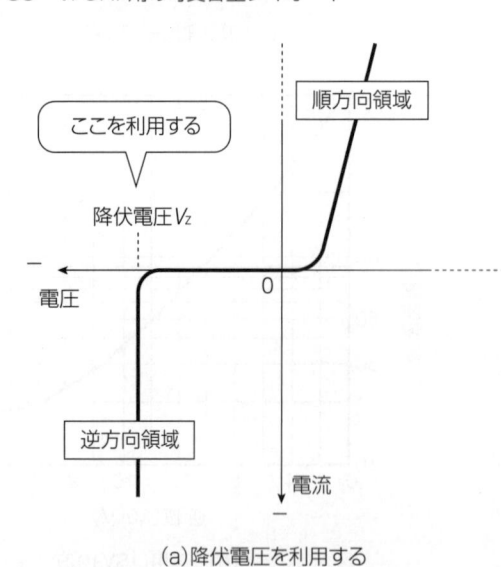

■ 図2-70　定電圧ダイオードの動作原理と特長

2-6 逆バイアスを加えて使うダイオード

伏電圧はほぼ一定になりますが、この働きを利用して定電圧を得るのが定電圧ダイオードです。

この降伏電圧はツェナー電圧とも呼ばれ、そのために定電圧ダイオードはツェナーダイオードとも呼ばれます。

定電圧ダイオードの特長は、ダイオードによって図2-70（b）に示したように電圧が決まっていることです。この場合はツェナー電圧が5.1Vの定電圧ダイオードということで、定電圧ダイオードを買ってくる場合にはこの電圧を決めておかなくてはなりません。

表2-7は、一般的な定電圧ダイオードRD5.1Eの規格をデータシートから抜粋したものです。実は、定電圧ダイオードにはほかにクリッパとかリミッタ、サージ吸収などの用途があり、データシートには表2-7に示した以外にもいくつかのデータが示されています。表2-7では、定電圧ダイオードとして使うときに必要なものだけを選んであります。

まず、最大定格に示した許容損失Pは、ダイオードの中で消費させることのできる電力の最大値です。この値は、定電圧ダイオードを使って定電圧回路を設計するときに必要な値です。ここで取り上げたRD5.1Eの場合の許容損失は、500mWとなっています。

つぎに、電気的特性に示したツェナー電圧は定電圧電源を作る場合の出力電圧そのものです。定電圧ダイオードのツェナー電圧にはばらつきがあり、RD5.1Eでいえば最小が4.85V、最大で5.35Vとなっています。RD5.1Eを買ってきた場合、そのツェナー電圧は4.85～5.35Vの間のどの値になっているかは、現物を調べてみなければわかりません。

ところで、定電圧ダイオードでは個々にツェナー電圧が決まっているといいましたが、どのようなツェナー電圧のものが用意されているのでしょうか。

RD5.1Eのデータシートを見るとわかりますが、その仲間にはツェナー電圧が2.0VのRD2.0Eから120VのRD120Eまで2.0V、2.2V、2.4V、2.7V…というように120VまでE系列で用意されています。用意されているのがE系列ですから場合によってはぴったりというわけにはいきませんが、用意されているものの中でもっとも値の近いものを選びます。

以上はツェナー電圧のほうでしたが、許容損失のほうも100mW程度の小型のものから1Wとか2Wといったような大きなものまでいろいろあります。

では、定電圧ダイオードを使った定電圧回路がどのように働くのかを説明してみましょう。次ページの図2-71は定電圧ダイオードで作った定電圧回路を示したもので、抵抗R_Sが重要な働きをしています。

まず、定電圧ダイオードを使った定電圧回路では、入力電圧E_Iをツェナー電圧V_Zより十分高く選びます。すると定電圧ダイオードに加わる逆電圧は降伏電圧を超えますから、ツェナー電流I_Zが急激に流れます。

この場合、もし抵抗R_Sがないと電流はどこまでも増え続けますが、抵抗R_Sがあるとこれが電流を制限し、

$$E_I = E_R + V_Z$$

となったところで平衡状態に達します。この式で、V_Zは一定ですから、もし何等かの理由で入力電圧E_Iが変動した場合にはE_Rがその変動分を吸収して出力電圧E_O（$= V_Z$）を一定に保つことがわかります。なお、抵抗R_Sでの電圧降下E_Rは、

$$E_R = R_S \cdot I_Z$$

● 最大定格（$T_a=25℃$）

項目	記号	定格
許容損失	P	500mW

● 電気的特性（$T_a=25℃$）

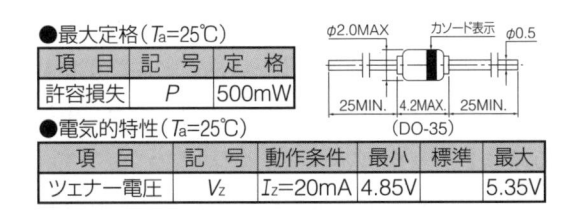

項目	記号	動作条件	最小	標準	最大
ツェナー電圧	V_Z	I_Z=20mA	4.85V		5.35V

■ 表2-7　定電圧ダイオードRD5.1Eの規格

第2章 ダイオード

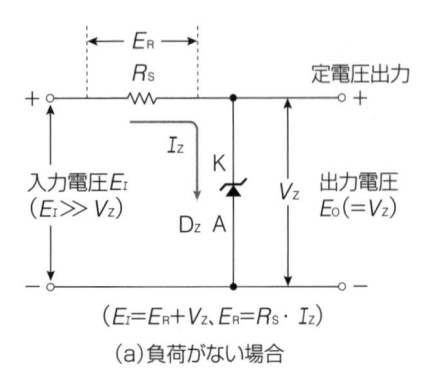

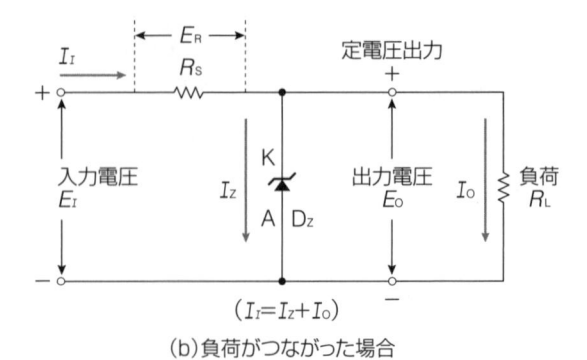

図2-71 定電圧ダイオードで作った定電圧回路の動作原理

(a)負荷がない場合 ($E_I=E_R+V_Z$、$E_R=R_S \cdot I_Z$)

(b)負荷がつながった場合 ($I_I=I_Z+I_O$)

ですから、E_Rが変動分を吸収するということは実際にはツェナー電流I_Zが変動分を吸収していることになります。

つぎに、(b)のように定電圧回路に負荷抵抗R_Lをつないで出力電流I_Oを取り出した場合を考えてみましょう。

この場合の入力電流I_Iは、

$$I_I = I_Z + I_O$$

となり、出力電流I_Oを取り出したときに平衡条件を保つにはI_Iを一定に保てばいいことになります。I_Iを一定に保つということはI_Oを取り出した分だけI_Zを減らしてやればいいわけで、これはあらかじめI_Zに蓄えておいた電流の一部をI_Oとして取り出すと考えることができます。

このように考えると、定電圧ダイオードを使った定電圧回路から取り出せる電流の最大値は、定電圧ダイオードに流すことのできるツェナー電流の最大値(I_{Zmax})までだということがわかります。

では、定電圧ダイオードを使った定電圧回路を設計する方法を図2-72で紹介してみましょう。

まず、定電圧ダイオードのツェナー電圧をV_Z、許容損失をPとすると、定電圧ダイオードに流すことのできる電流の最大値I_{Zmax}は、

$$I_{Zmax}= \frac{P}{V_Z} \,\,[A]$$

となります。このI_{Zmax}が定電圧回路から取り出せ

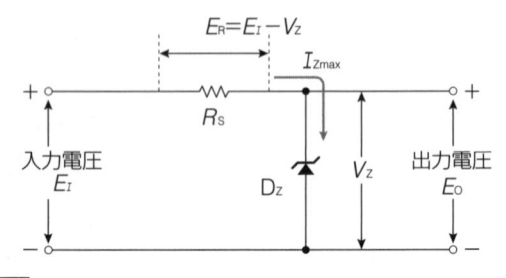

図2-72 定電圧ダイオードを使った定電圧回路の設計

る最大電流にほぼ等しくなりますから、大きな電流を取り出したければ許容損失の大きい定電圧ダイオードを選ばなければなりません。

図2-72で、具体的に設計するのは抵抗R_Sです。抵抗R_Sにツェナー電流I_{Zmax}が流れたときに発生する電圧降下がE_Rですから、R_Sは、

$$R_S = \frac{E_R}{I_{Zmax}} = \frac{E_I - V_Z}{I_{Zmax}}$$

で計算できます。

2-6-2 可変容量ダイオードの実験

可変容量ダイオードの実験といえば、バリコンの代わりという本来の用途に沿った使い方をするAMラジオとかFMラジオということになりますが、可変容量ダイオードを使った電子同調ラジオとなるとトラッキングなどをとるのがやっかいです。

そこで、ここでは可変容量ダイオードをVCO(電圧制御発振器)に応用し、電子オルガンの実験

2-6 逆バイアスを加えて使うダイオード

をしてみようと思います。

図2-73は、シュミットインバータ74HC14を使った方形波発振回路です。(a)はその基本回路で、発振周波数fは概略、

$$f = \frac{1}{C \times R} \text{ [Hz]}$$

となります。

また、(b)は(a)の基本回路のコンデンサCを可変容量ダイオードD_Cに置き換えたVCOの回路です。この場合の発振周波数f_{VCO}は、可変容量ダイオードの静電容量をC_Vとすると、

$$f_{VCO} \fallingdotseq \frac{1}{C_V \times R} \text{ [Hz]}$$

です。この場合、可変容量ダイオードに加える電圧V_Cを変えると静電容量C_Vが変わりますから、V_Cによって発振周波数を変えることができるVCOになります。

なお、(b)に示したC_Cは直流カット用の単なる結合コンデンサで、C_Vに比べてC_Cを十分に大きく選んでおけば、発振周波数に与える影響は無視することができます。

では、図2-73(b)の可変容量ダイオードに表2-8に示したAMチューナ電子同調用ダイオードの1SV149を使って、VCOを設計してみることにしましょう。なお、1SV149は低電圧用の可変容量ダイオードで、図2-68(a)に特性図を示してあります。

図2-68(a)で逆電圧V_Rを1〜6Vとすると、静電容量は50〜400pFくらいの間で変化するとみればよさそうです。そこで、図2-73(b)のRを仮に1MΩとして発振周波数を計算してみると、C_V = 400pFの場合の発振周波数$f_{(C_V=400)}$は、

$$f_{(C_V=400)} = \frac{1}{400 \times 10^{-12} \times 1 \times 10^6}$$
$$= 2{,}500 \text{ [Hz]} = 2.5 \text{ [kHz]}$$

またC_V = 50pFのときの発振周波数$f_{(C_V=50)}$は、

$$f_{(C_V=50)} = \frac{1}{50 \times 10^{-12} \times 1 \times 10^6}$$
$$= 2{,}000 \text{ [Hz]} = 20 \text{ [kHz]}$$

となります。この結果から、発振周波数比を計算してみると20/2.5ですから、8倍ということになります。これは、可変容量ダイオードの容量比(400/50)と同じです。

一方、電子オルガンを作るとすると発振周波数を音階の周波数に合わせなければなりません。そこで、音階の中央の「ド」の周波数を調べてみると約250Hz(正確には262Hz)、オクターブ上の

項　目	記号	条　件	最小	標準	最大
逆電流	I_R	V_R=15V			50nA
静電容量	C_{1V}	V_R=1V, f=1MHz	435pF		540pF
	C_{8V}	V_R=8V, f=1MHz	19.9pF		30.0pF
容量比	C_{1V}/C_{8V}		15.0	19.5	

■表2-8 AMチューナ電子同調用の1SV149の電気的特性

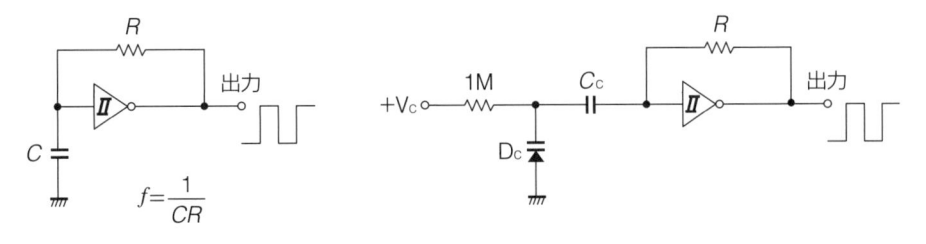

(a)基本回路　　　　　　　　　　(b)可変容量ダイオードによるVCO

■図2-73 シュミットインバータ74HC14を使った発振回路

「ド」の周波数は2倍の約500Hzです。これでわかるように、音階周波数比はオクターブあたり2倍ということになります。

これで基本的なことがわかったのですが、VCOの発振周波数は最低で2.5kHz、「ド」の音階周波数は250Hz（0.25kHz）で、これを比べてみると10倍の開きがあることに気がつきます。

この開きを埋めるには発振周波数を10分の1にすればいいのですが、それには計算上、図2-73（b）のRを10倍の10MΩにしなければなりません。でも、実際の製作にあたって10MΩの抵抗器は一般的ではなく、できればRは1MΩにしたいところです。

そこで考えた結果、発振周波数を10分の1にするのではなく、発振周波数はそのままにしておいて、これを10分の1に分周することにしました。これで、2.5kHzを10分の1に分周した周波数は250Hzになり、目的を達することができます。

つぎに、もう一つの周波数比のほうですが、発振周波数比が8倍あるということは計算上は3オクターブをカバーできることになります。

というわけで、図2-73（b）に示したVCOで電子オルガンが作れる目処がたちました。なお、発振周波数比からいえば3オクターブをカバーできますが、作りやすさを考えて、実験は1オクターブで行うことにします。

図2-74が、電子オルガンの回路図です。可変容量ダイオードの1SV149（Dc）とシュミットインバータの74HC14（IC₁）がVCOで、ここで約2.5～5kHzを発振させます。

VCOの左側にずらっと8個並んでいるのが、音階を作るための可変抵抗器（VR）と、キーの役目をする押しボタンスイッチ（SW）です。VRのプラス側に入っているR_Hとマイナス側に入っているR_Lは、8個のVRによって1オクターブに収まるようにするためのものです。

可変抵抗器（VR）の使い方には、図2-75のような方法が考えられます。最初、普通に考えられる（a）の並列型で行おうと思っていたのですが、

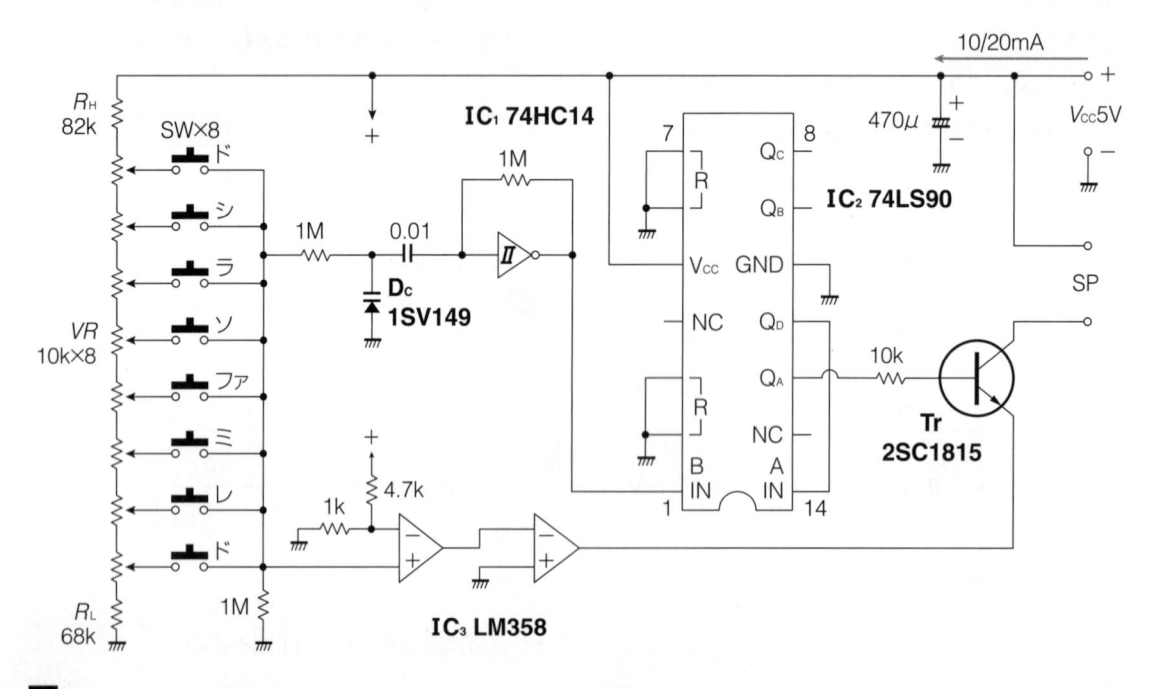

■ 図2-74　可変容量ダイオードとシュミットインバータで作る電子オルガン

(a) 並列型　　(b) 直列型

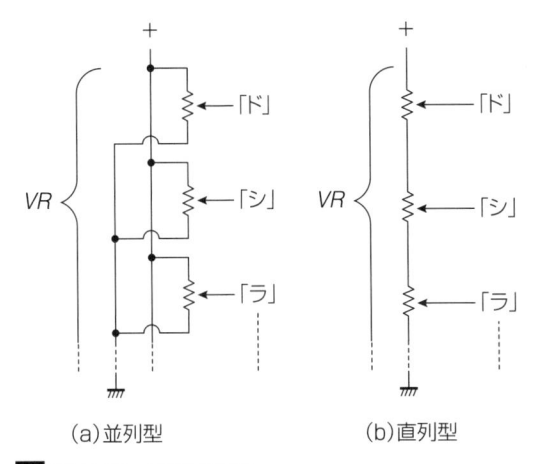

■図2-75　VRの使い方

音階は順番に周波数が変わるのだということに気がつき、(b) の直列型を試すことにしました。

結果からいえば、(b) の方法はR_HとR_Lの調整がかなりやっかいですが、うまく設定できれば各VRの調整は楽です。その点、(a) の方法はR_HやR_Lは不用ですし、各VRが独立しているので音階の設定は自由にできます。でも、VRを回したときの調整はクリチカルになってしまいます。

では、話を元に戻しましょう。IC_2の74LS90はポピュラーな10進カウンタで、中には2進カウンタと5進カウンタが入っています。このカウンタは、5進カウンタの入力（B-IN）にクロックを入れてその出力（Q_D）を2進カウンタの入力（A-IN）に渡します。すると、2進カウンタの出力（Q_A）から10分の1に分周されたデューティ比50の方形波が得られます。

トランジスタ2SC1815は、このようにして得られた方形波の信号でスピーカを鳴らすためのものです。

以上で電子オルガンの骨格はでき上がりましたが、一つだけ問題があります。それは、VCOはSWのキーを何も押さないときでも発振を続けており、キーを押さないのにスピーカがピーっと鳴ってしまいます。

2-6　逆バイアスを加えて使うダイオード

このようにならないようにするには、キーを押してないときはVCOの発振を止めてしまえばいいのですが、そのためのうまい方法が思い浮かびません。そこで、キーを押したときだけトランジスタが働いてスピーカが鳴り、キーを押していないときはトランジスタの働きを止めることにしました。そのコントロールをしているのが、IC_3のLM358です。

LM358は単電源で使えるオペアンプで、2個ともコンパレータとして働いています。

まず、1段目のコンパレータでは＋端子にコントロールのための入力が加えられており、キーが押されていないときにはゼロ、キーが押されると最低でも1V以上の電圧が加わります。一方、－端子のほうは比較のための電圧（約0.88V）を加えておきます。

これで、1段目のコンパレータの出力はキーが押されていないときには「L」ですが、キーが押されると「H」に上がります。

キーが押されていないとき、1段目のコンパレータの出力は「L」になりますが、これではトランジスタが動作してスピーカが鳴ってしまいます。そこで、2段目のコンパレータでその動作を逆転させています。これで2段目のコンパレータの出力は「H」になり、トランジスタは働かないのでスピーカは鳴りません。

キーが押されると1段目のコンパレータの出力は「H」、したがって2段目のコンパレータの出力は「L」になってトランジスタは動作し、スピーカが鳴ります。

これで、可変容量ダイオードとシュミットインバータで作る電子オルガンの回路ができ上がりました。そこで、次ページの図2-76のようなプリント基板を用意して実験してみることにしました。写真2-40に、完成した電子オルガンの様子を示しておきます。

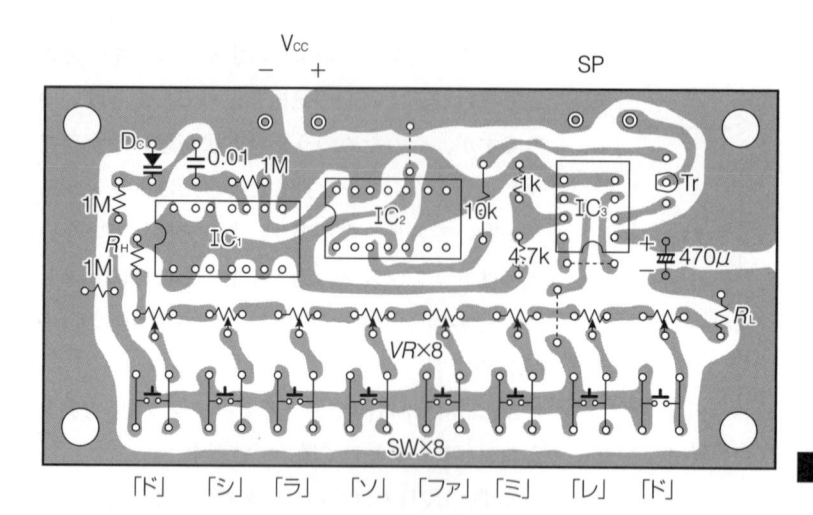

■図2-76 電子オルガンのプリントパターン

■写真2-40 電子オルガンが完成したところ

　プリント基板の組み立てが終わったところで電源として5Vを加え、仮にR_HとR_Lとも47kΩをつないで働かせてみました。

　まず、シュミットインバータのVCO出力にオシロスコープと周波数カウンタをつないでみると、キーを押さない状態でもVCOは数kHzで発振しています。そこで、キーを押すと発振周波数が変わることを確認して、発振周波数の上限を決める抵抗R_Hと下限を決める抵抗R_Lの調整を始めました。

　この調整は各VRをほぼ12時の位置に置いて始めたのですが、「ド」のキーを押したときに約2.5kHz、オクターブ上の「ド」を押したときに約5kHzになるようにするにはかなり苦労しました。それはもう、図2-75（a）の方法で試せばよかった…と思うほどだったのですが、最終的には図2-74に示した値でほぼうまくいきました。

　この時点では、もうスピーカが鳴っていますから、中央の「ド」とオクターブ上の「ド」をVRで決めたあと、耳で音を聞きながらあとの音階をVRで調整しました。

　これで、電子オルガンの実験は終わりです。なお、この電子オルガンはVCOの可変容量ダイオードに加わる電圧で音階を作っていますから、電源電圧の影響を大きく受けます。極端なことをいえば、電源電圧が変わるたびにVRを回して調律をしなおさなくてはなりません。そういう意味では、定電圧回路を組み込んで設計するのが、正解といえます。

2-6-3　定電圧ダイオードの実験

　定電圧ダイオードは現在ではもっぱらレギュレータICの中で活躍していますが、小規模の定電圧電源なら定電圧ダイオードで作ることができます。

　では、TTL-ICで作った電子装置の電源として使える、出力電圧5V±10%の定電圧電源を作って実験してみることにしましょう。

　定電圧ダイオードで定電圧電源を作る場合、まず定電圧ダイオードを選択しなくてはなりません。

2-6 逆バイアスを加えて使うダイオード

電圧が5Vということで用意した定電圧ダイオードは、表2-7で紹介したRD5.1Eです。RD5.1Eの規格は、許容損失Pが500mW（0.5W）、ツェナー電圧V_Zは5.1Vです。

では、RD5.1Eを使って定電圧回路を設計してみることにしましょう。まず、RD5.1Eに流すことのできる電流I_{zmax}を求めてみると、

$$I_{zmax} = \frac{P}{V_Z} = \frac{5.0}{5.1} \fallingdotseq 0.098 〔A〕= 98 〔mA〕$$

となります。これは定電圧ダイオードに流すことのできる最大電流ですが、これがほぼそのまま、定電圧回路から取り出せる最大電流になります。

この後は、計算を簡単にするために、

$I_{zmax} = 100\mathrm{mA}(0.1\mathrm{A})$、ツェナー電圧$V_Z = 5\mathrm{V}$

ということで話を進めます。

この定電圧電源では、整流電源として図2-39に示したブリッジ型全波整流回路をそのまま使うことにします。この整流電源から出力電流を取り出したときに出力電圧がどうなるかは図2-41にありますので、合わせて見てください。

では、図2-72を使って定電圧回路を設計してみることにしましょう。まず、定電圧回路の入力電圧E_Iは図2-41で出力電流を100mA取り出したときの出力電圧になりますから$E_I \fallingdotseq 7\mathrm{V}$、また定電圧ダイオードのツェナー電圧は5Vです。

これで、必要な値が揃いました。これらの値を使って抵抗R_Sの値を計算してみると、

$$R_S = \frac{E_I - E_O}{I_{zmax}} = \frac{7-5}{0.1} = 20〔\Omega〕$$

となります。

これで、定電圧回路の設計が終わりました。この結果を使ってでき上がったのが、図2-77に示した定電圧電源の回路図です。抵抗R_Sは計算では20Ωとなりましたが、実際には入手が容易な22Ωを使いました。なお、この抵抗で発生する電力損失P_Lを調べてみると、図2-72で、

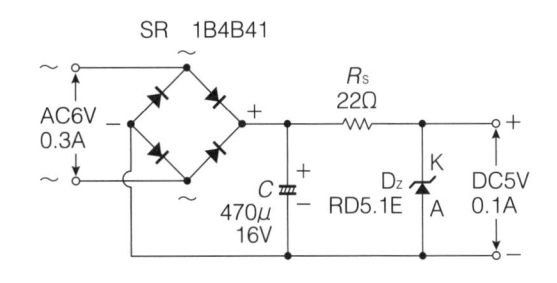

■ 図2-77　出力5V/0.1A　定電圧電源の回路

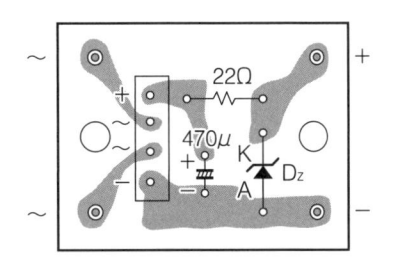

■ 図2-78　定電圧電源のプリントパターン

$$P_L = I_{zmax} \cdot E_R = 0.1 \times 2 = 0.2〔\mathrm{W}〕$$

のようになります。ですから、抵抗器は1/4W（0.25W）のものでOKです。

では、図2-77の定電圧電源を作って実験してみることにしましょう。図2-78に示したプリントパターンで作ったのが、次ページの写真2-41です。組み立てるときには、逆電圧を加えて使う定電圧ダイオードの取り付け方向に注意してください。

出力5V/0.1Aの定電圧電源が完成したところで、図2-79のようにして実験してみました。写真2-42は、でき上がった定電圧電源の実験をしているところです。負荷となる抵抗器には、巻線型の可変抵抗器（VR）を使いました。

91ページの図2-80は、定電圧電源の実験の結果です。整流電源からの出力電圧、すなわち定電圧回路の入力電圧E_Iも合わせて調べてみましたが、整流電源から取り出す電流は負荷に関わらず一定なので、出力電流I_Oが0～100mAまでの間でほとんど変わっていません。

第2章　ダイオード

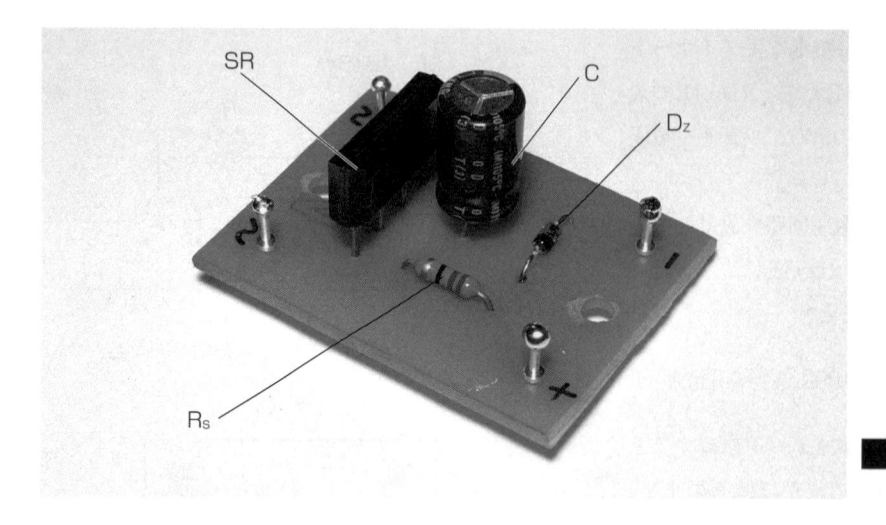

■写真2-41
定電圧電源のプリント基板

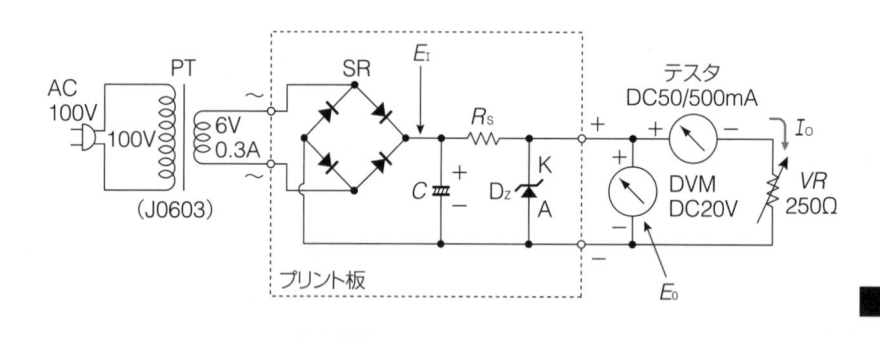

■図2-79
定電圧電源の実験をしてみる

■写真2-42
定電圧電源を働かせてみる

　では、実験の結果を調べてみましょう。出力電流として0〜100mAを取り出してときの出力電圧は約5.1〜4.6Vとなっており、予定した5V±10%（4.5〜5.5V）に収まっています。なお、出力電流が予定の100mAを超えると定電圧特性が失われ、出力電圧は急激に下がりました。

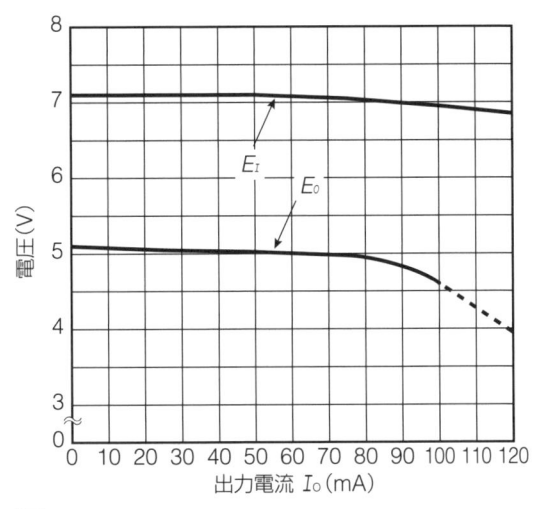

■ 図2-80　定電圧電源の出力電流と電圧の関係

以上が、定電圧ダイオードで作った定電圧電源の実験の一例です。この程度の性能があれば、簡単な電子装置を働かせる電源として十分に使えそうです。

その一例として、2-6-2項で作った電子オルガンを働かせてみました。写真2-43はその様子ですが、うまく働いてくれました。

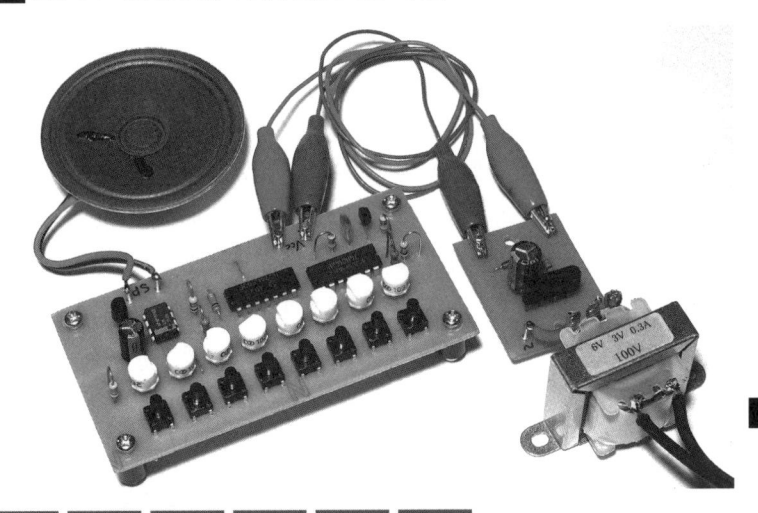

■ 写真2-43　定電圧電源で電子オルガンを働かせているところ

COLUMN
電源の負荷テスト用の抵抗器

電子回路のテストをするときに、負荷抵抗が必要になることがよくあります。特に、電源のテストでは定格電力の大きな抵抗器を用意しなければなりません。

電源の負荷テストのための抵抗器は、単に定格電力が大きいというだけでなく、抵抗値もいろいろなものが必要になります。

では、どれくらいの抵抗値でどれくらいの定格電力の抵抗器を用意したらいいかというと、例えば12V/3Aの電源の場合だと電圧が12Vで3Aの電流を流すのに必要な抵抗は4Ω、そしてここで発生する電力は36Wです。

このような定格電力の大きな抵抗器として入手できるのは、ホーロー抵抗器です。ホーロー抵抗器だと、40Wとか50Wといったものが用意されています。

問題は抵抗値のほうで、普通は4Ωというのはありませんから入手できる3Ωとか10Ωといったものを組み合わせて4Ωを実現します。なお、このように複数の抵抗器を組み合わせて使うと、発生する電力を分散することができます。

2-7 そのほかのダイオード

2-7-1 定電流ダイオード

　定電圧ダイオードがあれば定電流ダイオードがあってもいいのではないかと思うのは、当然のことです。ダイオード規格表を見ると、少しではありますが定電流ダイオードというのがあります。定電流ダイオードのことは、CRD（Current Regulative Diode）と呼ばれています。

　定電流ダイオードは図2-81に示したように電源と負荷の途中につながれ、電源電圧が変動しても、また負荷が変動しても、負荷に一定の電流を供給します。

　この定電流ダイオードは、定電圧ダイオードと似ているところもありますし、まったく違うところもあります。

　まず最初は違うところから…。ダイオードというと主流はPN接合ダイオードで、仲間の定電圧ダイオードはPN接合でできていました。でも、定電流ダイオードは図2-82に示したようにFETでできています。

　図2-82（a）は定電流ダイオードの構造と記号を示したもので、中の構造はFETです。FETのドレイン電圧−電流（V_{DS}-I_D）特性は（b）のように定電流特性を持っており、定電流ダイオードはFETのこの特性を利用して作られています。

　つぎに、定電流ダイオードが定電圧ダイオードと似ているところは、定電圧ダイオードは個々にツェナー電圧が決まっていたように、定電流ダイオードではピンチオフ電流が決まっているということです。定電流ダイオードに用意されているピンチオフ電流はそう広い範囲ではなく、0.1〜15mAといったところです。

　定電流ダイオードを作っているメーカーはたいへん少ないのですが、表2-9は石塚電子の型名がE-102とE-103という定電流ダイオードの規格の一部を示したものです。ちなみに、型名の数字（102とか103）はピンチオフ電流を表しており、102は$10 \times 10^2 \mu A = 1000 \mu A = 1mA$、同様に103は10mAとなります。

　では、表2-9のE-103を例にして説明してみましょう。まず、ピンチオフ電流というのは定電流ダイオードに加える電圧を上げていったときに一定電流を保持する定電流領域のことで、表2-9では10Vを加えたときの電流が示されています。

　型名からはピンチオフ電流の標準値は10mAということになりますが、実際にはピンチオフ電流I_pは8.00〜12.0mAの間でばらついています。この

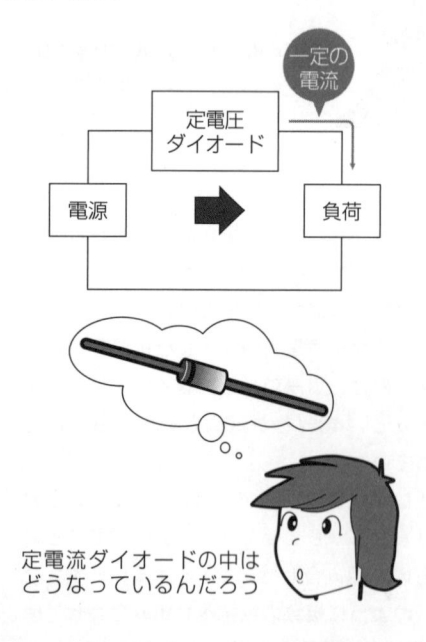

■ 図2-81　定電流ダイオードの働き

2-7 そのほかのダイオード

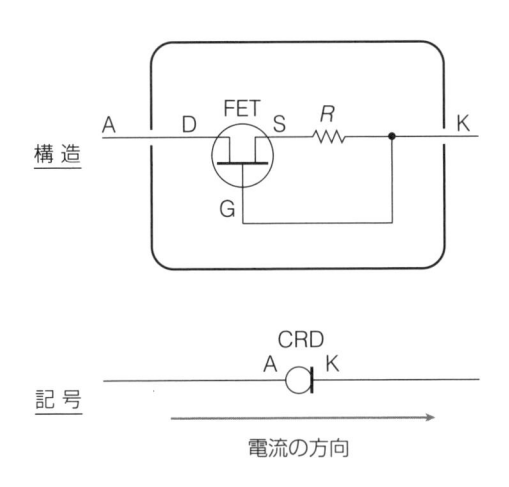

(a) 定電流ダイオードの構造と記号

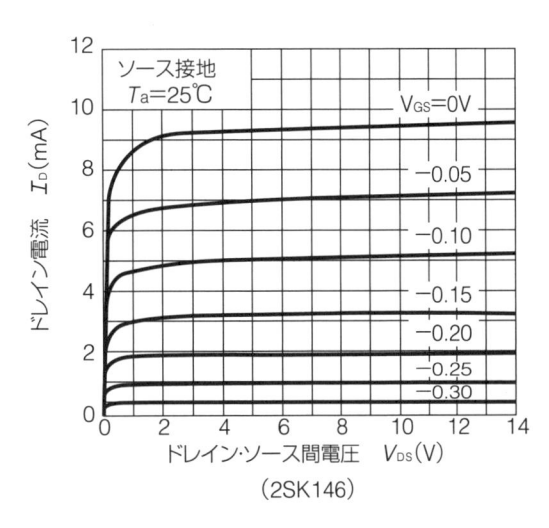

(b) FETの $V_{DS}-I_D$ 特性の一例

■ 図2-82 定電流ダイオードはFETでできている

型名	ピンチオフ電流		肩特性		最高使用電圧(V)
	検査電圧	I_P (mA)	E_K (V)	I_K (mA)	
E-102	10V	0.88〜1.32	1.7	min0.8I_P	100V
E-103	10V	8.00〜12.0	3.5	min0.8I_P	100V

■ 表2-9 石塚電子の定電流ダイオードの規格の一例

ようなばらつきは定電圧ダイオードのツェナー電圧でもありましたが、定電流ダイオードでもピンチオフ電流にこのようにばらつきがあるということを認識しておく必要があります。

表2-9を見ると肩特性というのがありますが、これはピンチオフ電流の80%にあたる電流をI_Kとしたときの、定電流ダイオードに加える電圧のことです。これは、定電流ダイオードが定電流特性を維持するのに必要な最小の電圧と思えばいいでしょう。

図2-83は定電流ダイオードを実際に使っている様子で、この回路で負荷に定電流を供給するには入力電圧E_Iから負荷に加わる出力電圧E_oを引いた入出力電圧差E_{I-o}が、定電流ダイオードの肩特性に示されたE_kより大きくなくてはなりません。

定電流ダイオードの中では、E_{I-o}とピンチオフ電流の積で求まる電力損失が発生します。一方、例えば表2-9に示した石塚電子のEシリーズの定電流ダイオードの定格電力の最大値は、300mW（0.3W）となっています。実際に計算してみるとわかりますが、E_{I-o}が20Vくらいまでならば、実際に発生する電力は300mW以内に収まります。

定電流ダイオードを実際に使う機会は少ないのですが、意外に多くの応用例があります。

石塚電子の定電流ダイオードのデータシートから身近なものを紹介してみると、定電圧ダイオードへの定電流供給、フォトカプラやLEDの輝度安定、定電流充電回路などがあります。

次ページの図2-84は、このところ注目を集めている高輝度LEDの点灯回路に定電流ダイオード

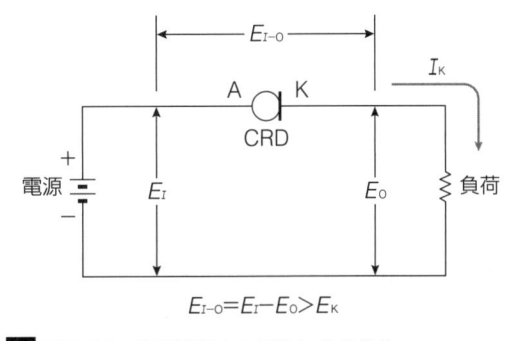

$$E_{I-o} = E_I - E_o > E_K$$

■ 図2-83 定電流出力を得るための条件

第2章　ダイオード

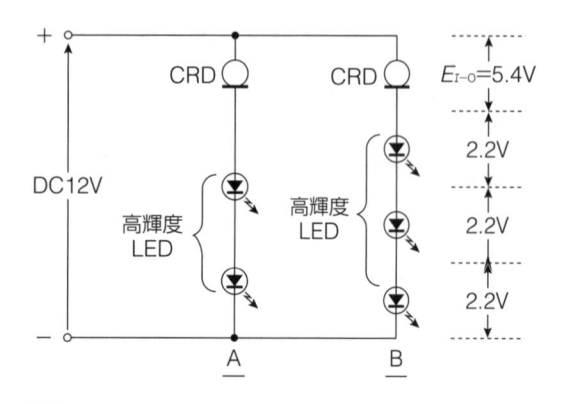

図2-84　高輝度LEDを定電流ダイオードで点灯する

を応用した一例です。これは車載用の場合で、電源電圧は12V、AグループはLEDを2個、BグループではLEDを3個点灯するようになっています。

このように点灯するLEDの数が違うときには、電流制限抵抗の代わりにCRDを使うと両グループともLEDに流れる電流を同じにすることができます。

高輝度LEDの順電圧は色によって違い、赤色系のもので2.2V前後、緑色や白色系になると3.3〜3.6Vです。そこで、仮に赤色LEDを使うとして順電圧を1個あたり2.2Vとすると3個で6.6V、すると定電流ダイオードに加わる入出力電圧差E_{I-o}は図2-84のBグループに示したように5.4Vが確保できます。これで、もしCRDとして表2-9に示したE-103を使うとすると、E_kの3.5Vを十分にクリアすることができます。

なお図2-84のBグループにおいて、逆にE_k=3.5VとしてLEDに割り当て可能な電圧を計算してみると、1個あたり約2.8Vということになります。この結果から、白色の高輝度LEDを点灯するには電源電圧が12Vしかない場合には、2個が限度だということがわかります。

2-7-2　双方向トリガダイオード

双方向トリガダイオードはダイアック（DIAC）という商品名で呼ばれることもあり、白熱電球を使った電気スタンドの調光器で使われる交流の電力制御用のSCR（双方向サイリスタ）の駆動用になくてはならないダイオードです。

このようになくてはならないダイオードなのですが、ダイオード規格表を見ると全部で1万本以上あるダイオードの中で、リストアップされている数は10本ほどしかありません。

双方向トリガダイオードはNPNの3層構造でできており、図2-85（a）のように交流で使うもの

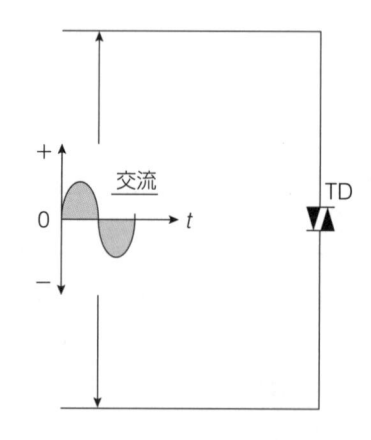

(a)交流で使うダイオード

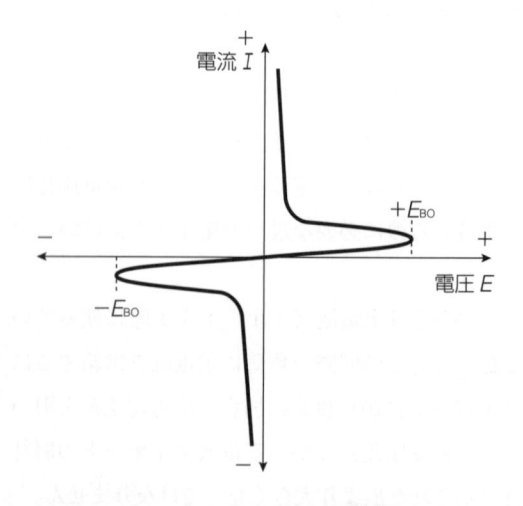

(b)ダイオードにはE_{BO}が存在する

図2-85　双方向トリガダイオードの動作

です。交流の正負両極性で働くということで、図記号は矢印が双方向に向かい合った形になっています。文字記号は特にはないのですが、ここでは頭文字をとってTDとしておきます。なお、双方向トリガダイオードには方向性がないので、他のダイオードにあるようなAとかKといった記号はありません。

双方向トリガダイオードに電圧を加えていったとき、図2-85（b）のように正負の両方にブレークオーバー電圧E_{BO}が存在します。そして、ブレークオーバー電圧になるまでは電流はほとんど流れませんが、ブレークオーバー電圧を超えるとダイオードは導通状態になって急激に電流が流れ、ダイオードに加わる電圧は急激に低くなります。

これでわかるように、双方向トリガダイオードは交流用の双方向スイッチです。

表2-10は、双方向トリガダイオード1S2093のブレークオーバー電圧E_{BO}を示したものです。E_{BO}の値は26～36Vとなっており、ダイオード規格表にリストアップされているものはほぼ同じような値になっています。このことから、用意されている双方向トリガダイオードは、電源電圧を100VとするSCRの駆動用として用意されているものと推定できます。

図2-86は双方向トリガダイオードでSCRを駆動する交流電力制御（具体的には、白熱電球の調光器）の原理図です。この回路では、可変抵抗器VRを回すと白熱電球の明るさが変わります。

まず、交流の正の半サイクルにおける双方向トリガダイオードの動作を説明してみると、電源電圧がゼロの瞬間には双方向トリガダイオードのス

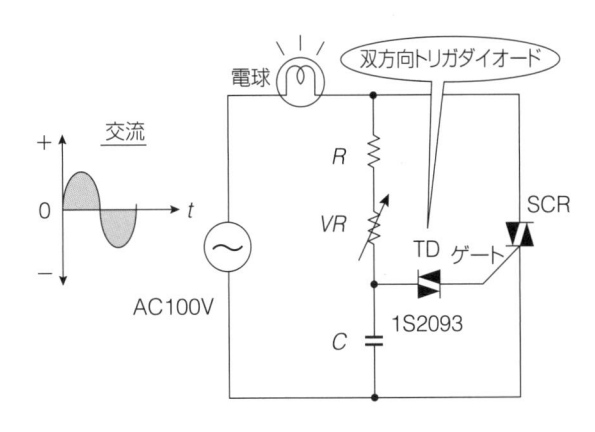

▪図2-86 双方向トリガダイオードの使用例

イッチはOFF、したがってSCRもOFFで電球は光りません。

ここで、電源電圧が上昇してくると、抵抗（$R + VR$）を通じてコンデンサCが充電され、双方向トリガダイオードに加わる電圧も上昇します。そして、その電圧がブレークオーバー電圧E_{BO}に達すると双方向トリガダイオードに電流が流れてONになり、パルスが発生します。そのトリガパルスでSCRもONになり、電球を光らせます。

そして、電源電圧がゼロに戻ると双方向トリガダイオードもSCRもOFFになります。こうして正の半サイクルを終わると、まったく同じことが負の半サイクルでも起こります。

以上の結果で注目するのは、抵抗とコンデンサの働きで双方向トリガダイオードのスイッチがONになる時間を加減できるということです。そこで、VRを調整することにより電球の明るさを加減できます。

ここ数十年の間、SCRの駆動用として使われている双方向トリガダイオードは図2-86に示した1S2093（東芝）やN413（NEC）といったものです。その後、新しく登録されたものは見かけません。これからも、この状態は続くものと思われます。

型名	最大定格	電気的特性 E_{BO}		
	ピーク電流	最小	標準	最大
1S2093	2A	26V	—	36V

▪表2-10 双方向トリガダイオード1S2093のE_{BO}

2-7-3 増幅／発振、逓倍用ダイオード

ダイオードは基本的には増幅作用を持たない受動素子ですが、その中で増幅作用を持ったダイオードがあります。それが、負性抵抗の性質を持つトンネルダイオードです。

また、従来のダイオードとはまったく違った原理でマイクロ波の発振ができるのが、ガンダイオードです。

バラクタダイオードは基本的には可変容量ダイオードなのですが、用途が周波数逓倍に使われるというものです。

これらのダイオードに共通なのは、マイクロ波に使われるものだということです。まだトランジスタやFETの性能が不十分だった頃にはバラクタダイオードはVHFあたりでも使われ、部品としても半導体部品店である程度入手できました。でも、今ではこれらのダイオードは普通にはほとんど入手できませんし、使ってみることもほとんどありません。

●トンネルダイオード

トンネルダイオードは負性抵抗を示す特殊なPN接合でできており、江崎玲於奈博士によって発明されたのでエサキダイオードとも呼ばれます。

トンネルダイオードはマイクロ波の増幅や発振に使えますが、今ではダイオード規格表からも姿を消し、実際に使ってみる機会もなくなっています。

●ガンダイオード

ガンダイオードはPN接合ではなくてN型半導体だけでできており、N型半導体に直流の電圧を加えたときに結晶の中を流れる電流が結晶の厚さで決まる周波数で振動するという現象を利用したものです。

この現象はアメリカのGUNN博士によって発見されましたが、そこでガン効果と呼ばれ、ガンダイオードの名前の由来になっています。

ガンダイオードは今でもマイクロ波やミリ波の発振に使われていますが、ダイオード規格表には収録されていませんし、私たちが普通に手にすることはないダイオードです。

●バラクタダイオード

バラクタダイオードは、基本的には可変容量ダイオードと同じ物です。ですから、可変容量ダイオードと同じ意味でバラクタダイオードと示されていることもあります。

まだ、V/UHFやマイクロ波で使えるトランジスタやFETがなかった頃、バラクタダイオードは無線送信機の周波数逓倍用として重宝された時代がありました。このような用途に使われたバラクタダイオードは、電力用のものでした。

このような用途では、今でもミリ波など特殊なところでは周波数逓倍用として使われています。

そのようなわけで、古くからの無線マニアの方の机の中にはバラクタダイオードが残っているかもしれませんが、今では普通に手に入るものではなくなっています。

2-7-4 バリスタダイオード

ここでいうバリスタダイオードというのは、トランジスタによる電力増幅回路で熱暴走からトランジスタを守る、バイアス安定用のもののことです。なお、FETには熱暴走はありませんから、バリスタダイオードが使われることはありません。

トランジスタが発明された初期の頃、まだゲルマニウムトランジスタの時代には、電力増幅回路ではバイアス安定用のバリスタダイオードは不可欠のものでした。

シリコントランジスタの時代になって、現在用

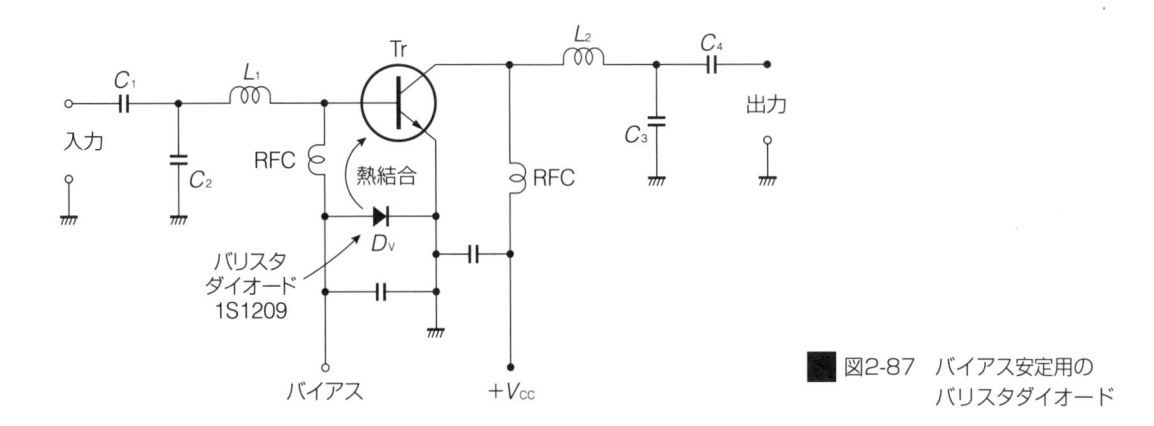

2-7 そのほかのダイオード

図2-87 バイアス安定用のバリスタダイオード

意されているバリスタダイオードはシリコントランジスタ用のシリコンバリスタダイオードです。

電力増幅用のICが容易に手に入る現在では、トランジスタで電力増幅回路を作ることはまれになってしまいましたが、そのせいか、ダイオード規格表に収録されているバリスタダイオードを見るとサージ吸収用が大部分で、バイアス安定用のものはほとんどなくなっています。

そういう中で、私たちがバリスタダイオードを必要とするのは、図2-87のような高周波電力増幅器を作るときです。バリスタダイオードは、トランジスタの発熱を受けて働くよう、トランジスタに熱結合して使います。

図2-87に示したシリコンバリスタダイオードの1S1209は、現在ではダイオード規格表には収録されていませんが、過去にはずいぶんお世話になったものです。

2-7-5 今では見かけなくなったダイオード

トランジスタが発明されて半導体でダイオードが作られるようになったとき、最初に手にしたのが点接触型のゲルマニウムダイオードでした。この点接触型のゲルマニウムダイオードは高周波の検波用として長い間親しまれてきましたが、今では姿を消しています。

トランジスタと同様、ダイオードもシリコンで作られるようになって、電力用などダイオードの種類も増えました。

そんな中にあって興味深く登場したのが、エサキダイオードです。江崎玲於奈博士が発明したエサキダイオードは負性抵抗を示すもので、増幅作用を持っています。エサキダイオードは、まだトランジスタやFETが未成熟だった時代にはマイクロ波の増幅などに期待されたのですが、今では使われることはほとんどありません。

半導体素子の移り変わりで姿を消したものには、バイアス安定用のバリスタダイオードがあります。電力用のトランジスタがまだゲルマニウムで作られていた頃、熱暴走を起こさないようにするために用意されたゲルマニウムで作られたバリスタダイオードは、オーディオパワーアンプを作るときには欠かせないものでした。でも、このようなバリスタダイオードも今では不用になり、姿を消しました。

ダイオードの中には、現役でバリバリ活躍しているのにほとんど手にすることのないものもあります。ダイオード規格表にある整流用アバランシェダイオードや整流用ショットキーバリアダイオード、小信号用ショットキーバリアシリコンダイオード、小信号用ショットキーバリアGaAsダイオード、ステップリカバリダイオード、温度補償型の定電圧ダイオードなどがその例です。

COLUMN
電子工作のための工具と小道具

本書の中では簡単な電子工作を行っていますが、電子工作を楽しむには工具などが必要になります。

電子工作では電気的に部品のリード線をつなぎ合わせるためのハンダ付けは欠かせません。そこで、ハンダ付けのための工具が必要になります。

写真Aはハンダ付けに必要なものを示したもので、左からハンダごて、こて台、そして手前にあるのがハンダです。

まず、電子工作用のハンダごてとしては、20W前後のものを用意しましょう。ちなみに写真Aに示したものは大洋電機産業のCS-20という15Wのものです。

ハンダごてのこて先は高温になりますし、こて先は常に清潔にしておく必要があるところから、右側に示したこて台は重要です。このこて台はHOZANのH-6というもので、こて先クリーナ付きとなっています。こて先クリーナはスポンジでできており、水を染み込ませて使います。

そして、こて台の前に見えるのが、1φのハンダです。電子工作用としては、0.8〜1φのハンダが適当です。

つぎに、写真Bに示したのが、左からラジオペンチ、ニッパ、そしてドライバといった工具です。電子工作に使う工具にはこのほかにハンドドリルとかシャーシパンチ、ハンドニブラなどいろいろなものがありますが、とりあえず写真Bに示した三つは必要な工具です。

写真Bの工具は、左側のラジオペンチが線材などいろいろなものを挟む工具、中央のニッパは線材を切る工具、そして右側のドライバはビスやネジを回す工具です。

最後に、本書で登場している小道具を写真Cで紹介しておきましょう。

写真Cの左側はテストリードで、実験をするときには本当に便利な小道具です。写真に示したものは、テイシン電機のTLA-1から何本かを抜粋したものです。そして、右側に示したのは単三乾電池4個用の電池ケースのリード線の先にみの虫クリップを付けたものです。

写真A　ハンダごてとハンダ、そしてこて台

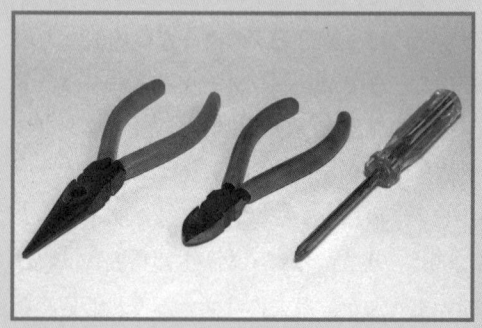

写真B　電子工作によく使う工具

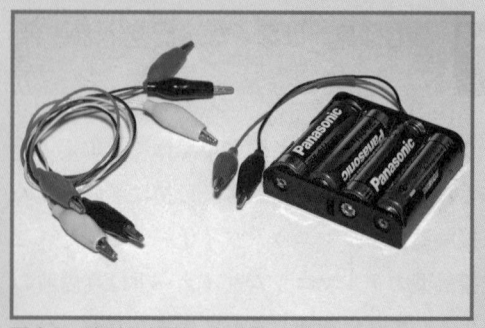

写真C　実験に便利な小道具

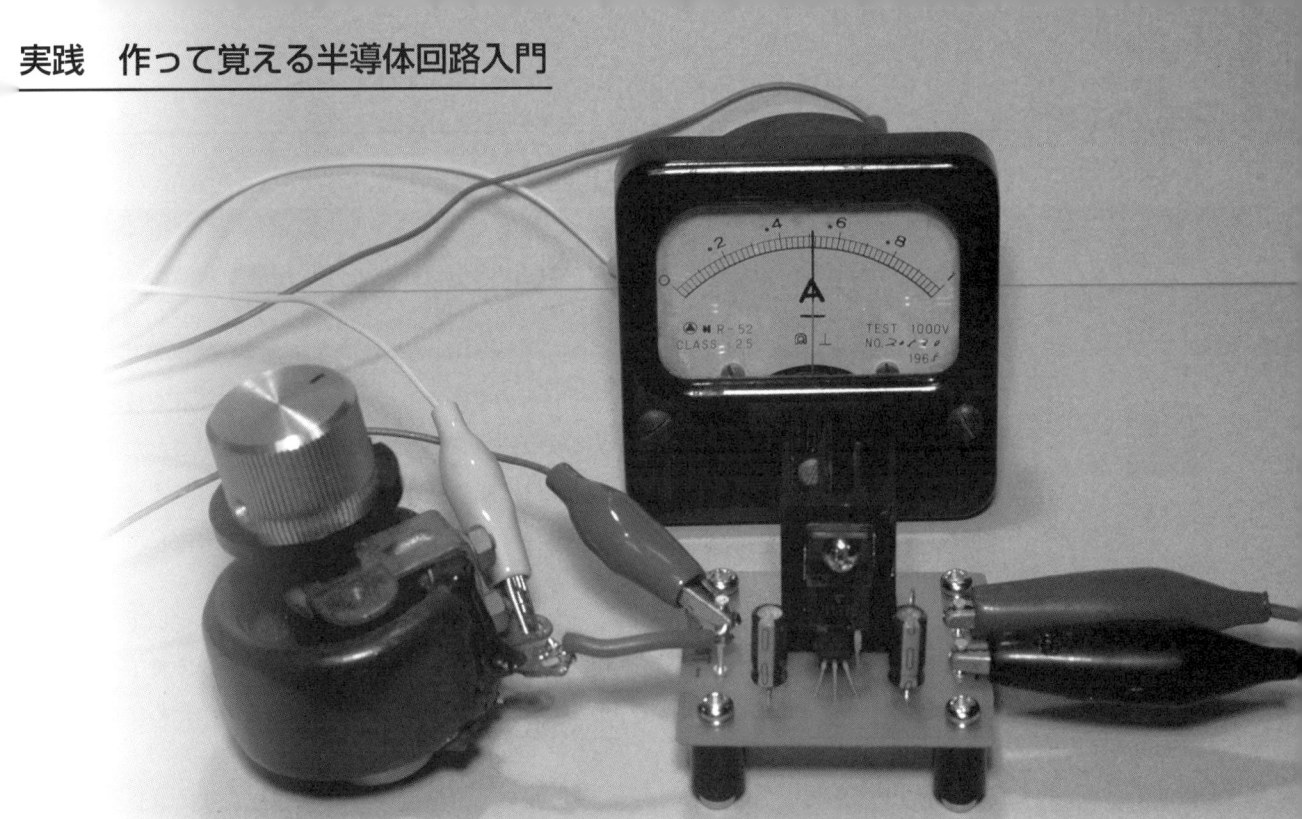

実践 作って覚える半導体回路入門

第3章 トランジスタ

第3章 トランジスタ

3-1 トランジスタの基本

3-1-1 トランジスタの素顔を探る

ダイオードは2本足でしたが、トランジスタは3本足です。トランジスタは真空管と同じように増幅作用を持った能動素子で、小指の先ほどの小さなものが真空管と同じ働きをするということで、発明された当時は"3本足の魔術師"と呼ばれました。

では、トランジスタをいじる上で必要最小限の知識として、トランジスタの素顔を探ってみることにしましょう。

●トランジスタにはPNPとNPNがある

ダイオードは半導体のPN接合でできていましたが、トランジスタには図3-1 (a) のような構造を持ったPNPトランジスタと、(b) のような構造を持ったNPNトランジスタの二種類があります。

このPNPとNPNはちょうど対称の形になっており、同じ3本足、同じ形をしていても、電圧の加え方や電流の流れる方向は正反対です。

トランジスタは、図3-1に示したようにエミッタ (E)、ベース (B)、コレクタ (C) の三つの電極を持っています。

これらの電極は、エミッタは電子や正孔を放射する役目、コレクタはエミッタから放射された電子や正孔を集める役目、そしてベースはエミッタとコレクタに挟まれて電子や正孔をコントロールする役目をします。

図3-1を見るとベースの幅が狭くなっていますが、これはエミッタからコレクタに向かう電子や正孔をコントロールして増幅作用を持つために重要なポイントとなっています。

トランジスタは図3-1に示したようにコレクタ・エミッタ間の電流の通路に接合面を二つ持っており、電子と正孔の両方で働くのでバイポーラトランジスタと呼ばれることもあります。

●トランジスタの型名には意味がある

市販されているトランジスタ規格表には、トランジスタの型名には2SA～、2SB～、2SC～、2SD～の四種類があることが記載されています。

これらはJEITAに登録されたときに付けられたものですが、それ以外にもメーカーが独自に付けたハウスナンバというのもあります。でも、私たちが半導体部品店で入手できるのは2S～のものだけといってもいいでしょう。

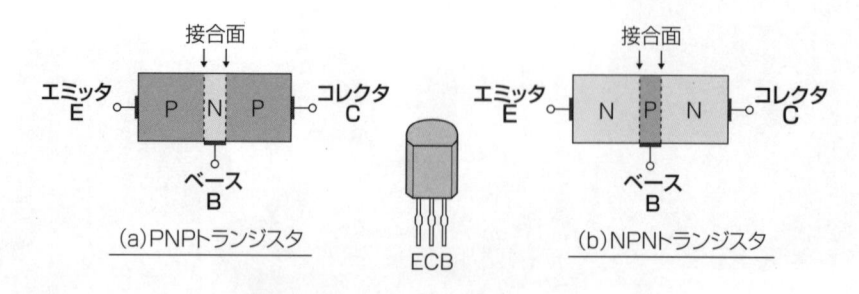

図3-1　トランジスタにはPNPとNPNがある
(a) PNPトランジスタ　(b) NPNトランジスタ　ECB

3-1 トランジスタの基本

トランジスタの型名は、図3-2のように付けられています。これは2SC1815（L）という型名のトランジスタの場合ですが、第1項のうちの最初の2SはトランジスタやFETだということを表しており、これはすべてに共通です。

トランジスタの型名の三番目の文字のA～Dには意味があり、図3-2に示したように2SA～ならば高周波用トランジスタということになります。これを見ると、例にあげた2SC1815（L）はNPNタイプの高周波用トランジスタ、ということになります。

第2項はJEITAに登録されたときに11から順番に付けられた連番で、これで2SC1815というトランジスタが確定します。写真3-1に、2SC1815のデータシートの1ページ目の一部を示しておきます。これとは別に、2SC1815（L）のデータシートもあります。

トランジスタの型名は、多くの場合2SC1815というように第2項までですが、まれに第3項まである場合があります。2SC1815の場合、2SC1815と2SC1815（L）のデータシートを比べてみてもその違いははっきりしないのですが、よく見ると最大定格にも、また電気的特性にも違いがあるのがわかります。特に、2SC1815（L）のほうは雑音指数が低くなっており、（L）はLow noiseを表しているものと思われます。

トランジスタの型名にはこのように意味があるのですが、何千本もあるトランジスタの中から目的のものを選び出すのは至難の技です。そこで、簡単な直流増幅やスイッチング（電子スイッチ）、低周波増幅、短波くらいまでの高周波増幅に使うトランジスタは、一般用と呼ばれるものでまかなうことができます。図3-2で例としてあげた2SC1815は、このような一般用トランジスタの代表選手です。

2SC 1815 （L）
第1項　第2項　第3項
　　　　　　　└そえ字
　　　　　└個別のトランジスタを表す

タイプ	型名	用途
PNP	2SA～	高周波用トランジスタ
	2SB～	低周波用トランジスタ
NPN	2SC～	高周波用トランジスタ
	2SD～	低周波用トランジスタ

■ 図3-2　トランジスタの型名の意味

TOSHIBA　　2SC1815

東芝トランジスタ　シリコンNPNエピタキシャル形（PCT方式）

2SC1815

○ 低周波電圧増幅用
○ 励振段増幅用

- 高耐圧でしかも電流容量が大きい。
  : $V_{CEO} = 50$ V（最小）, $I_C = 150$ mA（最大）
- 直流電流増幅率の電流依存性が優れています。
  : h_{FE} (2) = 100（標準）($V_{CE} = 6$ V, $I_C = 150$ mA）
  : h_{FE} ($I_C = 0.1$ mA)/h_{FE} ($I_C = 2$ mA) = 0.95（標準）
- $P_O = 10$ W用アンプのドライバおよび一般スイッチング用に適しています。
- 低雑音です。: NF = 1 dB（標準）(f = 1 kHz)
- 2SA1015とコンプリメンタリになります。(O, Y, GRクラス)

最大定格 (Ta = 25°C)

項目	記号	定格	単位
コレクタ・ベース間電圧	V_{CBO}	60	V
コレクタ・エミッタ間電圧	V_{CEO}	50	V
エミッタ・ベース間電圧	V_{EBO}	5	V
コレクタ電流	I_C	150	mA
ベース電流	I_B	50	mA

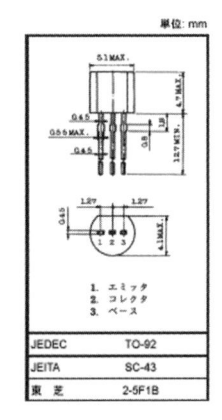

JEDEC	TO-92
JEITA	SC-43
東芝	2-5F1B

1. エミッタ
2. コレクタ
3. ベース

■ 写真3-1　2SC1815のデータシートの一部

第3章　トランジスタ

●コンプリメンタリがあるから…

　同じ能動素子でも、トランジスタと真空管を比べた場合の違いは、トランジスタにはコンプリメンタリがあることでしょう。

　コンプリメンタリというのは相補対称という意味で、PNPトランジスタとNPNトランジスタで特性の揃ったものがコンプリメンタリとして用意されているということです。半導体回路でトランジスタをコンプリメンタリで使う場合、コンプリメンタリで用意されたトランジスタがあると助かります。

　コンプリメンタリはすべてのトランジスタに用意されているというわけではありませんが、例えば写真3-1に示したNPNトランジスタの2SC1815では、データシートの中に"2SA1015とコンプリメンタリになります"の文字が見えています。

●トランジスタの記号、外形、ピン接続

　図3-3は、トランジスタの記号を示したものです。(a)はPNPトランジスタ、(b)はNPNトランジスタの場合で、文字記号はどちらもTr、図記号はエミッタ（E）に付けられた矢印の方向で区別されます。

　実は、図記号でエミッタに付けられた矢印の方向は、トランジスタの中を流れる電流の方向に一致します。これは、トランジスタを実際に使うときに役に立ちますので、覚えておいてください。

　つぎに、トランジスタの外形はトランジスタ規格表を見てもわかるように多くの種類がありますが、図3-4はよく見るトランジスタの外形の一例です。一般用に示したTO-92とか電力用に示したTO-220というのはアメリカのJEDEC（日本のJEITAに相当する業界団体）が決めた外形の名称で、たくさんあるトランジスタの中で最もよく使われるものです。

　最近では、新しくJEITAに登録されるトランジスタの大部分はチップトランジスタです。でも、チップトランジスタは私たちが手作業で扱うには小さ過ぎます。

　トランジスタにはベース（B）、コレクタ（C）、エミッタ（E）の端子がありますが、図3-4の3本足のどの足にどの端子が出ているかを表すのが、ピン接続です。このピン接続は基本的にはトランジスタによってばらばらで、それを知るにはデータシートやトランジスタ規格表を見なければわかりません。

　ちなみに、例として登場している2SC1815のピン接続は、106ページに示した表3-1のようになっています。

3-1-2　トランジスタが増幅する仕組み

　今までお話ししたように、トランジスタにはPNPトランジスタとNPNトランジスタの二種類があります。でも、普通に使われるのはNPNトランジスタなので、ここではNPNトランジスタを例にしてトランジスタが増幅する仕組みを説明してみることにします。

●ベースがとても薄いから…

　図3-5は、トランジスタの電極に電圧を加えたときのトランジスタの中の出来事を示したものです。

　まず、(a)のようにトランジスタのC-E間にコ

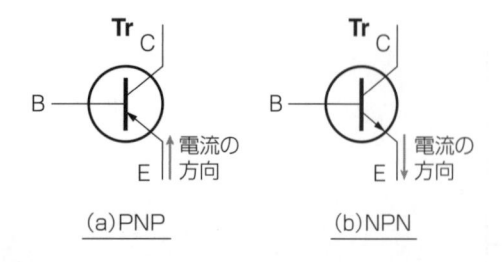

■図3-3　トランジスタの記号

3-1 トランジスタの基本

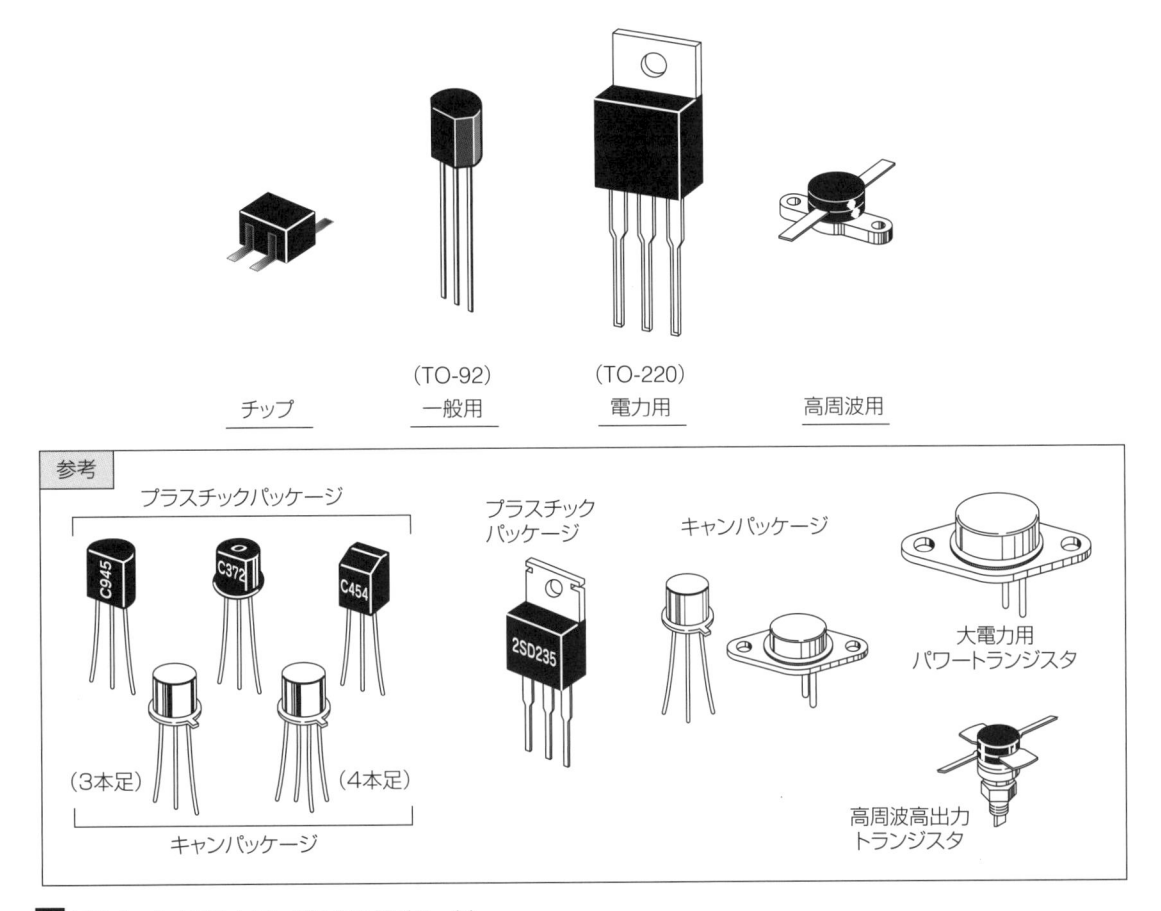

(TO-92) (TO-220)
チップ　　一般用　　電力用　　高周波用

参考

プラスチックパッケージ

プラスチックパッケージ　　キャンパッケージ

(3本足)　　(4本足)
キャンパッケージ

大電力用
パワートランジスタ

高周波高出力
トランジスタ

■ 図3-4　よく見るトランジスタの外形の一例

(a) 電子はベースを越えられない　　(b) 電子が薄いベースを越える

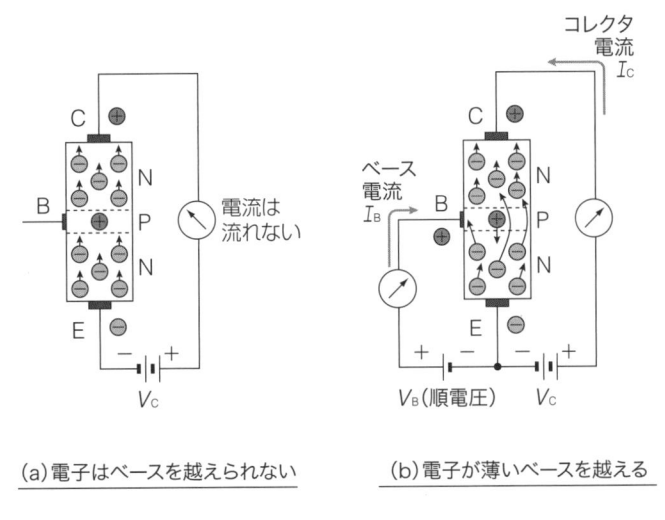

■ 図3-5　トランジスタの中での出来事

103

レクタに＋、エミッタに－の電圧V_Cを加えてみると、電子はコレクタの＋に引かれますが、エミッタの電子はベースを越えることができず、回路には電流は流れません。

そこで、(b)のようにB-E間のダイオードに順電圧V_Bを加えるとベース電流I_Bが流れますが、このときベースが薄いためにエミッタの電子はベースを通り越してコレクタに流れるようになり、コレクタ電流I_Cが流れます。

このとき、小さなベース電流を流すと大きなコレクタ電流が流れますが、これがトランジスタが増幅する仕組みです。

● **トランジスタが増幅する様子**

トランジスタに電圧を加えたときのトランジスタの中での出来事がわかったところで、トランジスタが増幅する様子を調べてみましょう。

図3-6はその様子を示したもので、ベース電流I_Bとコレクタ電流I_Cはエミッタに流れ出し、エミッタ電流I_Eは、

$$I_E = I_B + I_C$$

になります。

また、入力としてベース電流I_Bを流したときに出力としてコレクタI_Cが流れたとすると、このトランジスタの直流電流増幅率h_{FE}は、

$$h_{FE} = \frac{I_C}{I_B}$$

のようになります。

今、図3-6で入力としてベース電流I_Bを0.01mA流したときにコレクタ電流I_Cが1mA流れたとすると、このトランジスタのh_{FE}は、

$$h_{FE} = \frac{I_C}{I_B} = \frac{1}{0.01} = 100$$

です。一般用のトランジスタのh_{FE}は、数十～数百といったところです。

● **トランジスタは電流駆動素子**

トランジスタは、図3-6に示したように電流入力で働く電流駆動素子です。これは、真空管や第4章で取り上げるFETが電圧入力で働く電圧駆動素子であるのと大きく違っています。

トランジスタで半導体回路を作る場合、電流駆動素子だということを意識しなくてはならないのは、入力回路を設計するときです。電流駆動素子の入力回路は、入力抵抗が低いのが特徴です。

● **トランジスタの電圧の加え方**

ここまではトランジスタの働く仕組みをNPNトランジスタを例にして説明してきましたが、ここでPNPトランジスタとNPNトランジスタの電圧の加え方を整理しておきましょう。

図3-7は、トランジスタの電圧の加え方を示したものです。(a)はPNPトランジスタの場合で、エミッタに対してベースとコレクタにマイナスの電圧を加えます。また、(b)はNPNトランジスタの場合で、PNPの場合とは反対に、エミッタに対してベースとコレクタにプラスの電圧を加えます。

電圧の加え方と合わせて、PNPトランジスタとNPNトランジスタの場合のベース電流I_Bやコレクタ電流I_Cの流れる方向も理解しておいてください。

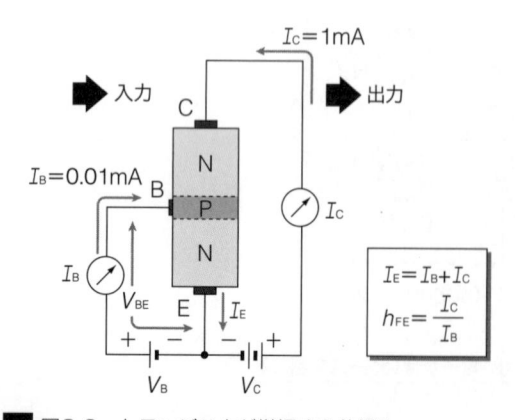

■ 図3-6 トランジスタが増幅する仕組み

3-1 トランジスタの基本

(a) PNPトランジスタ　　**(b) NPNトランジスタ**

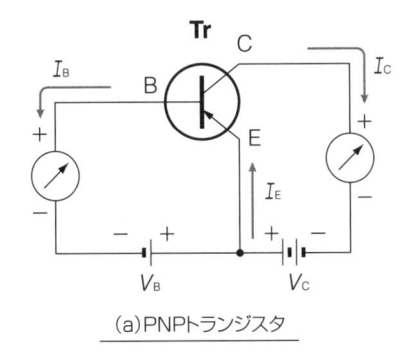

■ 図3-7　トランジスタの電圧の加え方

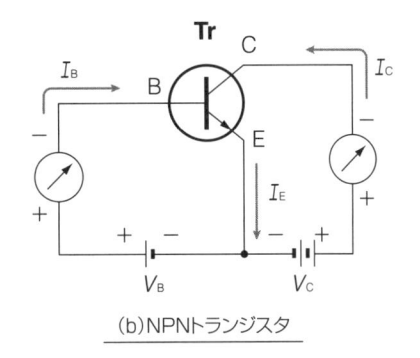

3-1-3　スイッチング領域と直線領域

トランジスタやFETは、増幅作用のほかにスイッチング作用を持っています。

図3-8はトランジスタのベース・エミッタ間電圧V_{BE}とコレクタ電流I_Cの関係を示したもので、V_{BE}によって増幅に使う直線領域とスイッチングに使うスイッチング領域に分けられます。

まず、シリコントランジスタではV_{BE}が障壁電圧の約0.6Vを超えるとコレクタ電流が流れ出しますが、V_{BE}につれてコレクタ電流が増えていく直線領域が、増幅に使われるところです。

3-1-2項でトランジスタは電流駆動素子だといいましたが、この直線領域では（b）のようにベース電流I_Bとコレクタ電流I_Cが比例関係にあります。ちなみに、このトランジスタの直流電流増幅率h_{FE}は100の場合です。

つぎに、スイッチングに使うスイッチング領域では、V_{BE}をコレクタ電流が流れないようにすると

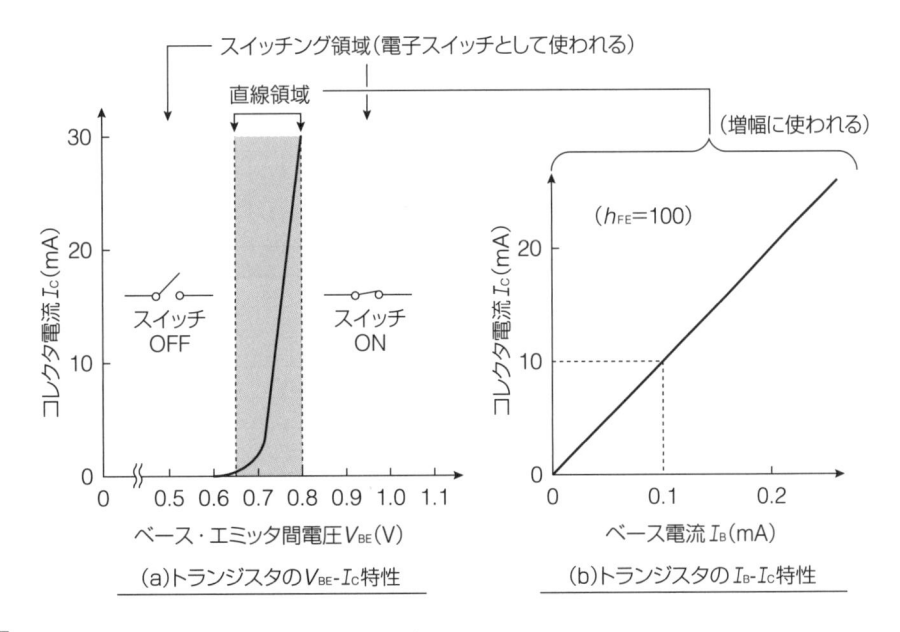

(a) トランジスタのV_{BE}-I_C特性　　**(b) トランジスタのI_B-I_C特性**

■ 図3-8　トランジスタの増幅とスイッチング

OFF、そしてV_{BE}をコレクタ電流が飽和するようにするとスイッチONということになります。トランジスタをスイッチング動作させるときには、V_{BE}をスイッチング領域で行き来するようにします。

3-1-4 データシートの見方

トランジスタを使って半導体回路を作ろうとすると、トランジスタの最大定格や電気的特性を知らなくてはなりません。また、場合によっては各種の特性図が必要になるかもしれません。そのようなときに役に立つのが、データシートです。

表3-1は、写真3-1で紹介した2SC1815のデータシートの下半分に示されている最大定格と電気的特性を示したものです。では、最大定格と電気的特性の見方を簡単に説明しておきましょう。

●**最大定格**

最大定格というのは、ここに示された値を超えるとトランジスタが壊れてしまうという値です。

まず、最大定格の最初にあるコレクタ・ベース間電圧V_{CBO}を例にして見方を説明してみると、図3-9のようになります。

最初のVは電圧の記号で、電流だとここはIになります。

第1項は電圧を測る電極、第2項は電圧を測るときの基準となる電極です。この場合だと、ベースを基準にして測ったコレクタ電圧ということです。

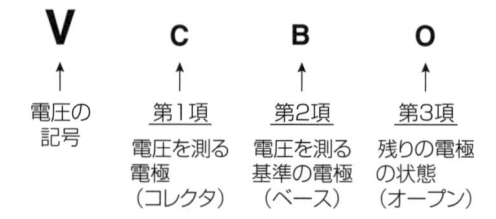

V	C	B	O
↑	↑	↑	↑
電圧の記号	第1項 電圧を測る電極（コレクタ）	第2項 電圧を測る基準の電極（ベース）	第3項 残りの電極の状態（オープン）

■ 図3-9 V_{CBO}の見方

●**最大定格**（$T_a=25$℃）

項　目	記　号	定　格	単位
コレクタ・ベース間電圧	V_{CBO}	60	V
コレクタ・エミッタ間電圧	V_{CEO}	50	V
エミッタ・ベース間電圧	V_{EBO}	5	V
コレクタ電流	I_C	150	mA
ベース電流	I_B	50	mA
コレクタ損失	P_C	400	mW
接合温度	T_j	125	℃
保存温度	T_{stg}	−55〜125	℃

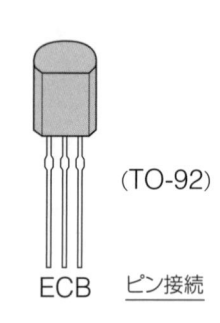

(TO-92)
ECB　ピン接続

●**電気的特性**（$T_a=25$℃）

項　目	記　号	測定条件	最小	標準	最大	単位
コレクタ遮断電流	I_{CBO}	$V_{CB}=60V, I_E=0$	−	−	0.1	μA
エミッタ遮断電流	I_{EBO}	$V_{EB}=5V, I_C=0$	−	−	0.1	μA
直流電流増幅率	$h_{FE(1)}$(注)	$V_{CE}=6V, I_C=2mA$	70	−	700	
	$h_{FE(2)}$	$V_{CE}=6V, I_C=150mA$	25	100	−	
コレクタ・エミッタ間飽和電圧	$V_{CE(sat)}$	$I_C=100mA, I_B=10mA$	−	0.1	0.25	V
ベース・エミッタ間飽和電圧	$V_{BE(sat)}$	$I_C=100mA, I_B=10mA$	−	−	1.0	V
トランジション周波数	f_T	$V_{CE}=10V, I_C=1mA$	80	−	−	MHz
コレクタ出力容量	C_{ob}	$V_{CB}=10V, I_E=0, f=1MHz$	−	2.0	3.5	pF
ベース拡がり抵抗	$r_{bb'}$	$V_{CE}=10V, I_E=−1mA, f=30MHz$	−	50	−	Ω
雑音指数	NF	$V_{CE}=6V, I_C=0.1mA, f=1kHz, R_G=10kΩ$	−	1	10	dB

注：$h_{FE(1)}$分類　O：70〜140、Y：120〜240、GR：200〜400、BL：350〜700

■ 表3-1　2SC1815の最大定格と電気的特性（2SC1815のデータシートより）

そして、第3項は残りの電極の状態を表し、Oというのはオープンのことです。この場合だと、ベースをオープンにした場合の値ということになります。

では、表3-1に戻りましょう。トランジスタに加える電圧というとコレクタ電圧とベース電圧が思い浮かびます。このうち、コレクタ電圧のほうはV_{CBO}とV_{CEO}が示されていますが、いずれも50V以上あり、私たちが半導体回路でトランジスタを働かせる場合の電源電圧の6～12Vを大きく上回っていますから、トランジスタを壊す心配はまずありません。

つぎに、ベース電圧のほうはV_{EBO}が5Vとなっていますが、図3-8に示した直線領域で使う場合にはまず問題はありません。しかし、スイッチング領域で使う場合にはスイッチONのときにエミッタ・ベース間電圧が5Vを超えないように注意しなければなりません。

あと、コレクタ電流I_Cやベース電流I_Bが示されていますが、スイッチングに使うときにはこれらが最大定格を超えないように注意しなければなりません。2SC1815を小信号の増幅用として使っている限りではI_CやI_B、それにP_Cは最大定格を超えることはありません。

● **電気的特性**

表3-1の電気的特性の最初にあるコレクタ遮断電流とエミッタ遮断電流は、いずれも洩れ電流のことです。洩れ電流は値が少ないほどいいトランジスタといえ、そこで最大値で示されています。これらの値は、普通の半導体回路を設計するときには特に考慮する必要はありません。

トランジスタを使った半導体回路を設計するとき、考慮しなくてはならないのが、つぎの直流電流増幅率h_{FE}です。h_{FE}については図3-8で説明しましたが、表3-1を見るとその値が大きくばらついているのに気がつきます。

トランジスタのh_{FE}はこのように大きくばらついているので、表3-1の注に示したようにあらかじめ分類してあるのが普通です。そして、その分類は写真3-2のようにトランジスタに示されています。この例ではh_{FE}の分類はYランクとなっていますから、このトランジスタのh_{FE}は120～240の間にあることになります。

コレクタ・エミッタ間飽和電圧$V_{CE(sat)}$とベース・エミッタ間飽和電圧$V_{BE(sat)}$は、スイッチングで使うときに$V_{CE(sat)}$が重要な値になります。トランジスタによる電子スイッチでは、スイッチONのときでもスイッチの両端に電圧が残ってしまいます。それが$V_{CE(sat)}$で、この値は小さいに越したことはないので最大値で表してあります。

トランジスタで高周波を増幅しようとする場合、どれくらいの周波数まで増幅できるかを表すのが、トランジション周波数f_Tです。このf_Tは高いに越したことはないので、最小値で示されています。2SC1815のf_Tは最小でも80MHzありますから、中波から短波（3～30MHz）までの高周波増幅に使えます。

そのほか、電気的特性にはコレクタ出力容量C_{ob}、ベース拡がり抵抗$r_{bb'}$、雑音指数NFが示されていますが、これらはたいてい少ないほどいいトランジスタです。でも、トランジスタを普通の用途に使う限りでは特に気にする必要はありません。

■ 写真3-2　h_{FE}の分類Yが示されている

3-2 小信号用トランジスタ

3-2-1 直流増幅とスイッチング

トランジスタというとオーディオアンプなどの増幅器を思い浮かべますが、エレクトロニクス工作では直流増幅やスイッチングなどでもよく使います。

●h_{FE}チェッカーを作る

表3-1に示したトランジスタのいろいろな規格のうち、トランジスタを増幅作用を持った能動素子として一番身近に感じるのが直流電流増幅率h_{FE}です。そこで、その直流電流増幅率を実際に測ってみる、h_{FE}チェッカーの実験してみることにしましょう。

トランジスタのh_{FE}は、例えば表3-1に示した2SC1815でいえば70〜700の間でばらついています。そこで、h_{FE}チェッカーでh_{FE}を実際に測ってみれば、手にしているトランジスタのh_{FE}を知ることができます。

ところで、どんなトランジスタでも使えるh_{FE}チェッカーを作るとなると、トランジスタにはPNPとNPNの違いや大きさの違い、そしてピン接続の違いなどがあってやっかいです。

そこで、ここは実験ということで、もっとも汎用性のあるトランジスタだけを対象とした、測定対象を限定したもので試してみようと思います。その対象として取り上げるのが、表3-1に示した2SC1815です。

2SC1815を対象としたということは、NPNトランジスタで外形はTO-92の一般用、そしてピン接続は表3-1に示したような並び（トランジスタ規格表では「ECB」と記されている）のものということになります。なお、多くのトランジスタはこのピン接続になっています。

ちなみに、トランジスタは3本足ですから、ピン接続にはこのほかに「BCE」、「BEC」、「EBC」、「CEB」、「CBE」といった組み合わせがありますが、これらには対応しません。

図3-10は実験してみるh_{FE}チェッカーの回路図で、これは実はトランジスタが増幅する仕組みを説明した図3-6そのものです。図3-10のTrが、h_{FE}を測定するトランジスタです。

このh_{FE}チェッカーでは、どのトランジスタの場合にも同じベース電流I_Bを流すようになっており、これがこのh_{FE}チェッカーの基本的な考え方です。いつも$I_B=0.01$mAにしておけば、これをh_{FE}倍したものがコレクタ電流I_Cになります。そこで、このI_Cを電流計で測れば図3-6から、

$$h_{FE} = \frac{I_C}{I_B} = \frac{I_C}{0.01} = 100 \cdot I_C$$

となり、電流計Mの読みを100倍すればh_{FE}を知ることができます。

では、図3-10でベース電流I_Bがどのようになるかを検討しておきましょう。まず、トランジスタのV_{BE}は約0.6Vですから、ベース抵抗R_Bに加わる電圧は電源電圧V_{CC}の6VからV_{BE}の0.6Vを引いた5.4Vです。するとI_Bは、

$$I_B = \frac{V_{CC}}{R_B} = \frac{5.4}{510 \times 10^3}$$

$$\fallingdotseq 0.01 \times 10^3 [A] = 0.01 [mA]$$

となり、目的を達することができます。

これで、実験してみるh_{FE}チェッカーの設計が終わりました。このh_{FE}チェッカーの測定条件は、コ

3-2 小信号用トランジスタ

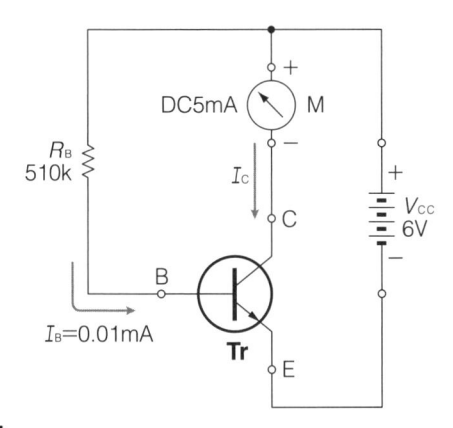

■ 図3-10 実験してみるh_{FE}チェッカーの回路図

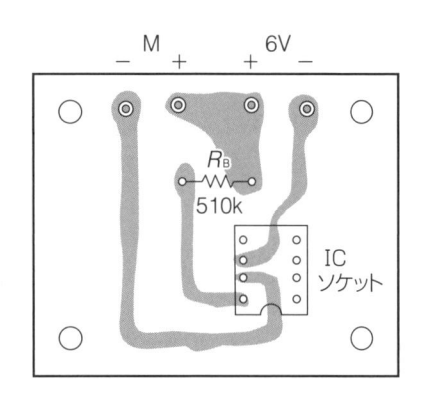

■ 図3-11 h_{FE}チェッカーのプリントパターン

レクタ・エミッタ間電圧V_{CE}が6V、ベース電流I_Bが0.01mAということになりますが、これが表3-1のh_{FE}の項の測定条件に当たります。

では、このh_{FE}チェッカーをプリント板の上に作ってみることにしましょう。

h_{FE}チェッカーを作るときに一番困るのは、測定用のトランジスタを装着するためのソケットです。もしトランジスタソケットが手に入ればいいのですが、入手はむずかしいのでDIP 8ピン用のICソケットを流用してみました。トランジスタのピンのピッチとは少し違うのですが、これで我慢することにします。

このようにしてまとめたのが、図3-11に示したプリントパターンです。ソケットには8ピンが用意されていますが、実際に使うのは3ピンだけです。そこで、トランジスタを装着する部分がわかるよう、各自工夫してください。

写真3-3は、組み立てを終わったh_{FE}チェッカーです。ICソケットのトランジスタを装着する部分には、写真のようにBCEの記号と取付方向を記しておくといいでしょう。

では、完成したh_{FE}チェッカーを使ってトランジスタのh_{FE}を測ってみることにしましょう。写真3-4はh_{FE}を実際に測っている様子を示したもので、メータにはテスタのDC5mAレンジを使っています。

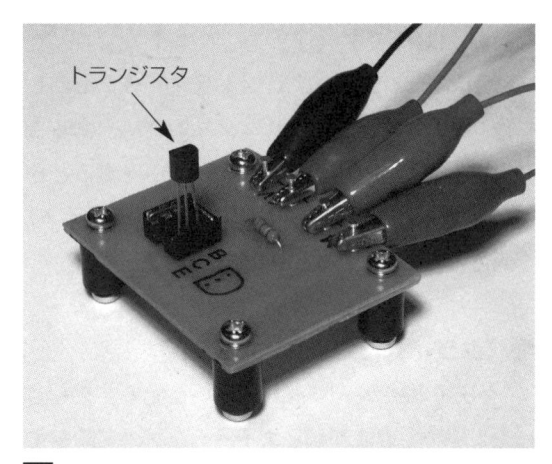

■ 写真3-3 完成したh_{FE}チェッカー

■ 写真3-4 h_{FE}チェッカーでh_{FE}を測ってみる

測定に使ったサンプルは、写真3-2に示したh_{FE}分類がYランクの2SC1815で、表3-1を見るとYランクのもののh_{FE}は120〜240となっています。さっそく測ってみたら、写真3-4のようにメータの針は2mAを示しました。これより、このトランジスタのh_{FE}は100倍して200だということがわかります。

このh_{FE}チェッカーのh_{FE}の測定範囲は、50〜500といったところです。もし、ピン接続の違うトランジスタのh_{FE}を測りたい、あるいは測定条件を変えたいといったような場合には、同じように設計しなおせばOKです。

このh_{FE}チェッカーはNPNトランジスタ用として作りましたが、PNPトランジスタのh_{FE}も測ることができます。PNPトランジスタのh_{FE}を測るときには、電源とメータの極性（プラス／マイナス）を両方とも逆にすればOKです。

● "クライトヒカール"の実験

"クライトヒカール"は、「暗いと光る」をもじったもので、直流増幅とスイッチングの実験をするものです。"クライトヒカール"はセンサとして光に反応するCdSを使い、夜になって暗くなると自動的にランプが光るものです。

図3-12が、"クライトヒカール"の回路図です。Tr_1はNPNトランジスタ、Tr_2はPNPトランジスタで、これらはダーリントン接続になっています。その結果、Tr_1のベースに1mA以下のごくわずかの電流を流すだけでランプをON/OFFできます。では、"クライトヒカール"の基本的な動作を説明してみましょう。

まず、明るいときにはランプ消えていますが、このときのTr_1とTr_2の動作はTr_1がOFF、その結果Tr_2もOFFになります。それが、暗くなるとTr_1がONになり、その結果Tr_2もONになってランプが光ります。

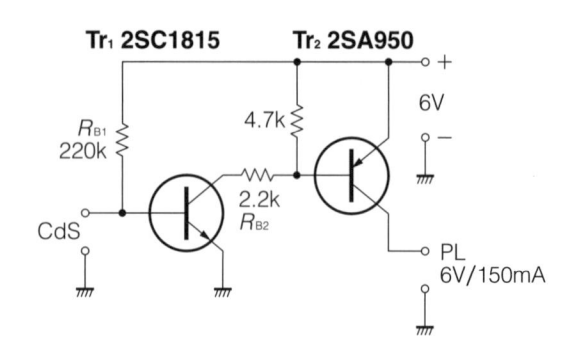

■ 図3-12 "クライトヒカール"の回路図

トランジスタを選択するとき、Tr_1は2SC1815でいいのですが、Tr_2のほうはランプを光らせるのに必要な大きな電流（150mA）を流せるものでなくてはなりません。ちなみに、表3-1の最大定格を見ると2SC1815のコレクタ電流は150mAとなっていますから、ランプを光らせるには余裕がなくて使えません。Tr_2に選んだ2SA950は表3-2に示したようにコレクタ電流は800mAまで流せますから、十分に余裕を持ってランプを光らせることができます。

この"クライトヒカール"のポイントは、光センサとして用意したCdSにあります。そこで実際に用意したCdSを調べてみたら、明るいときの抵抗は10kΩ以下、また暗いときの抵抗は1MΩ以上もありました。

では、図3-13で"クライトヒカール"の回路を設計してみましょう。設計は、ランプを実際に光らせるTr_2のほうから始めます。

まず、2SA950のh_{FE2}を表3-2から最小の160とすると、ランプにI_O=150mAの電流を流すのに必要なベース電流I_{B2}は、

$$I_{B2} = \frac{I_O}{h_{FE2}} = \frac{150}{160} \risingdotseq 1 \text{[mA]}$$

です。なお、トランジスタを完全にONにするにはベース電流は計算値の2〜3倍の余裕をみるのが普通ですから、ここでは2倍の余裕をみてI_{B2}は2mA

3-2 小信号用トランジスタ

●最大定格（$T_a=25℃$）

項　目	記　号	定格値
コレクタ・エミッタ間電圧	V_{CEO}	−35V
コレクタ電流	I_C	−800mA
ベース電流	I_B	−160mA
コレクタ損失	P_C	600mW

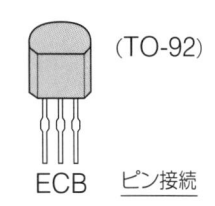

●電気的特性（$T_a=25℃$）

項　目	記　号	測　定　条　件	最小	標準	最大
直流電流増幅率	h_{FE}(注)	$V_{EB}=-1V, I_C=-100mA$	100	−	320
	h_{FE}	$V_{EB}=-1V, I_C=-700mA$	35	−	−
コレクタ・エミッタ間飽和電圧	$V_{CE(sat)}$	$I_C=-500mA, I_B=-20mA$	−0.5V	−	−0.8V

注：h_{FE}分類　O…100〜200、Y…160〜320

■表3-2　"クライトヒカール"を作るのに必要な2SA950の規格

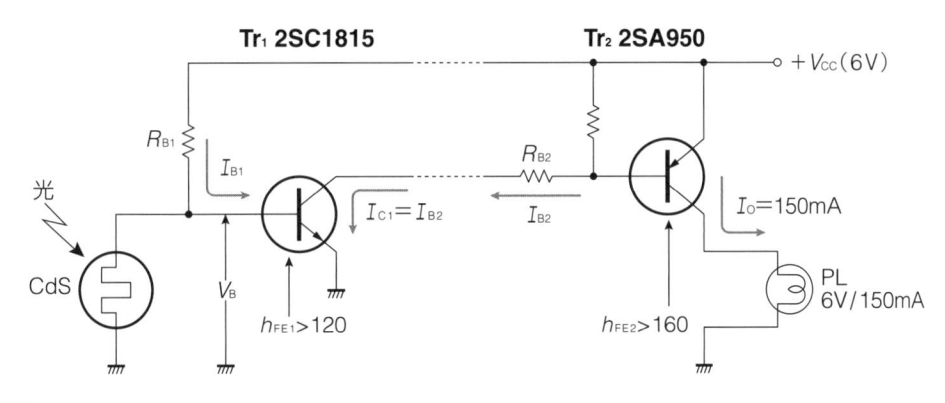

■図3-13　"クライトヒカール"の簡単な設計

を目標に流すことにします。

では、I_{B2}を2mA（0.002A）流すのに必要なベース抵抗R_{B2}を計算してみることにしましょう。Tr_2のV_{BE}やTr_1の$V_{CE(sat)}$を無視すると、R_{B2}は、

$$R_{B2} = \frac{V_{CC}}{I_{B2}} = \frac{6}{2\times10^{-3}} = 3000〔Ω〕= 3〔kΩ〕$$

となります。このように、R_{B2}は計算上では3kΩですが、実際に容易に入手できるのは2.2kΩか3.3kΩなので、ここではさらに余裕をみて2.2kΩとしました。

なお、図3-12でTr_2の2SA950のベース・エミッタ間に入っている4.7kΩの抵抗器は、トランジスタの動作を安定させるためのものです。

では、Tr_1の設計に移りましょう。設計を終わったTr_2のI_{B2}はそのままTr_1のI_{C1}になりますが、Tr_1のh_{FE}を最小の120とするとI_{C1}として2mAを流すのに必要なベース電流I_{B1}は、

$$I_{B1} = \frac{I_{C1}}{h_{FE1}} = \frac{2}{120} ≒ 0.017〔mA〕$$

です。そこで、I_{B1}は余裕をみて0.02mAということにします。

では、I_{B1}を0.02mA流すのに必要なベース抵抗R_{B1}を計算してみましょう。するとR_{B1}は、

$$R_{B1} = \frac{6}{0.02\times10^{-3}} = 300\times10^3〔Ω〕$$
$$= 300〔kΩ〕$$

となります。

さて、このR_{B1}を最終的に決めるときには、CdS

の抵抗を考慮しなければなりません。R_{B1}で計算どおりのI_{B1}を供給するには暗いときにCdSの抵抗がR_{B1}を無視できるほどに大きければいいのですが、1MΩというのは微妙なところです。そこで、安全をみてR_{B1}は220kΩとすることにしました。

以上はTr₁をONにする場合の条件でしたが、明るくなったときにはどうなるでしょうか。明るいときのCdSの抵抗は10kΩ以下になりますが、そのときのTr₁のV_Bは0.05V程度になり、図3-8からもわかるようにTr₁は完全にOFFになります。

以上が、"クライトヒカール"の設計の概略です。この程度の回路ならば、日頃の経験で図3-12のR_{B1}とR_{B2}の値を決めても働くものができますが、簡単でもいいから設計をしておくと安心して作れます。

最後に、表3-2に示した2SA950の電気的特性にはコレクタ・エミッタ間飽和電圧$V_{CE(sat)}$が示してありますが、これはトランジスタがONになってランプが光っているときに2SA950の電子スイッチのコレクタ・エミッタ間に残る電圧になります。もし、$V_{CE(sat)}$が最大の0.8Vあったら、電源電圧が6Vあったとしてもランプには5.2Vしか加わらないことになります。

では、図3-12に示した"クライトヒカール"を実際に作って、うまく働くかどうかを試してみましょう。なお、写真3-5に示したトランジスタのh_{FE}をh_{FE}チェッカーで測ってみたら、2SC1815は約150、2SA950は約250で、いずれもh_{FE}分類の規格内に入っていました。

この"クライトヒカール"は回路が簡単なので、平ラグ板の上に作ることができます。図3-14に"クライトヒカール"を平ラグ板の上に作るときの部品のレイアウトを示しておきますので、組み立ての参考にしてください。

写真3-6は、組み立てを終わった"クライトヒカール"にCdS、ランプ、それに6Vの電源をつない

■ 写真3-5　2SC1815(左)と2SA950(右)、h_{FE}はともにYランク

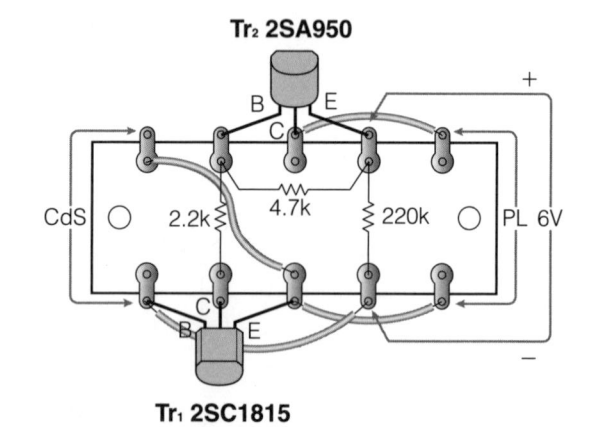

■ 図3-14　"クライトヒカール"を平ラグ板の上に作る

で働かせてみたところです。このとき、CdSには光が当たっていますからランプは光っていません。

そこで、写真3-7のようにCdSを覆って光をさえぎってみたら、ご覧のようにランプが光りました。この"クライトヒカール"を実際に使うには、暗くなってランプが光ったときにランプの光が直接CdSに入らないようにする必要があります。でも、夜になって実際に使ってみたら、CdSとランプを別々な方向に向けておけば、特にCdSにフードを被せるようなことをしなくてもうまく働きました。

●電子スイッチの応用例

エレクトロニクス工作では、トランジスタによ

■ 写真3-6 完成した"クライトヒカール"(明るいとき)

■ 写真3-7 "クライトヒカール"が光った

る直流増幅や電子スイッチはいろいろなところで使われます。では、"クライトヒカール"の応用として、パルスでON/OFFできる電子スイッチの回路を紹介しましょう。

次ページの図3-15がその回路で、ST端子にスタートパルスを加えるとTr_1とTr_2の電子スイッチがONになって出力には6Vが現れます。なお、Tr_1とTr_2の回路は"クライトヒカール"で設計したものをそのまま使っていますから、出力電流はとりあえず150mAが取り出せます。

"クライトヒカール"と違うところは、抵抗R_Hによって自己保持回路が構成されていることです。スタートパルスがなくなったあともTr_1のベース電流はR_Hから供給され、Tr_1とTr_2がONになって出力が出続けます。この出力でラジオを鳴らしたり、ランプを光らせたりします。

このように自己保持されている回路の自己保持を解くには、例えばTr_1へのベース電流の供給を絶てばいいわけです。その役目をしているのがTr_3で、SP端子にストップパルスを加えるとTr_3がONにな

第3章 トランジスタ

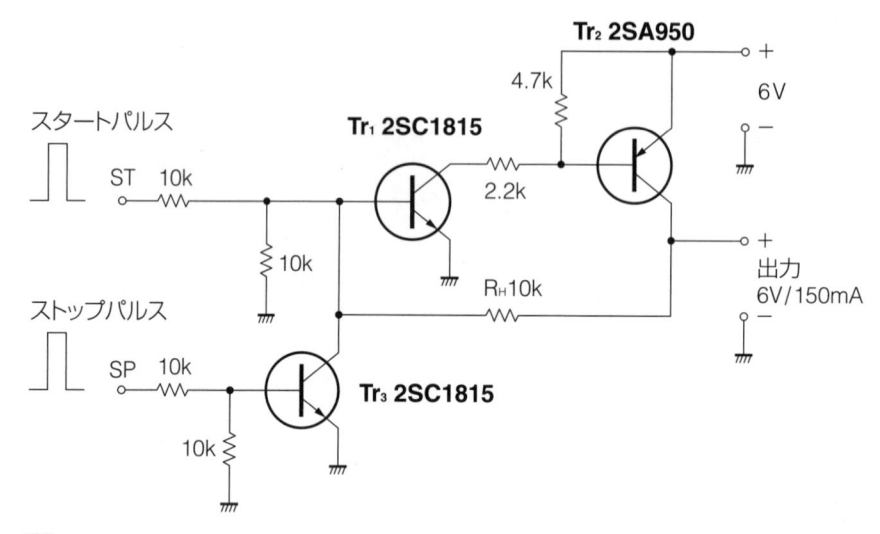

■ 図3-15 パルスでON/OFFできる電子スイッチ

り、Tr_1のベース電流を絶ちます。

ストップパルスがSP端子に加わって自己保持が解けると、最初の状態に戻ります。

図3-16は、この電子スイッチの応用例を示したものです。例えば、毎日決まった時間にラジオを鳴らしたければ時計からその時間にスタートパルスを出してもらい、ST端子に加えます。

そして決まった時間だけラジオを鳴らして自動的に止めたければ、別にタイマーを用意して出力が出たところでスタートさせ、時間になったらス

トップパルスを出してSP端子に加えます。これで最初に戻り、一連の動作を終わります。

もし、電子スイッチでAC100Vをコントロールしたければ、図3-17のようにDC6Vのリレーを仲介すればOKです。

3-2-2 トランジスタ増幅器の基本

トランジスタは3本足ですが、増幅回路を入力と出力ということでみると図3-18のようになり

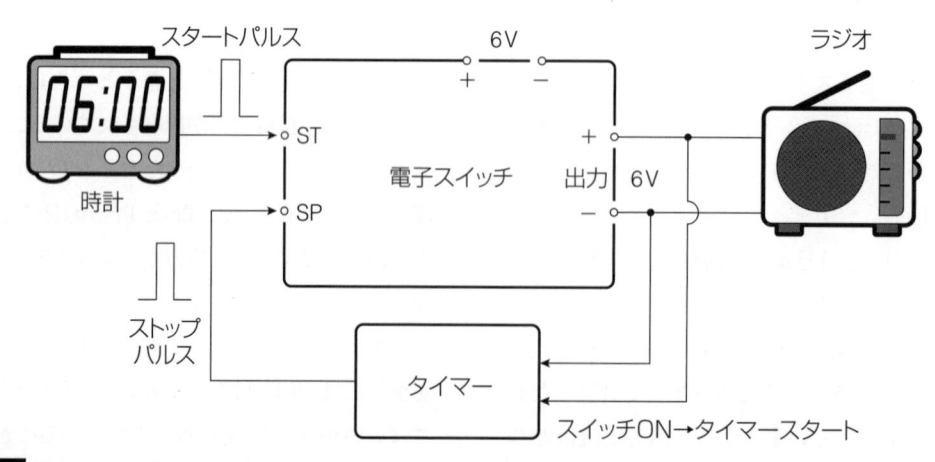

■ 図3-16 電子スイッチの応用

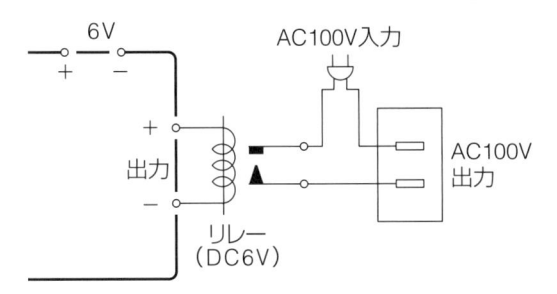

図3-17 AC100Vをコントロールしたいとき

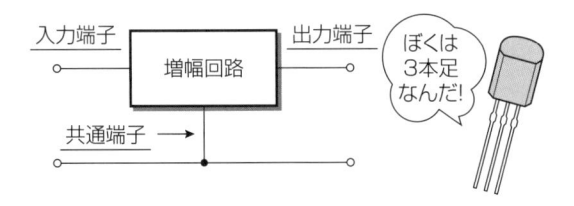

図3-18 増幅回路の三つの端子

ます。増幅回路には入力端子、出力端子、それに入出力に共通な共通端子があり、3本足がこの三つの端子のどれかになります。

なお、トランジスタにはPNPとNPNの二種類がありますが、ここではNPNトランジスタを例にして話を進めます。

● 三つの基本回路とその特長

トランジスタ増幅器には、図3-19に示したようにベース接地回路、エミッタ接地回路、コレクタ接地回路の三つがあります。これらの名称は、接地されている電極の名称になっていることがわかるでしょう。

これらの増幅回路は、それぞれ次ページの表3-3に示したような特徴を持っています。では、それぞれの増幅回路について、図3-19と表3-3を比べながら説明してみることにしましょう。

まず、ベース接地回路は電圧利得や電力利得はありますが、入力電流i_iと出力電流i_oがほぼ等しいので、電流利得はありません。また、電圧利得G_eは、

$$G_e = \frac{e_o}{e_i} = \frac{i_o \cdot Z_L}{i_i \cdot Z_i} = \frac{Z_L}{Z_i}$$

となり、ほぼ入力インピーダンスZ_iと負荷インピーダンスZ_Lの比になります。

この結果から、ベース接地回路で電圧利得を得るには出力インピーダンスを高くしなくてはならないことがわかります。

ベース接地回路の場合には、入出力の位相は同相です。これについては、あとで実験のところで確かめてみることにします。

ベース接地回路は周波数特性がいいので高周波増幅に使われたこともありますが、入力インピーダンスが低いために入力回路の設計がやっかいとなり、今ではほとんど使われません。

つぎに、エミッタ接地回路では、入力インピーダンスや出力インピーダンスはいずれも中くらいです。

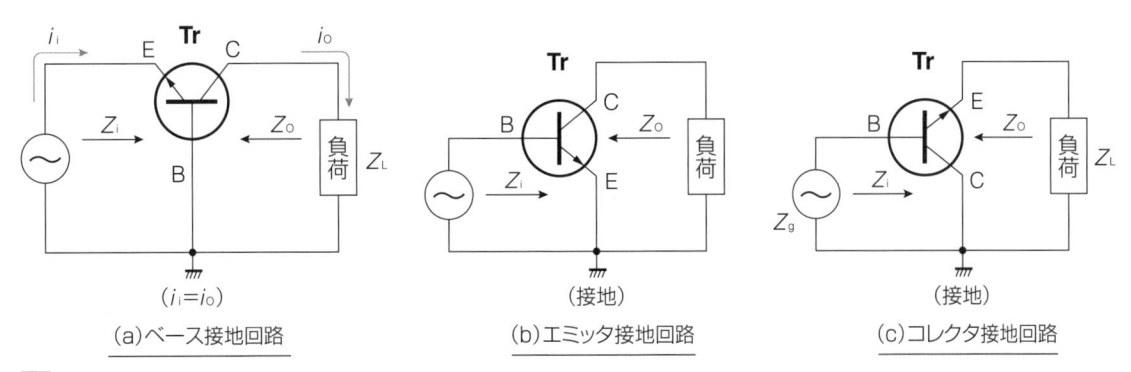

(a) ベース接地回路 ($i_i = i_o$)

(b) エミッタ接地回路 (接地)

(c) コレクタ接地回路 (接地)

図3-19 トランジスタ増幅器の三つの基本回路

	ベース接地	エミッタ接地	コレクタ接地
入力インピーダンス(Z_i)	低い (数十Ω)	中くらい (数kΩ)	高い (数十〜数百kΩ)
出力インピーダンス(Z_o)	高い (数百kΩ)	中くらい (数kΩ)	低い (数十〜数百Ω)
電流利得	なし ($\fallingdotseq 1$)	中くらい (数十倍)	大きい (数十倍)
電圧利得	中くらい (数十倍)	大きい (数十倍)	なし ($\fallingdotseq 1$)
電力利得	中くらい (数十倍)	大きい (数百倍)	小さい (数十倍)
位　　相	同相	反転する	同相
周波数特性	良い	普通	良い

■ 表3-3　三つの基本回路の特徴

　エミッタ接地回路は、図3-19（b）のようなものです。エミッタ接地回路は電流利得も電圧利得もあり、したがって電力利得は三つの基本回路の中で最も大きくなっています。

　エミッタ接地回路の場合には、入出力の位相は反転します。エミッタ接地回路は、現在最もよく使われている増幅回路です。

　最後のコレクタ接地回路は入力インピーダンスが高く、出力インピーダンスが低いのが特長です。

　では、このようになる理由を説明してみましょう。図3-19（c）で、トランジスタの交流電流増幅率をh_{fe}とすると、入力インピーダンスZ_iは、

$$Z_i \fallingdotseq Z_L \cdot h_{fe}$$

また出力インピーダンスZ_oは、

$$Z_o \fallingdotseq \frac{Z_g}{h_{fe}}$$

となります。

　この結果から、入力インピーダンスZ_iは負荷インピーダンスZ_Lのh_{fe}倍になるので高く、出力インピーダンスは信号源インピーダンスZ_gのh_{fe}分の1になるので低くなります。

　コレクタ接地回路の場合には、電流利得はありますが、電圧利得はありません。したがって、出力電圧はほぼ入力電圧に等しくなります。なお、コレクタ接地回路は電流利得がありますから電力利得もあります。

　コレクタ接地回路の場合には、入出力の位相は同相です。コレクタ接地回路は普通の増幅器として使われることはありませんが、特長を生かして、インピーダンス変換器などに使われます。

● トランジスタ増幅回路の設計

　トランジスタ増幅回路の設計の手順は、まずトランジスタの動作点を決め、その動作点を与えるためのバイアス回路の設計をします。

　では、2SC1815を例にして、図3-20のような簡単なエミッタ接地増幅回路の設計をしてみることにしましょう。とりあえず、使用するトランジスタの2SC1815はh_{FE}分類がYランクのものでh_{FE}

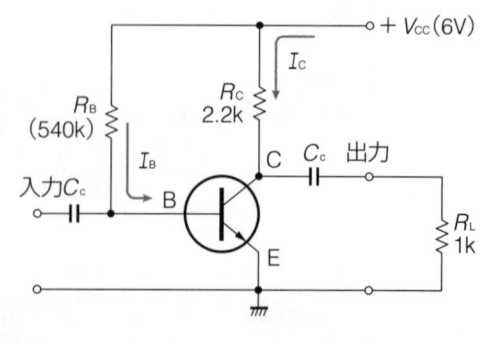

■ 図3-20　このトランジスタ増幅回路を設計してみる

3-2 小信号用トランジスタ

は約200、コレクタ負荷抵抗R_Cは2.2kΩ、負荷抵抗R_Lを1kΩとして設計してみます。

トランジスタ増幅回路の動作点を決めるには、データシートに示されているトランジスタの出力特性図のうち、$V_{CE}-I_C$特性図というものを使います。

図3-21に示したのは、データシートに示されている2SC1815のエミッタ接地の場合の$V_{CE}-I_C$特性図です。この図は、ベース電流I_Bをパラメータとして、コレクタ・エミッタ間電圧V_{CE}とコレクタ電流I_Cの関係が示されています。

図3-21を見ると、コレクタ・エミッタ間電圧V_{CE}はほぼ図3-20の場合に合致しますが、コレクタ電流のほうはせいぜい10mAくらいまでですから、値が大きすぎては使えません。

そこで、2SC1815のh_{FE}を約200として、実際に使用するコレクタ電流の部分を拡大して$V_{CE}-I_C$特性図を作ってみたのが図3-22です。では、この図を使って図3-20の増幅回路の動作点を求めてみることにしましょう。

まず最初は、特性図の上に直流負荷線と呼ぶ補助線を引くところから始めます。図3-20において、コレクタ電流I_Cがゼロだとコレクタ・エミッ

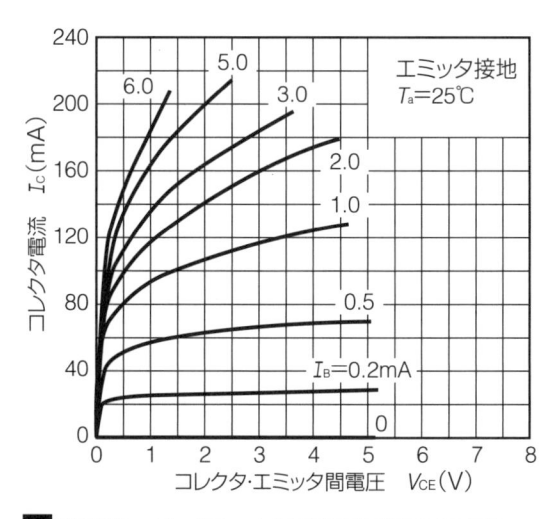

■ 図3-21 データシートに示された2SC1815の$V_{CE}-I_C$特性図

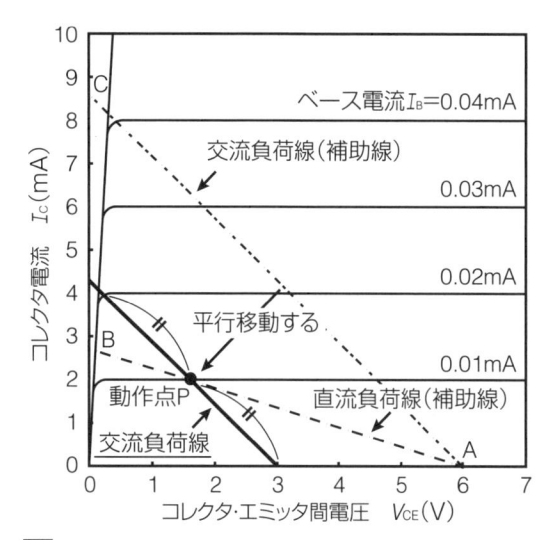

■ 図3-22 2SC1815($h_{FE}\fallingdotseq$200)の$V_{CE}-I_C$特性図

タ間電圧V_{CE}は6Vですから図3-22のA点が決まり、またコレクタ・エミッタ間電圧V_{CE}がゼロになるときのコレクタ電流I_CはR_Cが2.2kΩですから、

$$I_C = \frac{6}{2200} \fallingdotseq 0.0027 [A] = 2.7 [mA]$$

となり、これがB点です。

このAとBを結んだのが直流負荷線で、トランジスタが増幅するときにはコレクタ・エミッタ間電圧V_{CE}やコレクタ電流I_Cはベース電流I_Bの変化にしたがって、この直流負荷線の上を動きます。

図3-22の上に直流負荷線が引けたら、つぎに交流負荷線を引きます。それには、交流負荷抵抗を求めなければなりません。

図3-20において、交流負荷抵抗はコレクタ抵抗R_Cと負荷抵抗R_Lが並列につながれたものですから、交流負荷抵抗R_Aは、

$$R_A = \frac{2.2 \times 1}{2.2+1} \fallingdotseq 0.7 [k\Omega] = 700 [\Omega]$$

のようになります。そこで、交流負荷抵抗が700Ωのときにコレクタ・エミッタ間電圧V_{CE}がゼロになるときのコレクタ電流I_Cは、

$$I_C = \frac{6}{700} \fallingdotseq 0.0085 [A] = 8.5 [mA]$$

となり、これがC点です。

交流負荷線を引く場合にもA点は直流負荷線と同じですから、A点とC点を結ぶと補助線として交流負荷線が引けます。

これで直流負荷線と交流負荷線（ともに補助線）が引けたのですが、これらの線が交わっているのはAだけで、これでは入力波形に相似な出力波形を得る増幅回路には使えません。

そこで、補助的に引いた交流負荷線を直流負荷線と交わるように平行移動し、しかも交わった直流負荷線の両側が同じ長さになるところまで平行移動します。

このようにして引けたのが、最終的な交流負荷線です。そして、この交流負荷線と直流負荷線が交わった点Pが動作点になります。

トランジスタでこの動作点を決めるのはベース電流I_Bで、図3-22の設計結果でいえばベース電流I_Bを0.01mA流せば、図3-20の回路は設計どおりに働くことになります。そして、動作点Pを決めるのに必要なベース電流を流すための回路がバイアス回路で、図3-20でいえばバイアス回路はR_Bです。

では、図3-20のバイアス回路を設計してみましょう。まず、I_Bが0.01mA（0.00001A）、R_Bに加わる電圧は電源電圧V_{CC}から2SC1815のベース・エミッタ間電圧V_{BE}(約0.6V)を引いたものですから、R_Bは、

$$R_B = \frac{6-0.6}{0.00001} = 540000 [\Omega] = 540 [k\Omega]$$

となります。

●バイアス回路のいろいろ

バイアス回路にはいくつかありますが、もっとも簡単なバイアス回路が抵抗R_Bで構成された図3-23のような固定バイアス回路です。実は、トランジスタ増幅回路の設計に使った図3-20は、この固定バイアス回路でした。

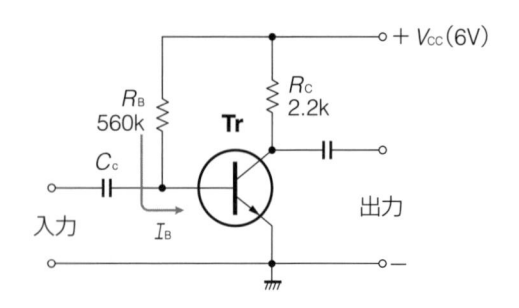

■ 図3-23　固定バイアス回路

固定バイアス回路は回路は簡単ですが、電源電圧が変動したり、R_Bが設計した値と違ってきたりすると、それがそのままベース電流I_Bに影響し、動作点が狂ってしまいます。また、トランジスタのh_{FE}にばらつきがあると、それも動作点を狂わせます。

例えば、図3-20ではR_Bは計算では540kΩになりましたが、E系列のうちで一般的なE12で探すともっとも近い値は560kΩで、これしか入手できません。そこでR_Bを560kΩとすると、ベース電流I_Bは、

$$I_B = \frac{6-0.6}{560 \times 10^3} \fallingdotseq 0.0000096 [A] = 0.0096 [mA]$$

となって、0.01mAを予定した動作点が狂ってしまいます。このようなわけで、固定バイアス回路は実際にはほとんど使われません。

＊

そこで、もっと安定なバイアス回路はないかと考えられたのが、自己バイアス回路や電流帰還バイアス回路です。

図3-24は自己バイアス回路を示したもので、バイアス抵抗R_Bの電源をコレクタからとっています。このようにすると直流的にも交流的にも負帰還（ネガティブフィードバック）が掛かりますが、これが自己バイアスの特長です。

では、自己バイアス回路で直流的に負帰還が掛かる様子を説明してみましょう。このバイアス回路では、何等かの理由でコレクタ電流が増えよう

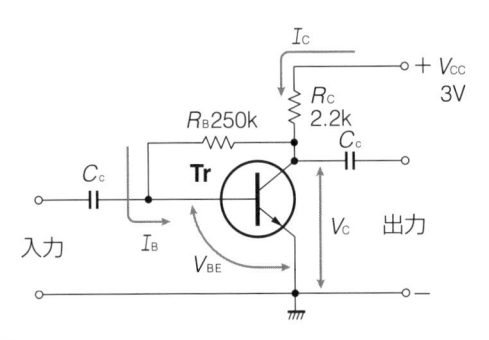

図3-24 自己バイアス回路

とするとR_Cでの電圧降下が増えてコレクタ電圧が下がり、そのためにベース電流I_Bが減ります。ベース電流が減るということはコレクタ電流が減るということで、自動的にコレクタ電流が増えるのを抑えます。

このような働きは、トランジスタのh_{FE}のばらつきに対しても有効です。

ではつぎに、自己バイアス回路で交流負帰還が掛かる様子を説明してみましょう。自己バイアス回路では出力信号の一部がバイアス抵抗R_Bを通ってベース側に戻ります。このとき、エミッタ接地回路では入力と出力の位相は反転していますから入力信号を打ち消します。これが交流負帰還で、そのために自己バイアス回路では交流負帰還がかかった分だけゲインが減ります。

そこで、バイアス回路に工夫をして、直流負帰還は掛かるが、交流負帰還だけを掛からないようにする方法もあります。でも、回路が複雑になるので実際には使われません。

この自己バイアス回路は使用する部品が少なく、このあと説明する電流帰還バイアス回路のようにエミッタでの電圧ロスがないので、高い電源電圧が用意できないような場合、具体的には電源電圧が3Vしか用意できないといったようなときに利用価値のあるバイアス回路です。

そこで、電源電圧V_{CC}を3Vとして図3-24でバイアス回路の設計をしてみましょう。

まず、コレクタ電流を仮りに0.7mAとし、トランジスタのh_{FE}を200とするとベース電流I_Bは、

$$I_B = \frac{I_C}{h_{FE}} = \frac{0.7}{200} = 0.0035 \text{[mA]}$$

で、0.0035mAということは0.0000035Aです。

また、コレクタ電流I_Cは0.7mAですからコレクタ抵抗R_Cによる電圧降下は1.54V、これよりコレクタ電圧V_Cは3Vから1.54Vを引いた1.46Vになります。そこで、バイアス抵抗R_Bに加わる電圧はコレクタ電圧V_Cからベース・エミッタ間電圧V_{BE}を引いたものになりますから、R_Bは、

$$R_B = \frac{1.46 - 0.6}{0.0000035} \fallingdotseq 250000 \text{[Ω]} = 250 \text{[kΩ]}$$

となります。

*

では、電流帰還バイアス回路について説明してみましょう。まず、図3-23の固定バイアス回路で図3-25のようにエミッタ抵抗R_Eを入れてみるとどうなるでしょうか。

この場合のベース電流I_Bは図3-25より、

$$I_B = \frac{V_{CC} - V_{BE} - V_E}{R_B}$$

となります。

そこで、何等かの理由でコレクタ電流が増えようとするとエミッタ電圧V_Eが増えますが、これはベース電流を減らす方向に働きます。ベース電流が減るということはコレクタ電流が減るというこ

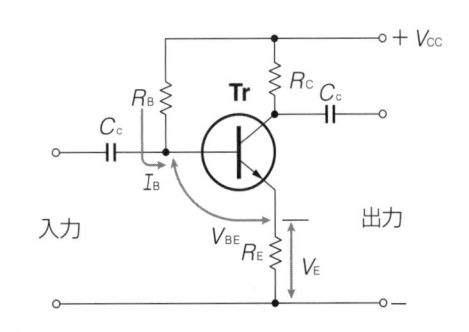

図3-25 エミッタ抵抗R_Eの働き

とですから、コレクタ電流が増えるのを妨げます。

さて、実際の電流帰還バイアス回路は図3-26のようなもので、現在最もよく使われているバイアス回路です。では、図3-26のように電源電圧V_{CC}=6V、I_B=5μA、I_C=1mA、R_C=2.2kΩ、R_E=1kΩ、R_{B2}=10kΩとしてR_{B1}の値を求める、電流帰還バイアス回路の設計をしてみましょう。

まず、R_{B2}はベース電流のばらつきを吸収するブリーダ電流を流すもので、普通はベース電流の数倍を流します。そこで、図3-26を見るとR_{B2}に加わる電圧はV_{BE}とV_Eの和になりますから1.6Vです。するとR_{B2}に流れる電流I_{BR}は、

$$I_{BR} = \frac{1.6}{10 \times 10^3} = 0.16 \times 10^{-3} [A] = 0.16 [mA]$$

となります。0.16mAということは160μA、ベース電流は5μAですからブリーダ電流は32倍になり、十分な値です。

つぎに、バイアス抵抗R_{B1}に加わる電圧はV_{CC}からV_{BE}とV_Eを引いたものですから4.4V、またR_{B1}に流れる電流はI_BとI_{BR}の和ですが、I_BがI_{BR}に比べて十分少なければ$I_B ≒ I_{BR}$と考えてよく、だとするとR_{B1}は、

$$R_{B1} = \frac{4.4}{0.16 \times 10^{-3}} ≒ 27 \times 10^3 [\Omega] = 27 [k\Omega]$$

となりました。

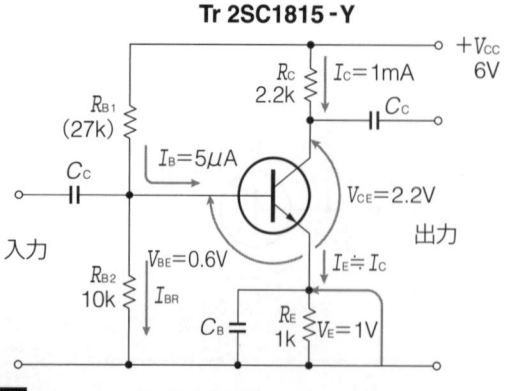

■図3-26　実用的な電流帰還バイアス回路

なお、図3-26に示したコンデンサC_CとC_Bは、C_Cが結合コンデンサ、C_Bがバイパスコンデンサです。エミッタに入れたバイパスコンデンサは交流信号のバイパス用で、これがないと交流負帰還が掛かってゲインが減ります。

これで、電流帰還バイアス回路の設計は終わりです。このあと、実際に実験してバイアス回路がうまく働くかどうかを試してみることにします。

3-2-3　ベース接地回路を試してみる

ベース接地回路は図3-19（a）に示したようなもので、増幅回路として利用することは少ないのですが、発振回路に使われることもありますので、その動作を調べてみることにします。

●ベース接地回路の動作を体験する

では、図3-27のようなベース接地回路を作って、その動作を調べてみることにしましょう。まず、エミッタに入っている100ΩのVRは本来は不用ですが、入力インピーダンスを調べるために用意しておきます。このVRは、とりあえず抵抗ゼロにしておきます。

バイアス回路は1MΩの抵抗1本の簡単なものですが、エミッタに1kΩが入っていて電流帰還が掛かっていますから、動作は安定です。バイアス抵抗はコレクタ電流がほぼ1mAになるようにしますが、トランジスタにh_{FE}のばらつきがあってもコレクタ電流は1mA付近に落ち着きます。

では、実験の準備として、図3-27のベース接地回路を図3-28のように5Pの平ラグ板の上に組み立てましょう。組み立てが終わったら電源端子に6Vを加え、ほぼトランジスタに1mAが流れることを確認します。具体的には、エミッタの電圧を測ってみて、約1VになっていればOKです。

ここまでうまくいったら、図3-29のように入

3-2 小信号用トランジスタ

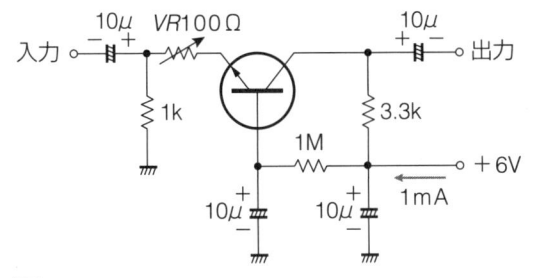

図3-27 ベース接地回路を作ってみる

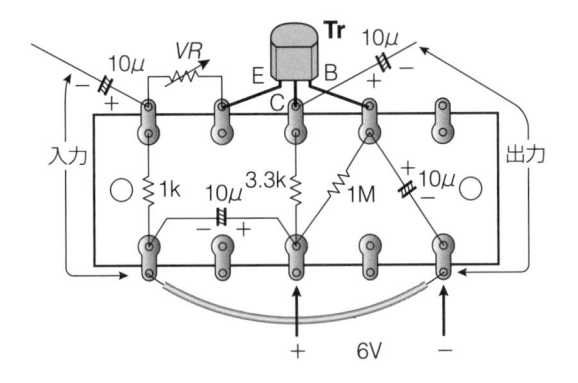

図3-28 平ラグ板の上に作る実験用のベース接地回路

力にAF-OSCとVTVM、それに出力にオシロスコープをつないで実験を始めましょう。次ページの写真3-8に、ベース接地回路の実験の様子を示しておきます。

図3-29のようにベース接地回路に入力を加えると増幅された出力がオシロスコープに表示され

ますが、目視したところではVTVMで読んだ入力電圧が約0.04Vを超えるとひずみ始めました。なお、このときの出力電圧は約1.5Vでした。

ベース接地回路が働き始めたので、入力電圧をひずまない範囲の0.01Vとし、置換法を使って入力インピーダンスZ_iを測ってみました。

この状態ではVRはゼロですからe_2もゼロで、VTVMは$e_3=e_1=0.01$Vを指示しています。ここでVRを回すと$e_3=e_1+e_2$となり、電圧が上がってきます。そこで、とりあえずe_3がe_1の2倍の0.02VになるまでVRを回します。これで、$e_3=2e_1$になっているはずですが、もし違っているようならVRを微調整し、$e_3=2e_1$になるようにしてください。

これで、図3-29において$e_1=e_2$になっている、ということはVRの値がZ_iに等しくなっているはずです。うまくいったらいったん電源を切ってVRを平ラグ板からはずし、テスタを使ってVRの抵抗を測ってみます。実際に測ってみたら、その値は約32Ωでした。これが、図3-27のベース接地回路の入力インピーダンスということになります。

入力インピーダンスが求まったらVRを平ラグ板に戻し、VRの抵抗をゼロにして実験前の状態に戻しましょう。これで、入力にはe_iとして0.01Vが加わっています。

では、図3-30のように負荷抵抗R_Lとして1kΩをつなぎ、図3-27のベース接地回路の電圧ゲイ

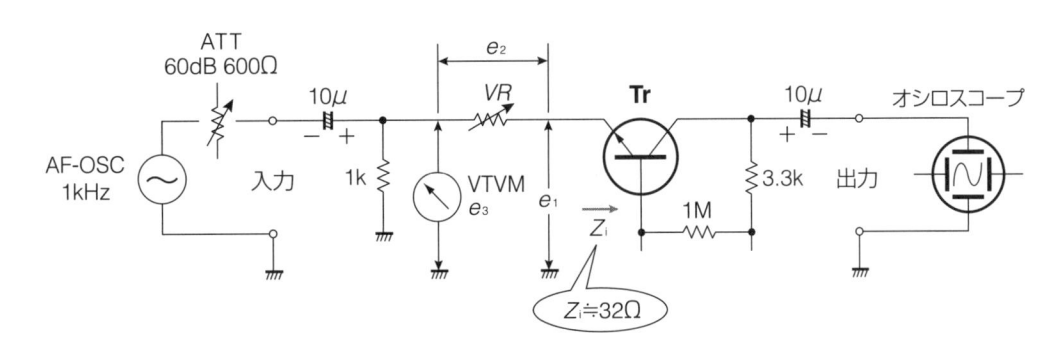

図3-29 入力インピーダンスZ_iを測ってみる

第3章 トランジスタ

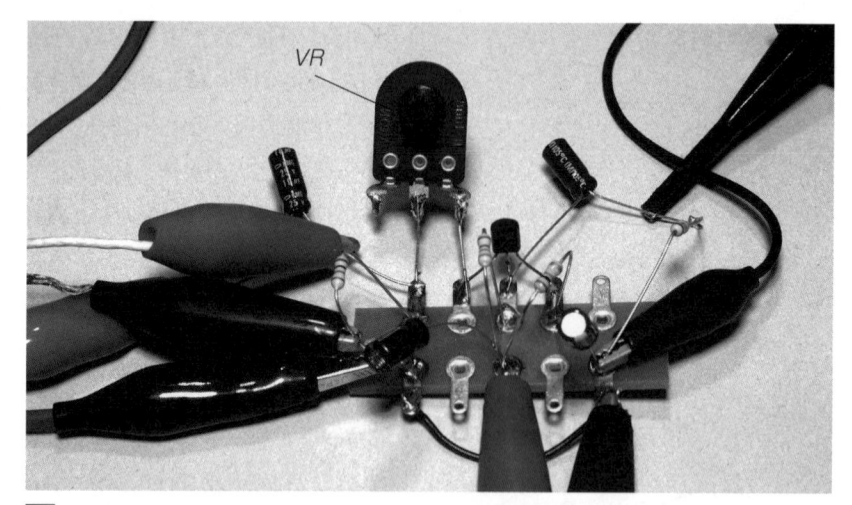

■ 写真3-8 ベース接地回路の入力インピーダンスを測ってみる

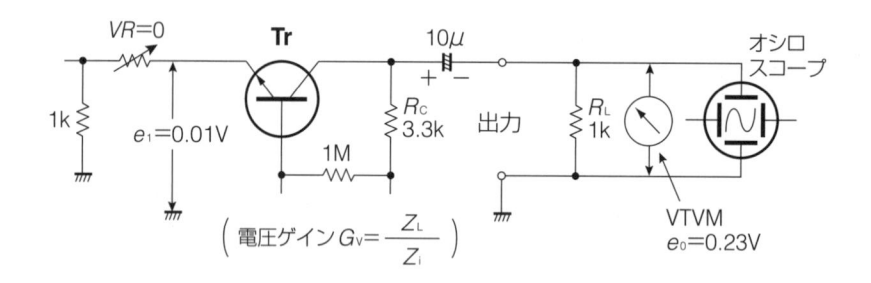

■ 図3-30 電圧ゲインを調べてみる

ンを調べてみましょう。

図3-30のようにVTVMを出力側に移し、出力電圧e_oを測ってみたら約0.23Vになりました。すると入力電圧が0.01V、そのときの出力電圧が0.23Vですから、電圧利得G_eは、

$$G_e = \frac{e_o}{e_i} = \frac{0.23}{0.01} = 23 [倍]$$

となります。これが、実験の結果でわかった図3-27のベース接地回路の電圧利得です。

一方、ベース接地回路の電圧利得は3-2-2項のベース接地回路のところで説明したように、

$$G_e = \frac{e_o}{e_i} = \frac{i_o \cdot Z_L}{i_i \cdot Z_i} = \frac{Z_L}{Z_i}$$

です。そこで、図3-27のベース接地回路につい て、入力インピーダンスと負荷インピーダンスから電圧ゲインを求めてみましょう。

まず、入力インピーダンスZ_iについては図3-29での実験の結果、約32Ωと求まっています。つぎに、負荷インピーダンスZ_Lは図3-30においてR_Cの3.3kΩとR_Lの1kΩが並列につながったものですから、負荷インピーダンスZ_Lは、

$$Z_L = \frac{3.3 \times 1}{3.3 + 1} \fallingdotseq 0.77 [k\Omega] = 770 [\Omega]$$

です。すると、電圧ゲインG_eは、

$$G_e = \frac{770}{32} \fallingdotseq 24 [倍]$$

となり、実験で求めた23倍とほぼ一致します。

3-2 小信号用トランジスタ

●もっとゲインのとれるベース接地回路

　今までの実験で、ベース接地回路は入力インピーダンスがとても低く、またゲインは負荷インピーダンスによって決まることがわかりました。

　表3-3によれば、ベース接地回路の入力インピーダンスは低いとなっていますが、実際に調べてみるとその低さには驚かされます。そんなこともあって、図3-29の実験をしたときに、入力側も出力側もぜひインピーダンス変換をしてみたいと思ったものです。

　そこで試してみたのが、図3-31のように入出力ともにインピーダンス変換のためのトランスを入れたベース接地回路です。入力側に入れたT_1（ST-45）、出力側に入れたT_2（ST-30）は、共にトランジスタ用トランスと呼ばれるものです。

　まず、T_1に使ったST-45は本来は出力トランスで、二次側の10Ωのほうをベース接地回路の入力側につなぎます。また、T_2に使ったST-30はオートトランスで、巻数比は1：2ですからインピーダンス比は1：4になります。

　では、実験にとりかかりましょう。写真3-9は、図3-27の実験に使った図3-28の平ラグ板から不用なCRを取り外し、必要になったT_1やT_2を取り付けて実験をしている様子です。

　実験は、次ページの図3-32のようにつないで行いました。写真3-10はオシロスコープの画面を示したもので、上の1chが入力側、下の2chが出力側です。

　まず、上の1chのスケールは50mV/DIVとなっ

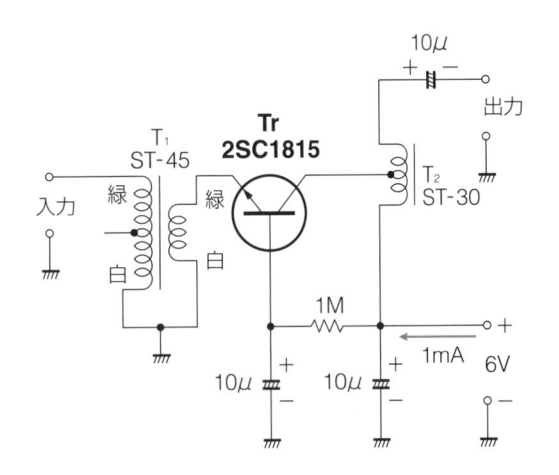

ST-45のインピーダンス

一次	二次
600Ω	10Ω

ST-30のインピーダンス

一次	二次
12.5kΩ	50kΩ

■図3-31　整合トランスを使ったベース接地回路

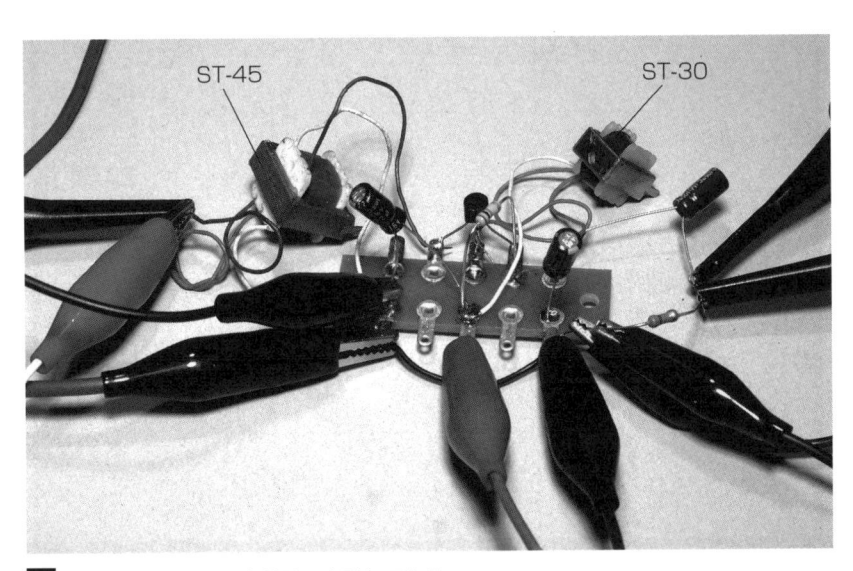

■写真3-9　トランスを付けて実験してみる

第3章　トランジスタ

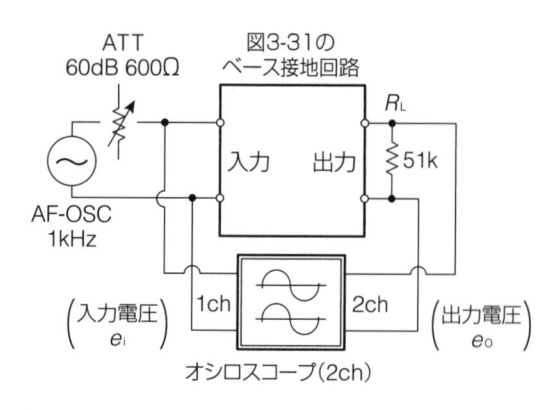

■ 図3-32　整合トランスを使ったベース接地回路を調べてみる

ており、入力電圧e_iは45.61mVと表示されています。また、下の2chのスケールは5V/DIVとなっており、出力電圧e_oは4.11Vと表示されています。

これより、このベース接地回路の電圧ゲインG_eは、

$$G_e = \frac{e_o}{e_i} = \frac{4.11}{0.04561} \fallingdotseq 90 [倍]$$

となります。図3-27のベース接地回路の電圧ゲインが約23倍でしたから、4倍ほどゲインが増えているのがわかります。

なお、表3-3を見るとベース接地回路の位相は同相となっています。これは、ベース接地回路では図3-19に示したように$i_i = i_o$なので当然なのですが、写真3-10を見ると矢印で示したように入力と出力は同相であることがわかります。

最後に、このベース接地回路の周波数特性ですが、ベース接地回路そのものの周波数特性は表3-3に示したようにいいのですが、トランスを使っているために総合的にはいいとはいえません。また、ベース接地回路は使い方にむずかしいところもあるので、特別な場合を除いて使われることはほとんどありません。

●発振回路への応用：FMワイヤレスマイク

ベース接地回路は増幅器としてはあまり使われませんが、簡単に発振回路を作ることができることから発振器としてよく使われます。では、その応用として、FMワイヤレスマイクを作ってみることにしましょう。

図3-33は、ベース接地回路で作る発振回路の

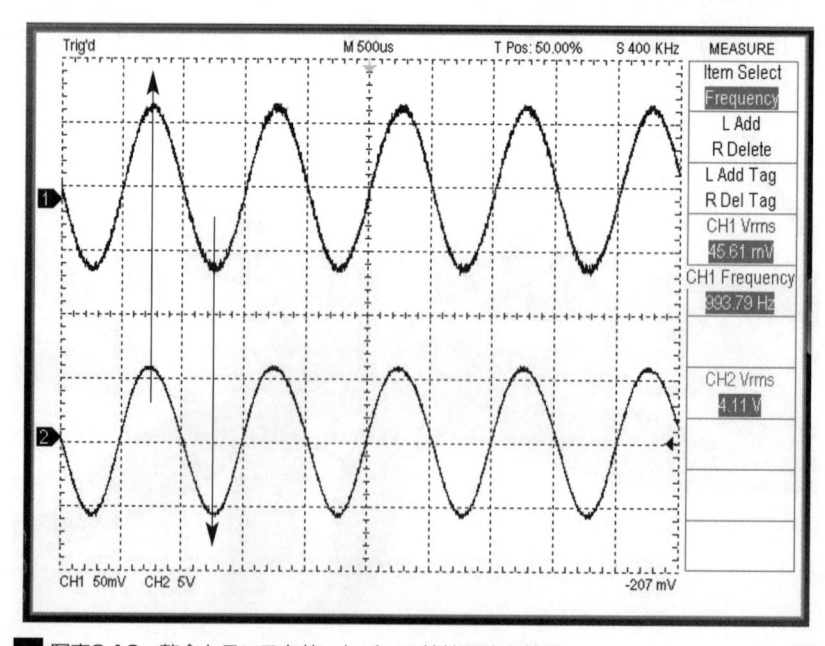

■ 写真3-10　整合トランスを使ったベース接地回路の結果

3-2 小信号用トランジスタ

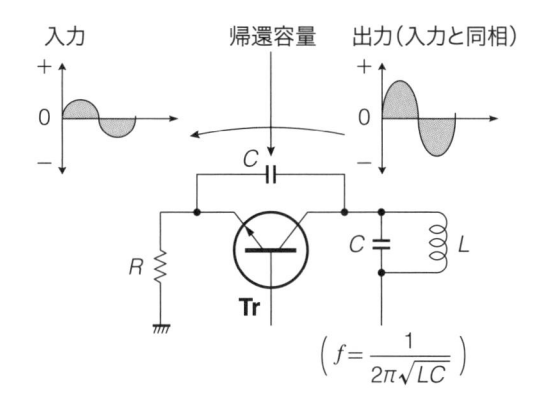

■図3-33 ベース接地回路で作る発振回路

$$f = \frac{1}{2\pi\sqrt{LC}}$$

動作原理を示したものです。この発振回路の発振条件は、増幅回路にゲインがあることと、出力の一部を同相で入力側に戻すということの二つです。

ベース接地回路は増幅作用を持っていますし、表3-3や写真3-10に示したようにベース接地回路の入力と出力は同相で、発振条件を満たしています。そこで、図3-33に示したように帰還容量Cをつなぐことにより、発振回路が作れます。そして、発振周波数はLC共振回路の共振周波数で決まります。

では、ベース接地回路の応用として、図3-34のようなFMワイヤレスマイクを作ってみることにしましょう。

まず、Tr_1の2SC1815はマイクアンプで、マイクにECM（エレクトレットコンデンサマイク）を使うとゲインはあまり必要がないので、交流と直流の両方の負帰還のかかった図3-24に示した自己バイアス回路とします。この増幅回路は周波数特性もよく、また回路が簡単な割にはバイアスも安定です。

Tr_2の2SC1815が、ベース接地回路を使った発振回路です。これから作るのはFMワイヤレスマイクなので、発振周波数は76～90MHzを目標にします。

ところで、2SC1815の用途は写真3-1を見るとわかるように低周波電圧増幅用となっています。ここは、本来ならばVHF用のトランジスタを使うのですが…

いくら何でも、低周波増幅用の2SC1815をFMワイヤレスマイクの発振に使うのは無謀のようにみえます。そこで、表3-1に示した2SC1815の電気的特性を見てみると、トランジション周波数f_Tは最小で80MHzとなっています。

一方、2SC1815のデータシートに示されているコレクタ電流－トランジション周波数特性は、次ページの図3-35のようになっています。なお、トランジション周波数というのは交流電流増幅率が1になるときの周波数で、どれくらいの周波数まで増幅できるのかの目安になるものです。

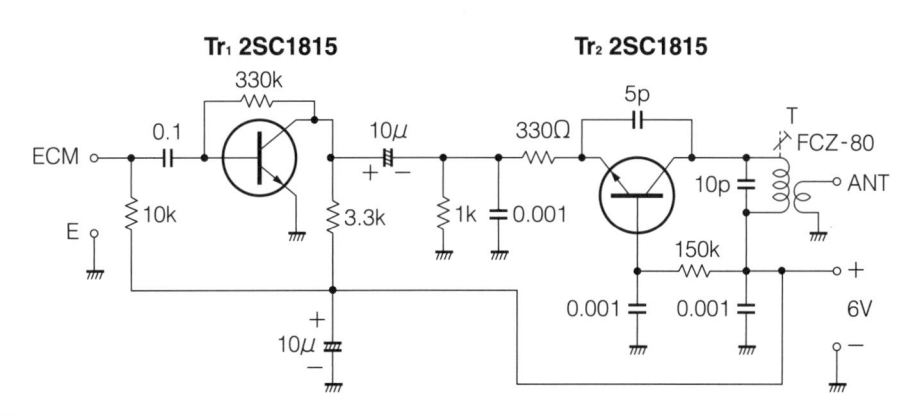

■図3-34 ベース接地回路の応用：FMワイヤレスマイク

第3章 トランジスタ

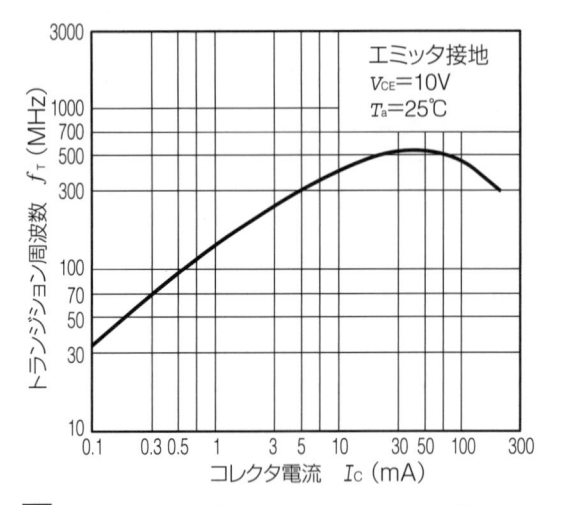

■図3-35 2SC1815のトランジション周波数

図3-35を見ると、コレクタ電流を2〜3mA流すとf_Tは200MHzくらいを確保できそうです。そこで、2SC1815ではたして80MHzを発振できるのかを試す意味も含めて、Tr_2には2SC1815を使ってみました。

FMワイヤレスマイクでは、Tr_1からの変調信号でFM変調を掛けなくてはなりません。では、この発振回路でFM変調が掛かる様子を簡単に説明してみましょう。

Tr_2のコレクタ・エミッタ間には逆バイアスが加わっていますが、この逆バイアス電圧を変化させると可変容量ダイオードの原理で静電容量が変化します。その結果、発振周波数が変わるわけで、試しにTr_2のエミッタ抵抗（1kΩ）を少し変えてみると発振周波数が変わります。

FMワイヤレスマイクが完成したあとで、試しに1kΩの抵抗を2kΩの可変抵抗器に置き換えて1kΩの前後で変えてみたら、抵抗をわずかに減らすと発振周波数は上がり、逆に抵抗を増やすと発振周波数は下がりました。

これで、Tr_2のエミッタ電圧を変化させると発振周波数が変わることがわかりました。そこで、図3-34のようにTr_2のエミッタに変調信号を加えれば、FM変調を掛けることができます。

では、FMワイヤレスマイクを作ってみることにしましょう。FMワイヤレスマイクはVHFを扱いますから、うまく働かせるには製作するときに一応形を整える必要があります。そこで、図3-36のようなプリントパターンでプリント板を用意しました。プリントパターンはアースのランドを広く取って、VHFを扱うのに支障のないようにしてあります。

写真3-11は、組み立てを終わったプリント板の様子です。では、図3-37のようにしてTr_1とTr_2のバイアス調整をしておきましょう。

まず、(a)に示したようにTr_1のコレクタ電圧を測ってみます。このとき、コレクタ電圧が2.5〜3Vになっていればいいのですが、もし大きく狂っているようならR_B（330kΩ）を加減してみます。なお、Tr_1は自己バイアス回路を採用していますから直流的にも負帰還が掛かっており、トランジスタのh_{FE}がばらついていてもそんなに狂うことはありません。

つぎに、Tr_2のバイアス調整です。まず、仮に同調用の10pFの両端をショートして発振を止め、(b)に示したエミッタ抵抗（1kΩ）のところで電圧を測ってみてください。このとき2〜2.5VになっていればOKですが、2V以下になっている

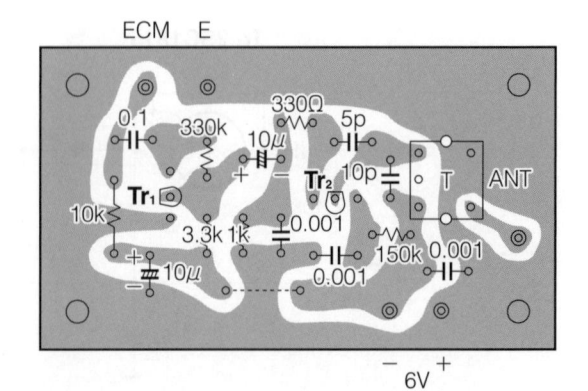

■図3-36 FMワイヤレスマイクのプリントパターン

写真3-11　組み立てを終わったFMワイヤレスマイク

(a) Tr_1 のバイアス調整

(b) Tr_2 のバイアス調整

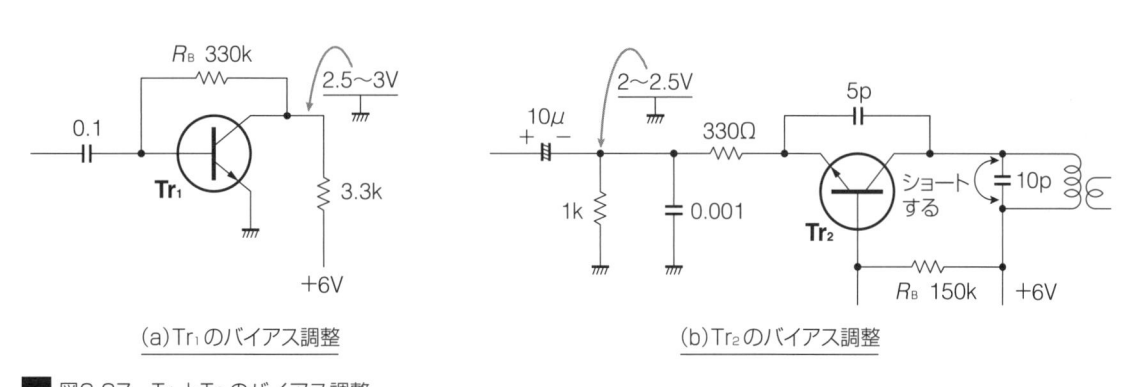

図3-37　Tr_1とTr_2のバイアス調整

ようでしたらR_B（150kΩ）を加減して2V以上になるようにします。これは、図3-35に示したf_Tを確保するためです。

Tr_2のバイアス調整が終わったら、エミッタ電圧を測りながら10pFのショートをはずしてみましょう。このとき、エミッタ電圧がわずかに変われば、発振していることになります。ちなみに、実験してみたFMワイヤレスマイクの場合には、発振停止時に2.2Vあったエミッタ電圧が、発振したら1.9Vに下がりました。

FMワイヤレスマイクの組み立てを終わったら、次ページの写真3-12のようにECM、電源（6V）、そしてアンテナとして50cmくらいのビニール線を付けて実際に働かせてみましょう。受信は、もちろんFMラジオで行います。

発振周波数を決めるコイルLに使ったFCZ-80は、10pFのコンデンサと組み合わせて80MHzに共振するように作られています。FCZ-80にはコアが入っているのでこれを回してみたら、コアを一杯入れたときに約76MHz、コアを出していったら90MHz近くまで周波数を変えることができました。

アンテナは50cmほどの長さですし、電波は微弱なのでそんなに遠くまで飛んではくれません。でも、FMラジオを近くに持っていくとハウリングを起こしていました。

どうやら、低周波増幅用の2SC1815で、VHFの

第3章 トランジスタ

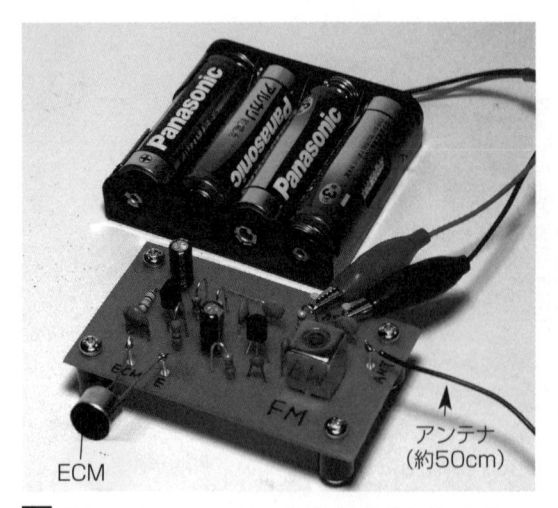

写真3-12 FMワイヤレスマイクを働かせてみる

FMワイヤレスマイクが作れたようです。

3-2-4 エミッタ接地回路を試してみる

図3-19に示したトランジスタ増幅器の三つの基本回路のうち、エミッタ接地回路は最もよく使われるものです。

エミッタ接地回路はバイアス回路によって、電流帰還バイアスを使ったもの、自己バイアス回路を使ったもの、あるいはその変形といったものがあります。

● 電流帰還バイアス回路の場合

図3-26で実用的な電流帰還バイアス回路を設計しましたが、トランジスタ増幅器で最もよく使われているのがこの方法です。そこで、図3-26をそのまま実行して、設計の結果を確かめてみることにします。

図3-38 (a) が試してみるエミッタ接地増幅回路で、これは図3-26そのままです。これを、平ラグ板の上に (b) のように組み立てて実験してみることにします。なお、実験に使ったトランジスタのh_{FE}は約200でした。

写真3-13は、図3-38 (b) に示した平ラグ板を使って実験をしているところです。電源端子に6Vを加えたら、トランジスタのエミッタ電圧E_Eを測ってみてください。きっと、ほぼ1Vになっているでしょう。ということは、エミッタ抵抗R_Eが1kΩですから$I_C ≒ I_E=1$mAということになり、バイアス回路は設計どおりに働いていることになります。

図3-38で作ったエミッタ接地増幅回路が図3-26の設計どおりに働いていることが確認できたら、つぎの実験に移りましょう。

まず最初の実験は、図3-38 (a) のエミッタ接地増幅回路の入力インピーダンスと出力インピーダンスの測定です。表3-3によれば、エミッタ接

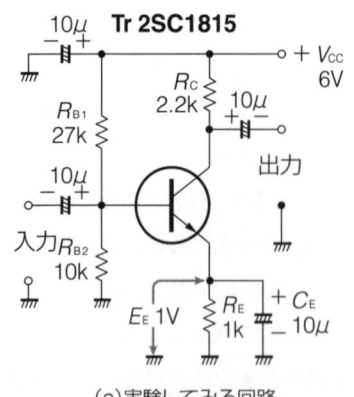

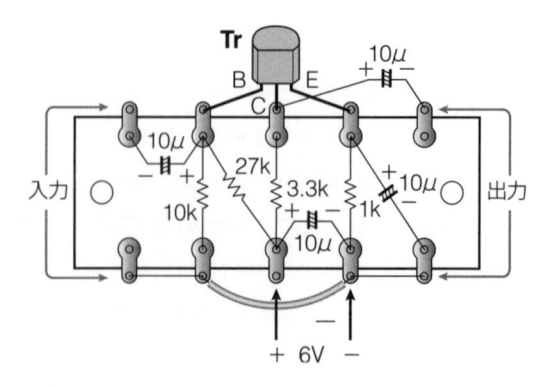

(a) 実験してみる回路   (b) 平ラグ板の上に組み立てる

図3-38 エミッタ接地増幅回路を電流帰還バイアス回路で試してみる

3-2 小信号用トランジスタ

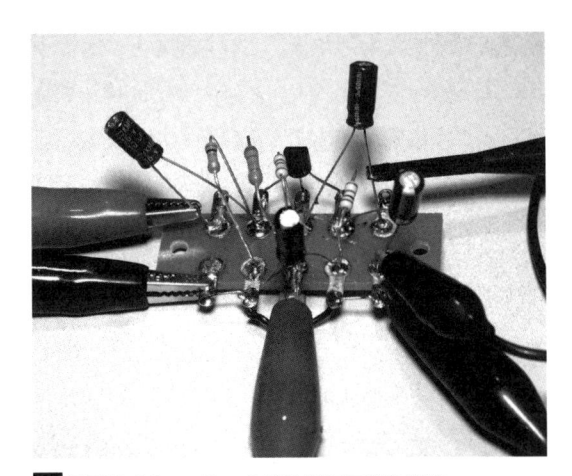

写真3-13 エミッタ接地増幅回路の実験

地回路の入力インピーダンスと出力インピーダンスは中くらいで数kΩとなっていますが、実際に測ってみたらどうなるでしょうか。

図3-39は、入力インピーダンスと出力インピーダンスを測る方法を示したものです。入力端子に10kΩの可変抵抗器（VR）とVTVM、それにAF-OSCをつないだら、VRの抵抗ををゼロにして入力インピーダンスを求める実験から始めましょう。

オシロスコープで出力波形がひずまないように気をつけながらATTを調整して入力を加え、VTVMでa点のe_iを測ります。実験では、e_iは0.01Vとしました。e_iが0.01VになったらVRを回し、a点のe_iが0.005Vになるようにします。うまくいったらVTVMをb点に移して電圧を測ってみてください。するとb点の電圧は、a点の電圧（0.005V）の約2倍の0.01Vになっていたでしょう。

そこで、VTVMでa点とb点の電圧を交互に測り、b点の電圧がa点の電圧の2倍になるようにVRを調整します。VRの調整が終わったら電源を切り、VRをいったん回路からはずして抵抗を測ります。実験の結果は約3.3kΩになりましたが、これが図3-39のエミッタ接地増幅回路の入力インピーダンスZ_iです。

入力インピーダンスを測り終わったらAF-OSCを入力端子に直接つなぎ替え、出力インピーダンスを測ってみましょう。

まず、まだVRをつながない状態で入力に0.01Vを加え、出力電圧e_oをVTVMで測ってみます。実験では、出力電圧e_oは0.64Vになりました。

そこで、図3-39のように出力端子にVRをつなぎ、出力電圧が0.64Vの半分の0.32VになるようにVRを加減します。うまくいったらVRを回路からはずし、その抵抗を測ってみましょう。実験の結果は約2.3kΩになりましたが、これがエミッタ接

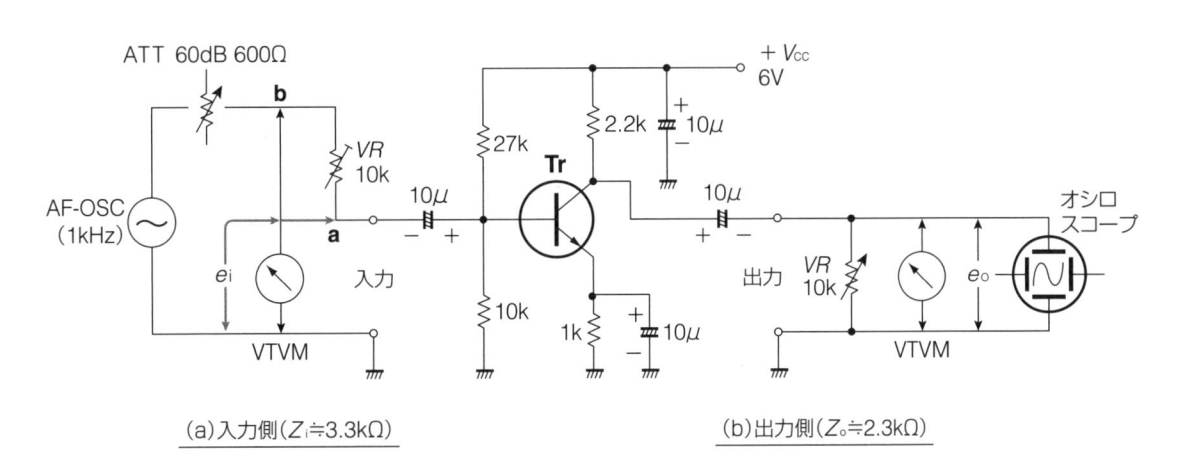

(a)入力側（$Z_i \fallingdotseq 3.3k\Omega$） (b)出力側（$Z_o \fallingdotseq 2.3k\Omega$）

図3-39 エミッタ接地増幅回路の入力と出力インピーダンスを測ってみる

地増幅回路の出力インピーダンスです。

以上の結果から、図3-38のエミッタ接地増幅回路の入力インピーダンスZ_iは約3.3kΩ、出力インピーダンスZ_oは約2.3kΩと求まりました。表3-3によるとエミッタ接地回路の入出力インピーダンスは中くらいで数kΩとなっていますが、そのとおりになっています。

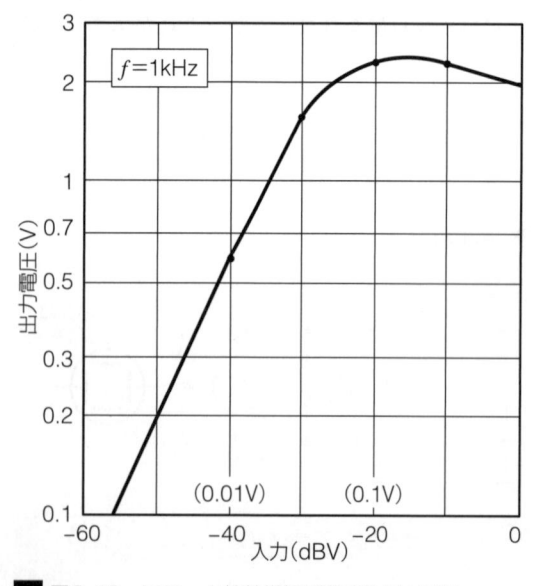

つぎに、図3-38のエミッタ接地増幅回路の入出力特性を調べてみましょう。実験は、図3-39のVRをはずし、VTVMを出力側に移して行いました。

図3-40がその結果で、オシロスコープで波形を観測していると入力が40dBV（0.01V）を超えるとわずかにひずみ始めるのがわかります。そこで、入力電圧e_iが0.01Vのときの出力電圧e_oを調べてみると0.6Vになっていますから、電圧ゲインG_eは、

$$G_e = \frac{e_o}{e_i} = \frac{0.6}{0.01} = 60 [倍]$$

となります。なお、60倍というのはデシベルに直すと約36dBです。

図3-41は、エミッタ接地増幅回路の周波数特性を調べてみたものです。これを見ると、エミッタに入っているバイパスコンデンサC_Eが周波数特性に大きく影響を与えているのがわかります。この結果を見ると、周波数特性を重視する場合にはエミッタに入れるバイパスコンデンサは100μFくらいにしたほうがよさそうです。

● 自己バイアス回路を試してみる

自己バイアス回路の設計例は図3-24で紹介しましたが、ここではそれを実際に作って働かせ、入出力インピーダンスやゲインなどを調べてみることにします。

なお、設計したときのバイアス抵抗R_Bは250kΩでしたが、許容差±10%のE12で実際に入手できるのは220kΩか270kΩです。ここでは、250kΩに近い270kΩで試してみることにします。

あらためて自己バイアス回路を使ったエミッタ接地増幅回路を書いてみると、図3-42のようになります。この回路を、図3-38（b）に示した平ラグ板を改造して組み立てます。

組み立てを終わったら、+V_{CC}に3Vを加え、自己バイアス回路が設計どおりに働いているかどうかを調べてみましょう。トランジスタのコレクタ電圧V_Cを測ってみたら1.4Vになっていましたが、図3-24で設計したのとほぼ同じ値になっていました。

では、図3-43のように準備して入力インピーダンスや出力インピーダンスを測ってみましょう。方法は図3-39のエミッタ接地増幅回路の場合と同様で、その結果は図3-43に示したように入力インピーダンスZ_iが約2.6kΩ、出力インピーダンスZ_oが約2.1kΩでした。これは、表3-3に示したエミッタ接地回路の特性がそのまま出ています。

つづいて、図3-42の増幅回路の入出力特性や周波数特性を調べてみましょう。

132ページの図3-44は自己バイアス回路による

■ 図3-40　エミッタ接地増幅回路の入出力特性

3-2 小信号用トランジスタ

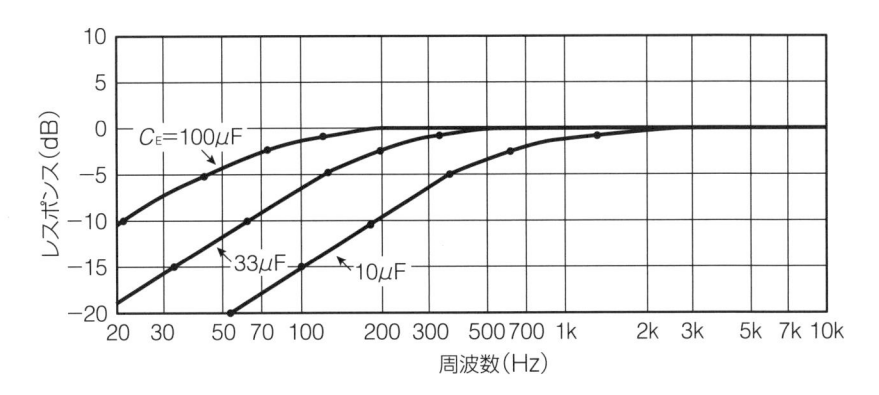

■図3-41 エミッタ接地増幅回路の周波数特性

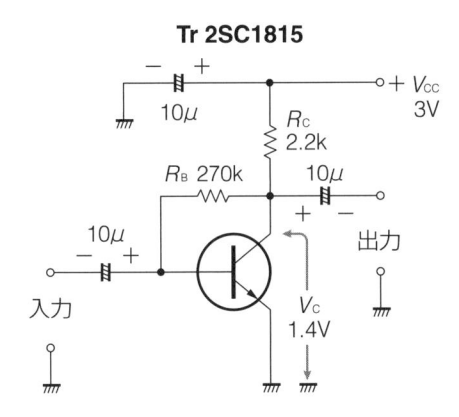

■図3-42 自己バイアス回路を試してみる

エミッタ接地増幅回路の入出力特性で、入力が-40dBV（$e_i=0.01$V）のときの出力電圧e_oは0.56Vでしたから、ゲインは56倍（約35dB）ということになります。周波数特性のほうは交流負帰還が掛かっていることもあり、20Hz〜20kHzにわたってほとんどフラットでした。

最後に、エミッタ接地回路の位相を調べておきましょう。写真3-14の上は入力波形、下は出力波形で、入力と出力で位相が反転しているのがわかるでしょう。この位相関係は、負帰還を掛けたり、発振回路を作るときに関係してきます。

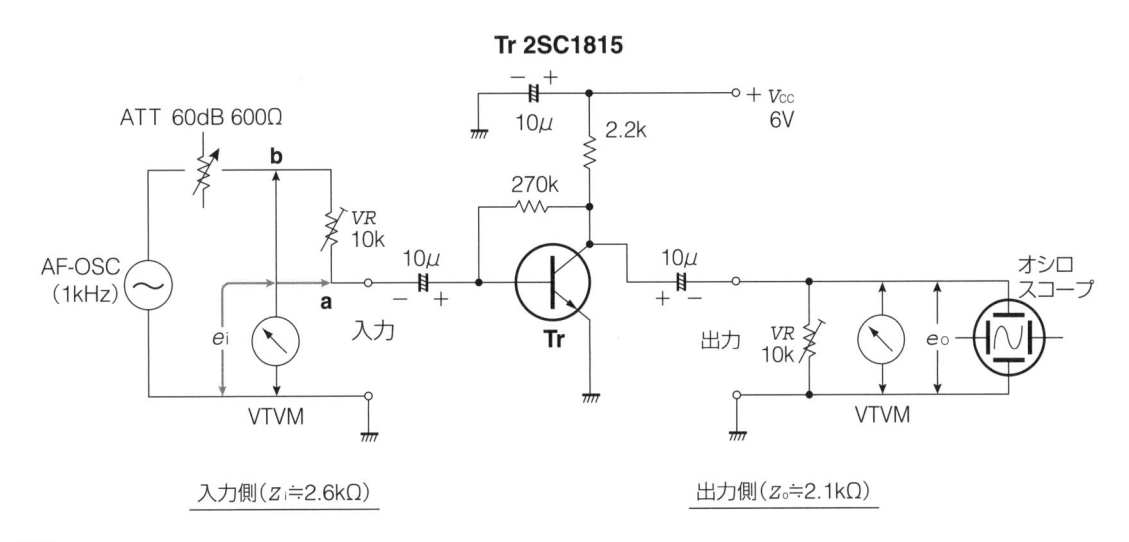

入力側（$z_i \fallingdotseq 2.6$kΩ）　　　出力側（$z_o \fallingdotseq 2.1$kΩ）

■図3-43 自己バイアス回路を使ったエミッタ接地回路を調べてみる

第3章　トランジスタ

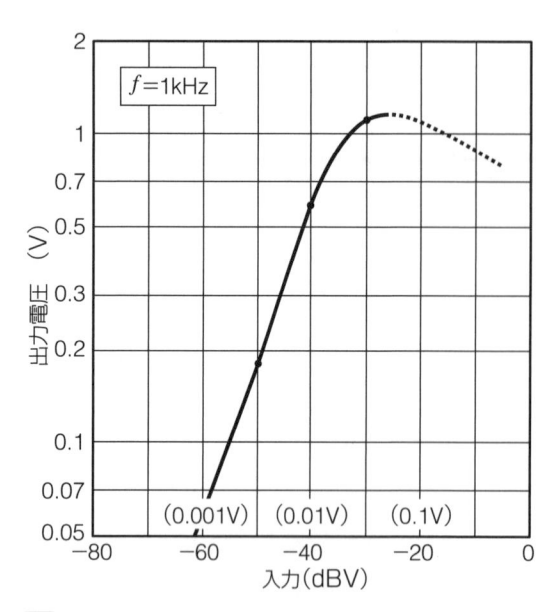

■ 図3-44　自己バイアス回路による
　　　　エミッタ接地回路の入出力特性

3-2-5　コレクタ接地回路を試してみる

　実際の半導体回路ではコレクタ接地回路が使われることはほとんどありませんが、実は隠れたところで活躍しています。
　コレクタ接地回路は表3-3でわかるように、入力インピーダンスが高く出力インピーダンスが低いのが特長で、その特長を生かしてインピーダンス変換などに使われます。では、コレクタ接地回路を実際に作って、その素性を確かめてみることにしましょう。

●コレクタ接地回路を試してみる

　では、図3-45のようなコレクタ接地回路を作ることにして、バイアス回路の設計から始めましょう。そのときの条件としては、トランジスタのh_{FE}を200、I_Cを1mA（0.001A）とします。
　まず、与えられた条件からベース電流I_Bを求めてみると、

$$I_B = \frac{0.001}{200} = 0.000005〔A〕= 0.005〔mA〕$$

です。つぎに、エミッタ電圧E_EはR_E=3.3kΩでI_C≒I_E=1mAですから3.3V、トランジスタのV_{BE}は0.6Vですからベース電圧E_Bは3.3+0.6=3.9Vになります。

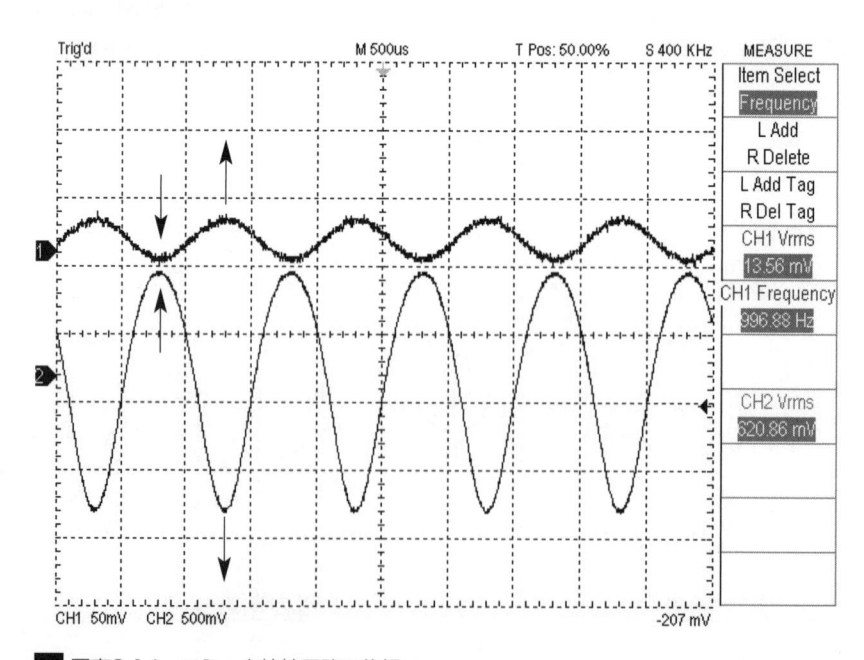

■ 写真3-14　エミッタ接地回路の位相

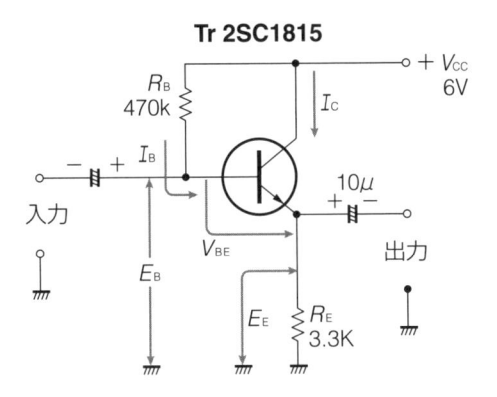

図3-45 コレクタ接地回路のバイアス設計

一方、バイアス抵抗R_Bに加わる電圧はV_{CC}からE_Bを引いたものなので$6-3.9=2.1V$になります。そこでR_Bを計算してみると、

$$R_B = \frac{2.1}{0.000005} \fallingdotseq 420000 [\Omega] = 420 [k\Omega]$$

になります。でも、E12には420kΩというのはないので、470kΩで試してみることにします。

バイアス回路の設計が終わったら、エミッタ接地回路の実験に使った図3-38(b)の平ラグ板を使ってコレクタ接地回路を作ってみましょう。でき上がったところでV_{CC}に+6Vを加え、エミッタ電圧E_Eを測ってみたら約3.1Vでした。これは、ほぼ設計どおりです。

では、エミッタ接地回路の入力インピーダンスと出力インピーダンスを調べてみましょう。表3-3によれば、コレクタ接地回路の入力インピーダンスは高く出力インピーダンスは低いとなっていますが、実際にはどうでしょうか。

図3-46のように準備し、図3-39で紹介したエミッタ接地回路の場合と同じようにしてみたら、入力インピーダンスZ_iは約194kΩ、出力インピーダンスは約67Ωとなりました。なお、コレクタ接地回路の場合には、VRは入力側は500kΩ、出力側は100Ωとしました。

これで入力インピーダンスと出力インピーダンスがわかりましたが、これらの結果は表3-3のコレクタ接地回路の特長によく一致します。

この実験の途中で気がついたかもしれませんが、コレクタ接地回路では電圧ゲインはほぼ1になります。VTVMで電圧を測ってみると、出力電圧は入力電圧にほぼ一致します。

●コンプリメンタリSEPP回路の実験

実は、コレクタ接地回路が半導体回路の中でとても重宝に使われているところがあります。それは、低周波電力増幅器です。

真空管時代には低周波電力増幅器といえば、イ

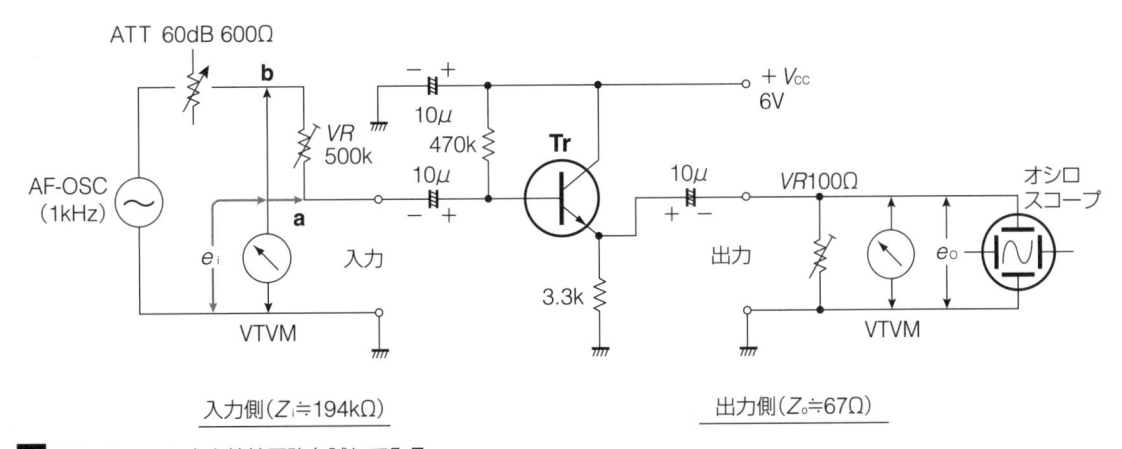

図3-46 コレクタ接地回路を試してみる

第3章　トランジスタ

ンピーダンス整合のための重たくて大きい出力トランスが付きものでした。この出力トランスのせいで、ハイファイアンプを作るのは困難でした。

　トランジスタ時代になって、この問題を一挙に解決してくれたのがSEPP（シングルエンデッドプッシュプル）回路で、これを現実に作れるようにしてくれたのがコンプリメンタリ（相補対称）です。SEPP回路は出力トランスを不用にしてくれましたし、コンプリメンタリ用のトランジスタが用意されるようになってSEPP回路はとても作りやすくなりました。

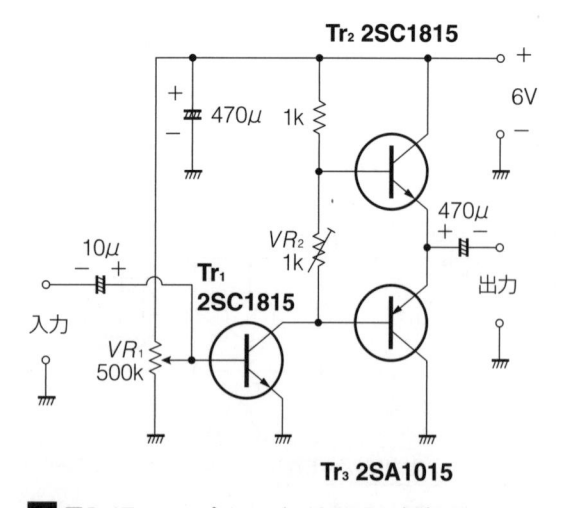

　図3-47が、これから実験してみるコンプリメンタリSEPPの実験回路です。Tr_2の2SC1815とTr_3の2SA1015がコンプリメンタリで、同時にSEPP回路になっています。

　では、図3-48でコンプリメンタリSEPP回路の動作を説明してみましょう。まず、（a）や（b）を見るとわかるように出力はトランジスタのエミッタから取り出していますから、これは共にコレクタ接地回路です。この回路の負荷はスピーカで、スピーカのインピーダンスは普通8Ωとか16Ωというように低いので、出力インピーダンスの低いコレクタ接地回路にはぴったりです。

　図3-48（a）はSEPP回路の入力に正の半サイクルが加わった場合で、この場合にはNPNトランジスタのTr_2だけが働きます。この場合、電源から出た電流は$Tr_2 \rightarrow C \rightarrow SP$と流れて電源に戻りますが、この途中でコンデンサ$C$を充電します。

　では、入力が負の半サイクルの場合はどうなるでしょうか。この場合には（b）に示したようにコンデンサCに充電しておいた電荷が流れ出し、$Tr_3 \rightarrow SP$と流れてコンデンサは放電します。

　SEPP回路では、図3-48の（a）と（b）を繰り返しながらスピーカを鳴らします。

　では、図3-47の実験回路に戻りましょう。まず、Tr_1はコンプリメンタリSEPP回路を動作させるためのドライバですが、実験回路ではVR_1によってコンプリメンタリのNPNとPNPトランジスタに均等に電圧を加える役目も兼ねています。このあたりのところは、実験のときに説明することにします。

　つぎに、VR_2はコンプリメンタリのNPNとPNPトランジスタのバイアスを調整するもので、実用的なコンプリメンタリSEPP回路を作る場合には温度補償用のダイオードを使ってバイアスを安定化しなければなりません。バイアスの安定化をおろそかにすると、大きな出力を出したときにトランジスタが熱暴走します。ここでは実験ということで、抵抗で我慢しました。

　なお、Tr_2とTr_3のB-E間のダイオードは2個が直列につながっていますから、バイアス電圧はダイオード1個の場合の0.6Vの2倍の約1.2Vで、これをVR_2の電圧降下で作り出します。

　では、図3-49のようなプリントパターンでプリント板を作り、コンプリメンタリSEPPの実験回路を組み立ててみましょう。なお、Tr_2とTr_3のトランジスタはコンプリメンタリとして動作させますから、3-2-1項で作ったh_{FE}チェッカーでh_{FE}の揃ったものを用意します。写真3-15に、組み立てを終わったコンプリメンタリSEPPアンプを

■ 図3-47　コンプリメンタリSEPPの実験回路

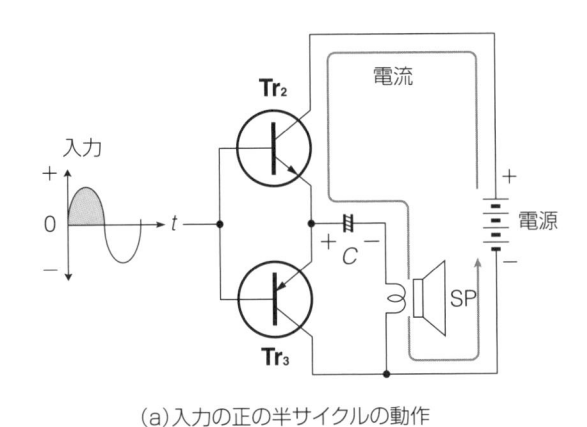

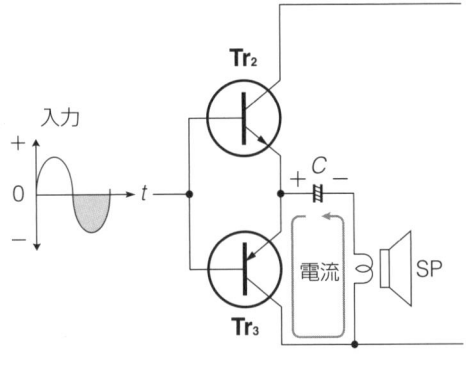

3-2 小信号用トランジスタ

(a) 入力の正の半サイクルの動作

(b) 入力の負の半サイクルの動作

■ 図3-48 コンプリメンタリSEPPの動作

示しておきます。

　ここで作ったコンプリメンタリSEPPアンプは、実験用なので実際に働かせるには事前の調整が必要です。では、その手順を次ページの図3-50で説明してみましょう。

　まず、電源を加える前にしなくてはならないのは、図3-49のように作った場合、

　・VR_1を反時計方向に一杯に回しておく
　・VR_2を時計方向に一杯に回しておく

の二つです。VR_1を反時計方向に一杯に回すということはc側にするということで、VR_2を時計方向に一杯に回すということは抵抗をゼロにするということです。VR_2がゼロということはTr_2とTr_3の

バイアスもゼロということになり、これらのトランジスタには電流は流れません。

　では、電源端子に6Vを加えて、つぎの調整に進みましょう。調整は、

　・g点の電圧が3VになるようにVR_1を調整する
　・I_Dが約5mAになるようにVR_2を調整する

のようになります。

　まず最初はg点の電圧を電源電圧の6Vの2分の1の3Vに調整する作業で、g点の電圧は調整前には6V近くありますがVR_1を調整して3Vにします。

　つぎは無信号時にTr_2とTr_3にあらかじめ流しておくアイドリング電流I_Dの調整で、アイドリング電流は少なすぎるとクリッピングひずみを生じま

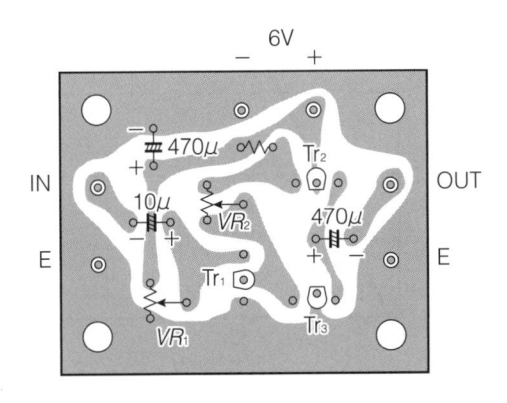

■ 図3-49 SEPP実験用のプリントパターン

■ 写真3-15 コンプリメンタリSEPPの実験用のプリント板

第3章　トランジスタ

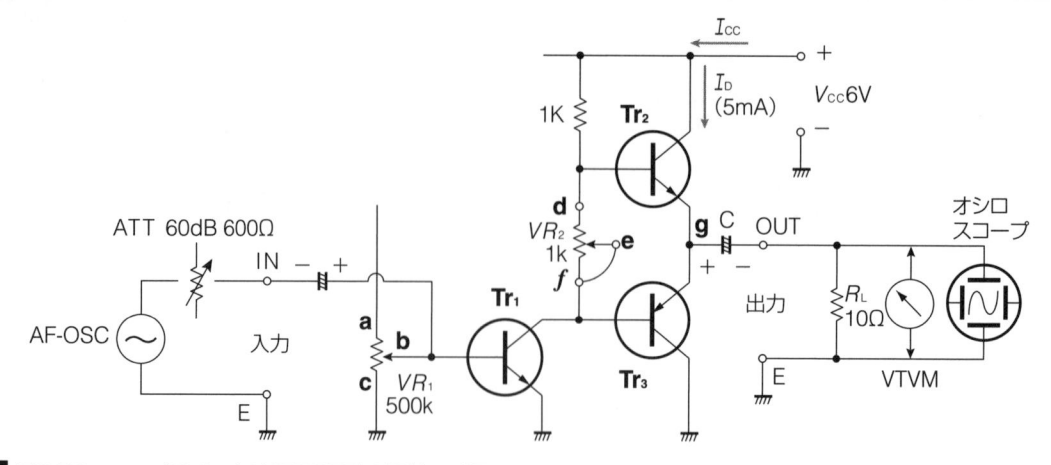

■ 図3-50　コンプリメンタリSEPP回路の調整の手順

　す。ここでは、約5mAとしてみました。

　なお、実際にはI_Dだけを測るのはやっかいなので、VR_2を調整する前に電源電流I_{CC}を測っておき、VR_2を回してこれに5mAが加わるようにするのが早道です。実験の結果では、$I_D=0$のときのI_{CC}は約2.3mAでしたから、VR_2を回してI_{CC}が約7.3mAになるようにしました。

　調整が終わったところで、負荷として10Ωの抵抗器を用意し、図3-50のようにつないでコンプリメンタリSEPPアンプの入出力特性や周波数特性を調べてみました。

　図3-51は入出力特性で、ひずみなく出力を取り出せる出力電力は25〜30mWといったところです。この程度の出力があれば、小型のスピーカは十分に鳴らすことができます。

　図3-51を見ると、入力電圧が0.01Vのときの出力電圧は約0.2Vになっています。これより、コンプリメンタリSEPPアンプの電圧利得G_eは、

$$G_e = \frac{0.2}{0.01} = 20 [倍]$$

となります。SEPPを構成しているコレクタ接地回路は表3-3に示したように電圧利得はありませんから、この電圧利得はTr_1のドライバ（エミッタ接地回路）のゲインです。

　図3-52は、コンプリメンタリSEPPアンプの周波数特性です。50Hz以下の低域の落ち込みは、図3-50に示した結合コンデンサCによるものです。高域については10kHzまでしか示してありませんが、100kHzまでフラットでした。

　実験が終わったところで、写真3-16のようにスピーカとラジオをつないで働かせてみましたが、うまく鳴ってくれました。

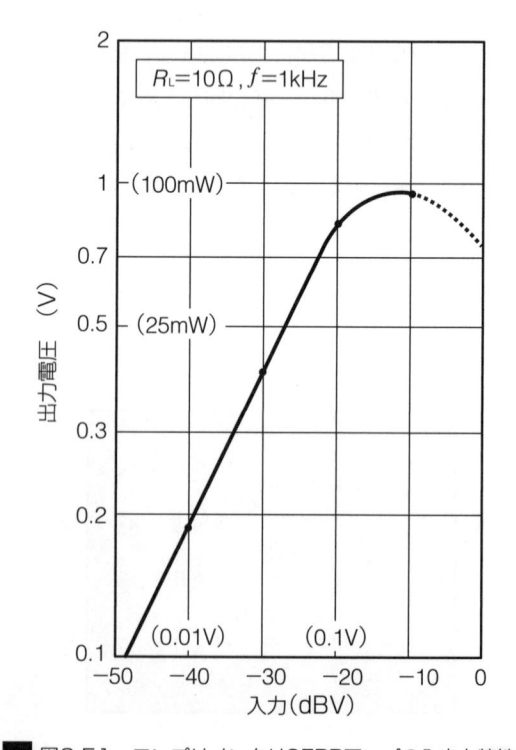

■ 図3-51　コンプリメンタリSEPPアンプの入出力特性

3-2 小信号用トランジスタ

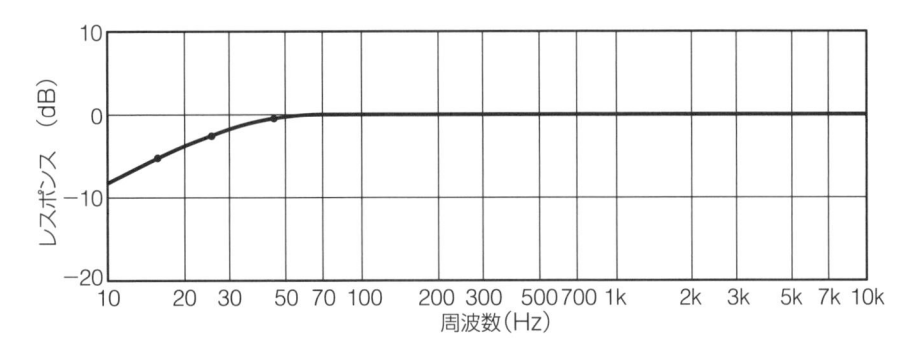

■ 図3-52 コンプリメンタリSEPPアンプの周波数特性

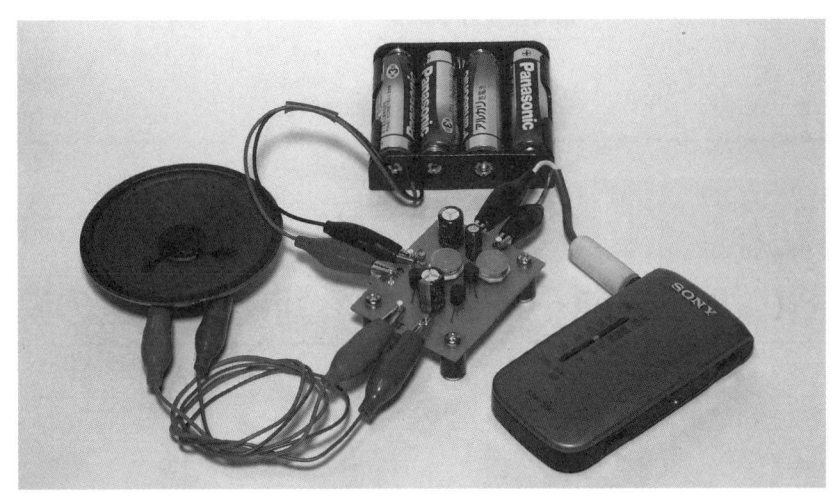

■ 写真3-16 コンプリメンタリSEPPアンプでラジオを鳴らしてみた

COLUMN

電圧や電流の単位のはなし

電圧の単位はV、電流の単位はA、抵抗の単位はΩで、これらは基本単位と呼ばれるものです。大きい値や小さい値を扱うときには、基本単位に補助単位を付けて表します。

まず、電圧の場合には大抵の場合、基本単位だけでOKですが、まれに1000分の1の補助単位であるmVが使われます。例えば5mVというのは、

$$5 (mV) = 0.005 (V) = 5 \times 10^{-3} (V)$$

となります。

電流は基本単位では大きすぎるのが普通で、1000分の1の補助単位であるmAや、100万分の1の補助単位であるμAが使われます。例えば2mAというのは、

$$2 (mA) = 0.002 (A) = 2 \times 10^{-6} (A)$$

となります。

抵抗は、基本単位のΩのほかに、1000倍の補助単位のkΩや100万倍の補助単位のMΩが使われます。例えば27kΩというのは、

$$27 (k\Omega) = 27000 (\Omega) = 22 \times 10^{3} (\Omega)$$

となります。

本書で使った測定器

本書の実験ではいろいろな測定器を使っています。測定器は高級なものがあるに越したことはありませんが、手元にあるものや安価に手に入るものでもあればいろいろと役に立ちます。では、本書で使った測定器を紹介してみましょう。

●信号発生器

信号発生器は、高周波についてはアンリツの周波数シンセサイザMG639B（〜1500MHz）とデリカの信号発生器JR-5（100kHz〜30MHz）、それに110dBのアッテネータを併用しました。

また、低周波についてはケンウッドのAG203D（10Hz〜1MHz）に600Ω、60dBのアッテネータを組み合わせて使っています。

●各種電圧計

高周波についてはTOAのRFミリバルPM-30Bを、また低周波についてはTRIOの電子電圧計（VTVM）VT-100A（〜1MHz）を使いました。

●周波数カウンタ

TAKEDAのDIGIPET（〜160MHz）とSOARのFC-882A（10Hz〜150MHz）を使いました。

●オシロスコープ　ケンウッドの2chオシロスコープCS-5175（〜100MHz）と、もう一つはJDSの2chポケオシUDS-5202を使い分けました。

●そのほか

基本的な測定器としてはテスタがありますが、アナログ表示のテスタとしてはYOKOGAWAの2412、それにデジタル表示のテスタとしてはSANWAのMD-200Cを使いました。

COLUMN

抵抗器のカラーコードと、E系列と許容差の関係

抵抗器には、カラーコード（色帯）で抵抗値とその許容差が下に示した表のように表示されています。このうち、第1色帯から第3色帯までが抵抗値を示すもので、第4色帯が抵抗値の許容差を示します。

抵抗器の抵抗値は、右に示すE6やE12、E24に示したような値のものが用意されています。今ではE6のものはなく、第4色帯が銀色のE12か金色のE24のものが普通です。

色	第1色帯 第1数字	第2色帯 第2数字	第3色帯 乗数	第4色帯 許容差
黒	0	0	10^0	—
茶	1	1	10^1	±1%
赤	2	2	10^2	±2%
橙	3	3	10^3	—
黄	4	4	10^4	—
緑	5	5	10^5	—
青	6	6	10^6	—
紫	7	7	10^7	—
灰	8	8	10^8	—
白	9	9	10^9	—
金	—	—	10^{-1}	±5%
銀	—	—	10^{-2}	±10%

名　称	E6	E12	E24
対応する許容差	±20%	±10%	±5%
標	1.0	1.0	1.0
	—	—	1.1
	—	1.2	1.2
	—	—	1.3
	1.5	1.5	1.5
	—	—	1.6
	—	1.8	1.8
	—	—	2.0
	2.2	2.2	2.2
	—	—	2.4
	—	2.7	2.7
	—	—	3.0
準	3.3	3.3	3.3
	—	—	3.6
	—	3.9	3.9
	—	—	4.3
	4.7	4.7	4.7
	—	—	5.1
	—	5.6	5.6
	—	—	6.2
数	6.8	6.8	6.8
	—	—	7.5
	—	8.2	8.2
	—	—	9.1
	10	10	10

3-3 電力用トランジスタ

3-3-1 電力用のポイントは放熱設計

トランジスタが登場した頃は、オーディオパワーアンプはディスクリートのトランジスタで作っていました。でも、性能がよくて便利なオーディオパワーアンプ用のICが登場してからは、トランジスタでオーディオパワーアンプを作ることはなくなっています。

現在、電力用トランジスタを使う機会が最も多いのは、定電圧電源の電流ブースト用としてです。定電圧電源ではもっぱら3端子レギュレータが使われますが、IC単体での出力電流を超えて電流を取り出す場合には、電流ブースト用のトランジスタが必要になります。

電流ブースト用のトランジスタなど、電力用トランジスタでは大きなコレクタ損失が発生しますが、それが図3-53に示したように熱になります。そこで、この熱を放熱しないとトランジスタは熱暴走を起こし、壊れてしまいます。

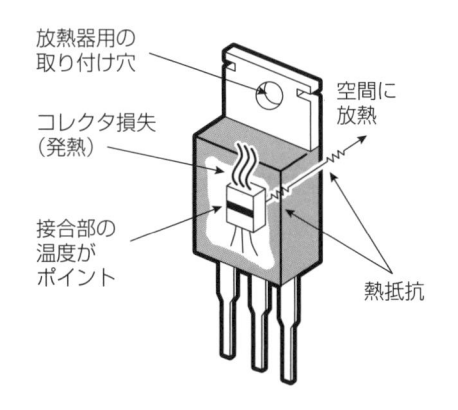

■ 図3-53 放熱のポイントは接合部の温度

図3-53に示したように、電力用トランジスタの放熱のポイントは接合部の温度です。では、実際の電力用トランジスタで、そのポイントを探ってみることにしましょう。

次ページの表3-4は、用途が低周波電力増幅用という電力用トランジスタ2SB1375のデータシートから最大定格と電気的特性のデータのいくつかを抜粋したものです。これを見ると、最大定格の項で接合（部）温度T_jは150℃となっています。150℃というとずいぶん高い温度に耐えるということですが、ここで注目しなければならないのが最大定格の条件になっているT_a=25℃です。

表3-4の中を見るとT_aとかT_cという文字が見えますが、T_aは周囲温度、T_cというのはトランジスタのケース温度のことです。表3-4に示されたT_j=150℃というのは、周囲温度が25℃の場合の最大定格ということです。

ついでに、最大定格のコレクタ損失のところを見ておきましょう。ここでいうコレクタ損失というのはコレクタ許容損失のことで、2SB1375の場合でいえば周囲温度が25℃（T_a=25℃）のときに許されるコレクタ損失の最大値は2Wです。

一方、ケース温度が25℃（T_c=25℃）というのがありますが、これはトランジスタに無限大放熱器を取り付けた場合のことです。この場合に許されるコレクタ損失の最大値は25Wとぐんと大きくなっています。なお、無限大放熱器というのは実際にはありませんから、2SB1375の許容コレクタ損失は2～25Wの間になります。

図3-53に戻って、放熱設計では熱の通る経路を電気と同じように抵抗に見立てて行います。放熱設計の場合の抵抗は熱抵抗と呼ばれ、電気の場

第3章　トランジスタ

● 最大定格（T_a=25℃）

項　　目	記　号	定格値
コレクタ・エミッタ間電圧	V_{CEO}	−60V
コレクタ電流	I_C	−3A
ベース電流	I_B	−0.5A
コレクタ損失　T_a=25℃	P_C	2.0W
コレクタ損失　T_C=25℃	P_C	25W
接合温度	T_j	150℃

● 電気的特性（T_a=25℃）

項　　目	記　号	測定条件	最小	標準	最大
直流電流増幅率	$h_{FE(1)}$	V_{CE}=−5V, I_C=−0.5A	100	−	320
直流電流増幅率	$h_{FE(2)}$	V_{CE}=−5V, I_C=−2A	15	−	−

■ 表3-4　電力用トランジスタ2SB1375の最大定格と電気的特性の抜粋

合と同じように熱抵抗が大きければ熱は通りにくく、熱抵抗が小さいほど熱は通りやすくなります。

● 放熱器なしで放熱できる限界

電力用トランジスタには、図3-53に示したように放熱器用の取り付け穴があいています。これを見てもわかるように、電力用トランジスタは放熱器に付けて使うのが普通ですが、場合によっては放熱器なしで使うこともあります。では、2SB1375を例にして放熱器なしで使える限界を探ってみることにしましょう。

図3-54は、2SB1375のデータシートに示されている特性図のうち、周囲温度と許容コレクタ損失（表3-4の最大定格に示されたコレクタ損失）の関係を示したものです。これを見ると、周囲温度T_aやケース温度T_Cが25℃を超えた場合の様子がわかります。

まず、周囲温度は実際には電子装置のケースの中の温度と考えるべきで、私たちの感じる気温よりずっと高くなるのが普通です。そこで、電子装置を設計する場合の周囲温度は50℃くらいに考えます。

そのような目で図3-54の（2）に示された放熱板なしの場合を見ると、T_a=25℃では2Wだった許容コレクタ損失が50℃では80％に減って1.6Wになっています。ということは、逆にいえば周囲温度が50℃までとすれば、実際に発生するコレクタ損失が1.6Wまでだったら放熱器なしで使えるということになります。

● トランジスタの放熱設計

2SB1375で、実際に発生するコレクタ損失が1.6Wを超える場合には、放熱器を取り付けて放熱しなければなりません。では、放熱設計の方法を説明してみましょう。

図3-55は、トランジスタで発生した熱を放熱器を使って空間に放熱するまでの経路を熱抵抗で

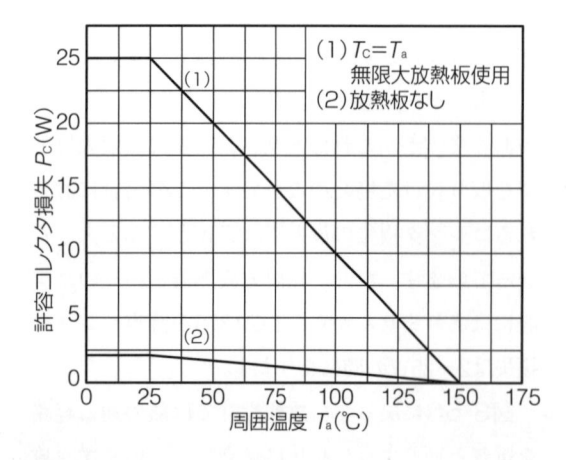

■ 図3-54　2SB1375のP_C-T_a特性

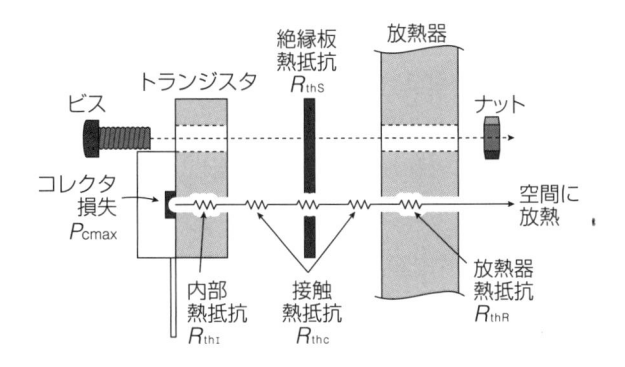

■ 図3-55 トランジスタで発生した熱が空間に放射されるまでの経路

示したものです。

　放熱設計をする場合には、まず放熱設計に必要なデータを用意します。放熱設計に必要なデータは、図3-55に示した、

・トランジスタで発生するコレクタ損失 P_cmax
・トランジスタの内部熱抵抗 R_thI
・絶縁板熱抵抗 R_thS
・接触熱抵抗 R_thC

の四つです。

　以上のデータが揃ったら放熱設計をしますが、そこで求めるのは、放熱器に要求される熱抵抗 R_thR です。この R_thR を求めるのが、実は放熱設計ということになります。

　では、放熱設計に必要な四つのデータについて説明してみましょう。

　まず、トランジスタで発生するコレクタ損失 P_cmax は表3-4の最大定格にあるコレクタ損失ではなく、トランジスタの中で実際に発生するコレクタ損失の最大値です。これは、トランジスタ回路を設計するときに求めておかねばなりません。

　つぎに、トランジスタの内部熱抵抗 R_thI はトランジスタに固有のもので、電気的特性の中に接合部とケース間の熱抵抗 $R_\text{th(j-c)}$ として示されている場合もあります。

　もし、表3-4の最大定格にあるようにコレクタ損失 P_C が $T_\text{a}=25℃$ と $T_\text{c}=25℃$ の両方で示されている場合には、R_thI は、

$$R_\text{thI} = \frac{T_\text{j} - 25}{P_{\text{C}(T_\text{c}=25℃)} - P_{\text{C}(T_\text{a}=25℃)}} \ (℃/W)$$

で求めることができます。試しに2SB1375の内部熱抵抗 R_thI を求めてみると、

$$R_\text{thI} = \frac{150-25}{25-2} = \frac{125}{23} ≒ 5.4 (℃/W)$$

となります。

　もしコレクタ損失 P_C が $T_\text{a}=25℃$ の場合しか示されていない場合には、特性図の中に図3-54のような $P_\text{C}-T_\text{a}$ 特性が示されていないか探してみましょう。そこに $T_\text{c}=25℃$ の場合のコレクタ損失が示されていれば、ここから $T_\text{c}=25℃$ の場合の P_c を得ます。

　電力用トランジスタの中でも大電力用のものの場合には、電気的特性の中に熱抵抗が示されていることもあります。その場合には、これが R_thI になります。

　トランジスタと放熱器の間に挟む絶縁板にはマイラやマイカのものがありますが、絶縁板熱抵抗 R_thS はマイラで2～2.5℃/W、マイカで1.5～2℃/Wといったところです。なお、トランジスタを直接放熱器に取り付けることができて絶縁板が不用な場合には、絶縁板熱抵抗 R_thS はゼロになります。

　最後に接触熱抵抗ですが、普通は接触熱抵抗を減らすためにシリコングリスを塗ります。シリコングリスを塗った場合の接触熱抵抗 R_thC は、だいたい0.5℃/Wといったところです。

　以上のデータが揃ったら、放熱設計をします。放熱器に要求される放熱器熱抵抗 R_thR は、

$$R_\text{thR} = \frac{T_\text{j} - T_\text{a}}{P_\text{cmax}} - R_\text{thI} - R_\text{thC} - R_\text{thS}$$

となります。ここで、第1項の T_j は表3-4の最大定格にあるもの、T_a は実際にその電子装置を働かせる環境で考えられる周囲温度（普通は50℃に選ばれる）、P_cmax は図3-55に示したトランジスタの中で実際に発生するものです。

第3章 トランジスタ

これで、トランジスタを放熱するのに必要な放熱器の熱抵抗R_{thR}が求まりました。市販の放熱器には熱抵抗のデータが付いていますから、設計で求めた値より熱抵抗の小さい放熱器を選ぶようにします。

3-3-2 電力用トランジスタの放熱実験

ナショナルセミコンダクタのリニアデータブックを見ると、100mAクラスの3端子レギュレータ78L05の応用回路の中に出力電流を500mAに増やす回路が示されています。そこで、図3-56のような回路で電力用トランジスタの放熱実験をしてみることにしましょう。

78L05は出力が5V/100mAの3端子レギュレータで、このままでは出力電流は100mAまでしか取り出せません。図3-56に示したTrは電流ブースト用のトランジスタで、これを付けることにより出力電流を500mAまで取り出せるようになります。

この場合、電流ブースト用のトランジスタでは大きなコレクタ損失が発生しますから、場合によっては放熱器による放熱が必要になるかもしれません。では、そのあたりから調べてみることにしましょう。

図3-57は回路が働く様子を示したもので、出力電流をゼロから次第に大きくしていくと最初は3端子レギュレータとトランジスタの両方から出力電流I_oが供給されますが、R_s（10Ω）の電圧降下E_sがトランジスタのV_{BE}（約0.6V）を超えるとトランジスタに流れる電流が急激に増え、最終的には図3-57に示したようにI_oはほとんどトランジスタから供給されるようになります。

では、図3-57で出力電流I_oを0.5A取り出したときにトランジスタで発生するコレクタ損失P_Cがどうなるかを調べてみましょう。

まず、この回路では入力電圧が10V、出力電圧が5Vですから入出力電圧差E_{I-o}は5Vで、これがトランジスタのコレクタ・エミッタ間に加わります。その結果、このときに発生するコレクタ損失は図3-57に示したように2.5Wになります。これが、P_{cmax}です。

そこで、表3-4に示したトランジスタ2SB1375の最大定格を見ると、$T_a=25$℃のときのP_cは2Wしかありませんから、放熱器が必要なことがわかります。

では、2SB1375で2.5Wを放熱するのに必要な放熱器を探すため、放熱設計をしてみることにしましょう。

まず、放熱設計に必要な熱抵抗のデータを用意してみると、トランジスタの内部熱抵抗R_{thI}は3-4-1項で求めたように5.4℃/W、絶縁板熱抵抗は2SB1375は絶縁板が不用な構造になっているので

■ 図3-56 放熱実験をしてみる回路

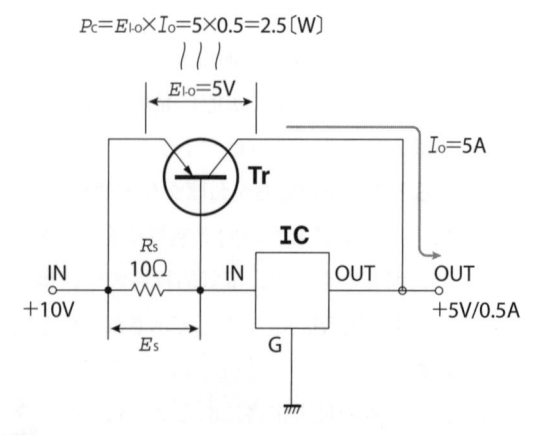

■ 図3-57 放熱設計のためのデータを揃える

ゼロ、接触熱抵抗はシリコングリスを塗ることにして0.5℃/Wとします。

それ以外に必要な値として、T_jは表3-4から150℃、周囲温度T_aは余裕をみて50℃とすると、放熱のために必要な放熱器の熱抵抗R_{thR}は、

$$R_{thR} = \frac{150-50}{2.5} - 5.4 - 0.5$$
$$= 40 - 5.4 - 0.5 = 34.1 \, (℃/W)$$

ということになります。これより、2SB1375には熱抵抗が34.1℃/Wより小さい放熱器を付ければいいということがわかります。

では、放熱器として水谷電機工業のPUE16-25（熱抵抗は17.30℃/W）を使うことにしてトランジスタの放熱実験をしてみることにしましょう。

図3-58は、図3-56の回路の実験のために用意したプリントパターンです。写真3-17に、組み立てを終わったプリント板を示しておきます。

プリント板ができたところで、写真3-18のようにつないで放熱実験をしてみました。負荷抵抗は10Ω/5Wのセメント抵抗器でもいいのですが、実際に試してみたら出力電流がうまい具合に0.5Aにならなかったので、250Ωの可変抵抗器を使っています。

これで、出力電流を取り出しながら30分ほど放

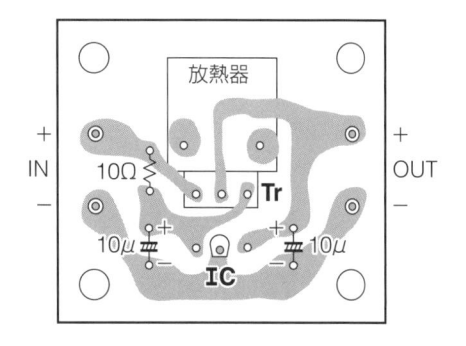

■ 図3-58　放熱実験用のプリントパターン

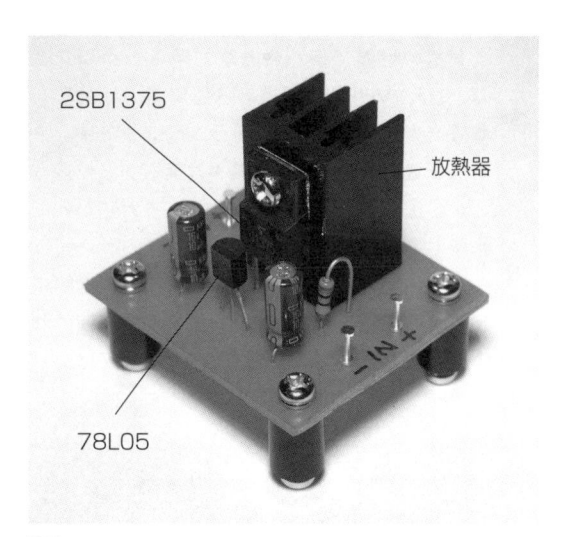

■ 写真3-17　組み立てを終わった実験用プリント板

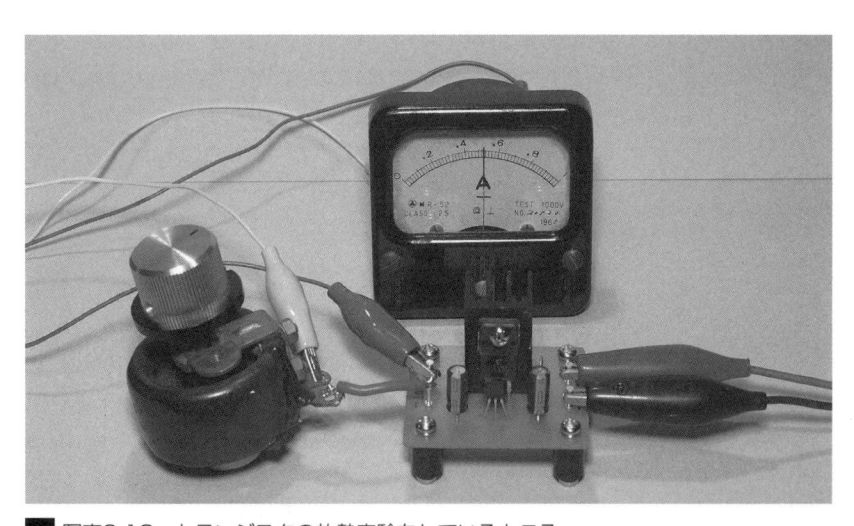

■ 写真3-18　トランジスタの放熱実験をしているところ

置してみました。その結果、放熱器は必要な熱抵抗に対して2倍ほどの余裕があるはずですが、放熱器にさわってみると思ったよりかなり熱くなっていました。放熱器が熱くなっているということは、トランジスタの内部で発生した熱が予定どおり放熱器に伝わっているということで、どうやら放熱設計はうまくいったようです。

なお、出力が5V/0.5Aの定電圧回路を実際に作る場合には、こんな面倒なことをしなくても出力電流が1Aの7805を使えばOKです。ここで試したのは、放熱実験をするためだということを理解しておいてください。

COLUMN
高周波高出力トランジスタ

無線の世界で使われる電力用トランジスタは、HFやVHF/UHF帯の送信用電力増幅器を作るための高周波高出力トランジスタです。

高周波高出力トランジスタは実装方法が違うため、図3-4に示したようにちょっと変わった形をしています。

高周波用の電力増幅器では、FM波の増幅に使われるC級アンプと、SSB波の増幅に使われるAB級アンプがあります。AB級アンプは、リニアアンプとも呼ばれます。

図Aはアマチュア無線の21MHz帯用のリニアアンプの一例で、入力に5〜6Wを加えると25Wの出力が得られるものです。使用しているトランジスタは高周波高出力用の2SC2099で、2℃/W程度の放熱器を付ける必要があります。

トランジスタでリニアアンプを作る場合には、バイアスの加え方に注意しなければなりません。図Aでは、3端子レギュレータの78L05を通してバイアスを加えています。ダイオードDはバイアスの温度補償用で、このダイオードはトランジスタに熱結合します。

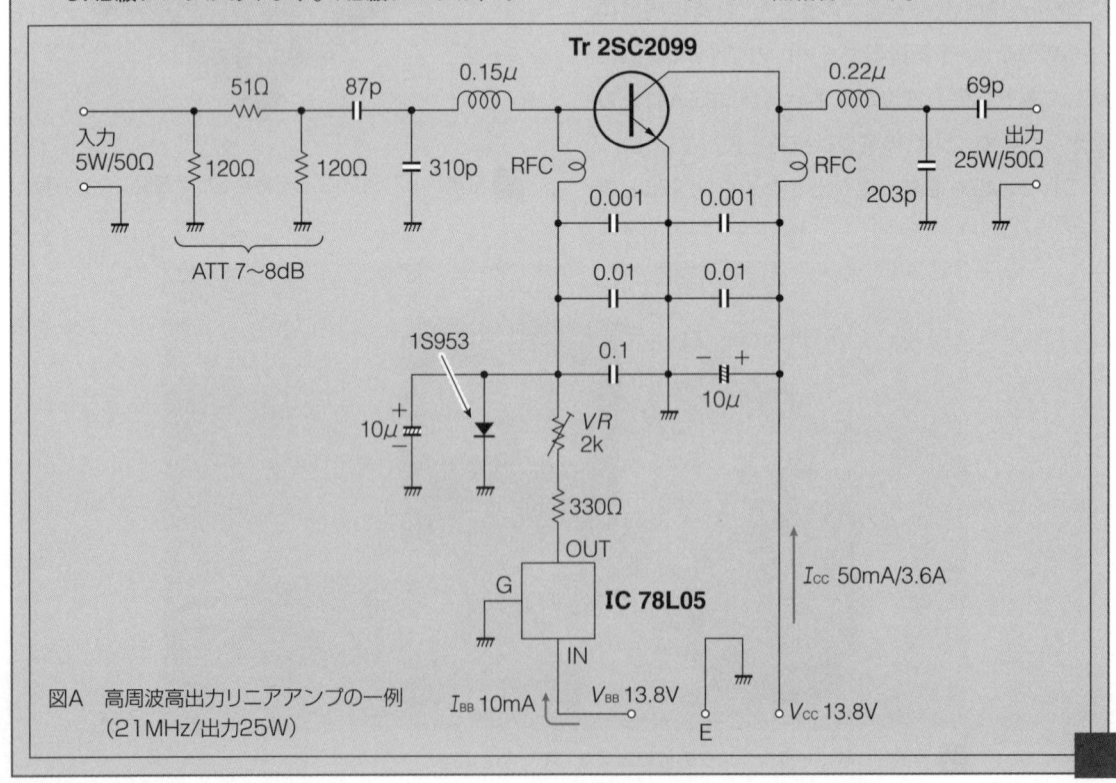

図A 高周波高出力リニアアンプの一例
　　（21MHz/出力25W）

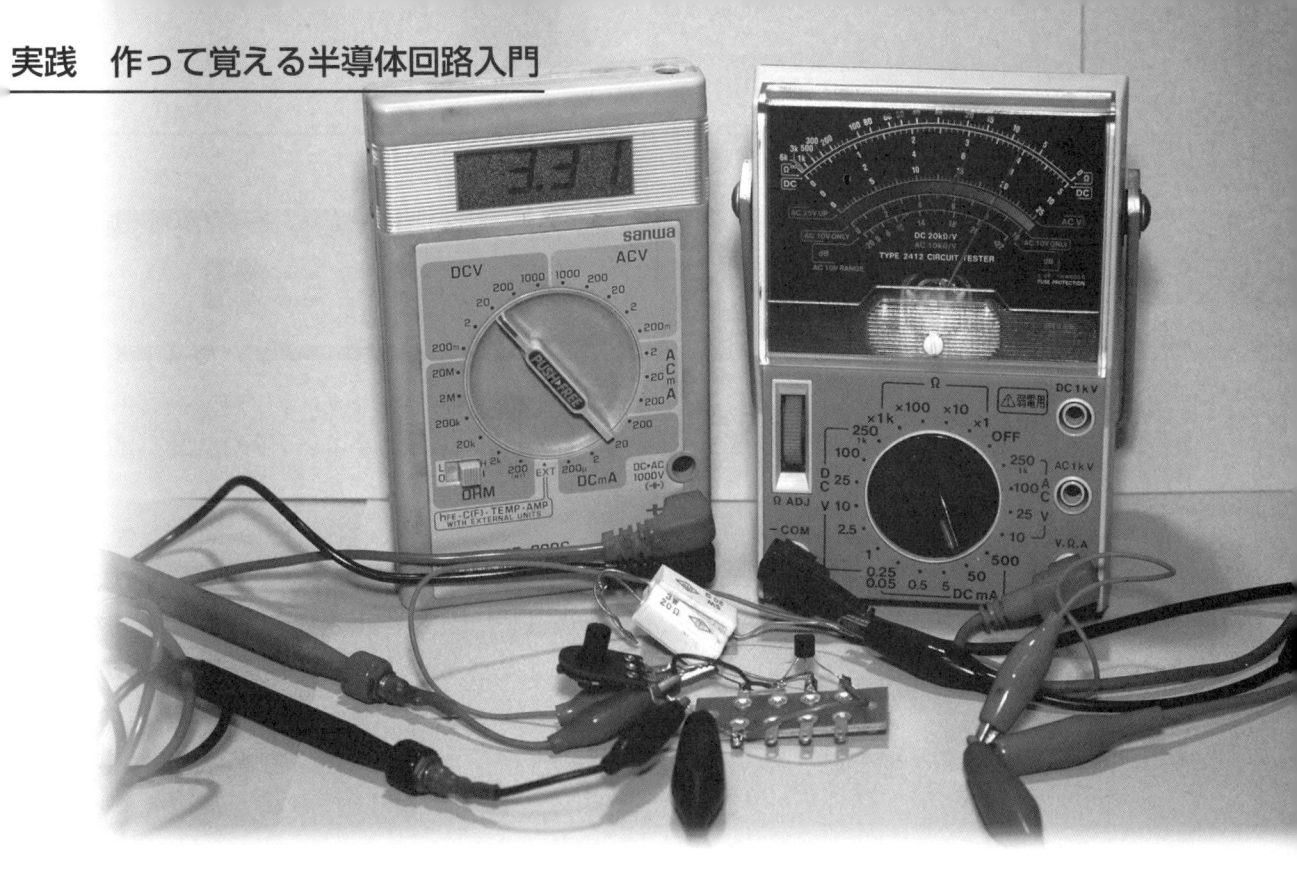

実践　作って覚える半導体回路入門

第4章　FET（電界効果トランジスタ）

第4章 FET（電界効果トランジスタ）

4-1

FETの基本

4-1-1 FETの種類と構造

　FET（Field Effect Transistor）は電界効果トランジスタと呼ばれ、トランジスタの一種です。でも、電界効果トランジスタと呼ばれることはほとんどなく、普通はもっぱらFETと呼ばれています。

●FETとトランジスタの違い

　トランジスタを使い慣れている場合、FETをトランジスタと対比してみるとわかりやすくなります。では、表4-1でFETとトランジスタを比べてみることにしましょう。
　FETはトランジスタと同じ3本足ですが、その性質や構造、増幅の原理などは違っています。
　まず、項目のところを見ると、トランジスタは一種類しかありませんでしたが、FETには接合型FET（J-FET）とMOS型FET（MOS FET）の二種類があります。
　トランジスタとFETの違いを見る場合、わかりやすいのは接合部の数です。この接合部の数はトランジスタは二つというのはわかりますが、FET

の場合の接合部の数はトランジスタのベース・エミッタ間に相当するゲート・ソース間についてのことです。
　電流の運び手については、トランジスタは電子と正孔の両方で働くバイポーラトランジスタでしたが、FETでは図4-1に示したように電流の通路（チャネルという）には電子か正孔のどちらかしかなく、そこでユニポーラトランジスタと呼ばれます。FETのチャネルは、（a）の正孔だけのほうはPチャネル、（b）の電子だけのほうはNチャネルと呼ばれます。
　図4-2はFETとトランジスタの入力回路と出力回路を比べてみたもので、FETの出力回路はトランジスタとほとんど同じですが、入力回路はFETとトランジスタではまったく違っています。
　第3章で紹介したトランジスタは電流入力で働く電流駆動素子でしたが、FETは電圧入力で働く電圧駆動素子です。電圧駆動素子という点では、FETは真空管と同じです。
　では、FETの電圧駆動素子とトランジスタの電流駆動素子では、具体的にどのような違いがあるのでしょうか。それが、つぎの入力抵抗に表れています。

項　目	トランジスタ	FET（電界効果トランジスタ）	
		J-FET	MOS FET
接合部の数	2	1	0
電気の運び手	電子と正孔	電子または正孔	
駆動入力	電流入力	電圧入力	
入力抵抗	低い	高い	
帰還容量	多い	少ない	
直線性	よくない	よい	
ゲイン	大きい	小さい	
熱暴走	ある	ない	

■表4-1　FETをトランジスタと比べてみる

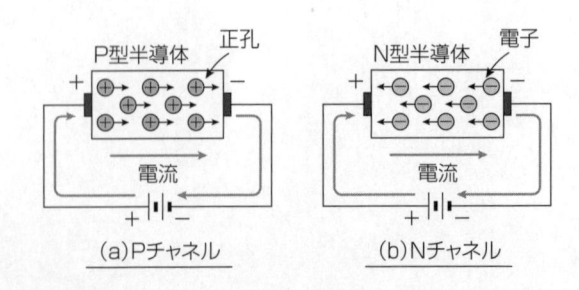

■図4-1　FETはユニポーラトランジスタ

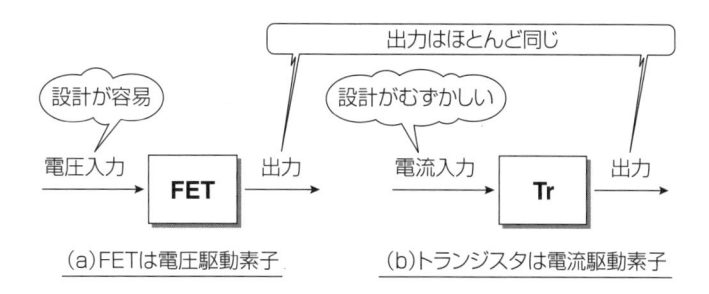

図4-2　FETは電圧駆動素子

電流駆動素子であるトランジスタは入力インピーダンスが低いので、入力回路の設計をきちんとしないとうまく働いてくれません。その点、電圧駆動素子であるFETは入力インピーダンスが高いので、入力回路の設計は容易です。

また、トランジスタの場合には駆動するのに電圧と電流を必要とする、すなわち電力が必要ですが、FETの場合には電圧だけでいいので駆動のための電力はほとんどいりません。

帰還容量の多い少ないは高周波増幅をするときに関係し、少ないほど高周波増幅に向いています。同じような用途を持った高周波増幅用のトランジスタとFETの帰還容量を比べてみると、FETのほうが一桁くらい少なくなっています。そのようなわけで、高周波増幅ではFETのほうがよく使われます。

そのほか、FETはトランジスタに比べると入出力の直線性がいいといったこともありますが、その反面、FETのゲインはトランジスタにはかないません。

このようにFETとトランジスタでは違いがあるのですが、実際にはそれぞれの特長を生かして使い分けられています。特に、高周波やマイクロ波などの分野ではFETのメリットが大きくなっています。

トランジスタではコレクタ損失が増えてくると発熱し、最後には熱暴走を起こしますが、FETではこの現象はありません。これは大電力を扱う場合に重要で、FETが低周波や高周波の電力増幅用、あるいはスイッチング電源によく使われているのは、熱暴走がないことも大きな理由になっています。

●PN接合を一つ持っているJ-FET

J-FETのJはJunction（接合）の意味で、接合型電界効果トランジスタのことです。

図4-3はJ-FETの原理図で、チャネルというのは電流の通路のことです。J-FETではチャネルとゲートの間がPN接合になっており、そこで接合型

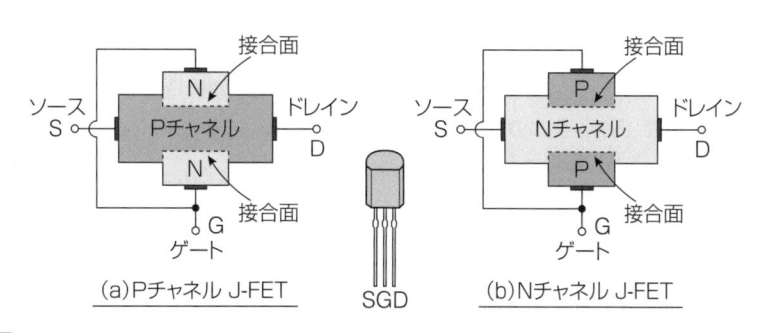

図4-3　J-FETの原理図と三つの端子

と呼ばれます。

　J-FETはソース（S）、ゲート（G）、ドレイン（D）の三つの電極を持っており、トランジスタに対比させるとソースがエミッタ、ゲートがベース、そしてドレインがコレクタに相当します。

　それぞれの電極は、ソースというのは電子や正孔の供給源、ドレインはソースから供給された電子や正孔が流れ出すところです。そして、ゲートはソースとドレインの中間にあって、チャネルの中を流れる電子や正孔をコントロールします。

　トランジスタの場合にはPNP型とNPN型がありましたが、J-FETには図4-3（a）のようにチャネルにP型半導体を使ったPチャネルJ-FETと、(b)のようにチャネルにN型半導体を使ったNチャネルJ-FETの二種類があります。

　図4-3はJ-FETの構造をトランジスタの場合に対比させて描いたものですが、実際の構造は図4-4のようになっています。これはNチャネルJ-FETの場合ですが、ゲートのほかにサブストレートゲート（Gs）があります。サブストレートゲートは外部に引き出されて4本足になることもありますが、普通は内部でソースにつながれています。

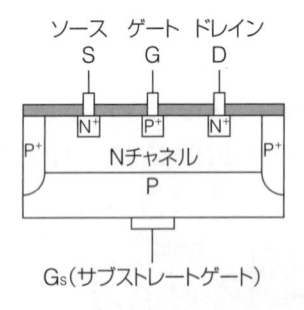

■ 図4-4　J-FETの実際の構造（Nチャネルの例）

● MOS FETのMOSって何だろう

　図4-5は、MOS FETの原理図です。MOS FETの場合にもソース、ゲート、ドレインの三つの電極を持っており、その働きはJ-FETの場合と

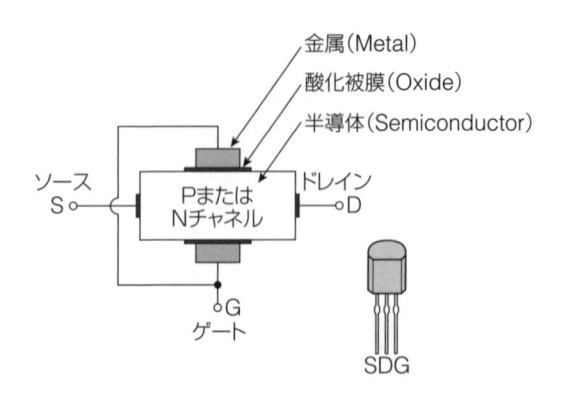

■ 図4-5　MOS FETの原理図と三つの端子

同じです。また、図4-5では一つにまとめてありますが、チャネルによってPチャネルMOS FETとNチャネルMOS FETがあります。

　構造は図4-3のJ-FETに似ていますが、図4-5で見る限りではMOS FETには接合部はどこにもありません。接合部の代わりにあるのは、MOS構造です。

　MOS（モス）というのはMetal Oxide Semiconductorのことで、図4-5のように金属と酸化皮膜（SiO_2）、そして半導体を積み重ねた構造のことです。酸化皮膜はJ-FETのPN接合の役目をするもので、とても薄いものです。

　MOS FETには、ゲートが一つのシングルゲートMOS FETと、ゲートを二つ持ったデュアルゲートMOS FETの二種類があります。前者は3本足ですが、後者のデュアルゲートMOS FETは4本足になります。

　図4-6は、シングルゲートとデュアルゲートMOS FETの構造を示したものです。サブストレートゲートについては、J-FETの場合と同様に内部でソースにつながれています。

　MOS FETはゲートの酸化皮膜がとても薄いので、静電気で壊れる恐れがあります。そこで、半導体部品店でMOS FETを購入するとアルミホイルにくるんでくれたり、静電気防止処理の施され

4-1 FETの基本

```
        ソース ゲート ドレイン                  ソース    ゲート    ドレイン
          S    G    D    酸化被膜              S    G₁    G₂    D   酸化被膜
                         (SiO₂)                                    (SiO₂)
         N⁺   N   N⁺                        N⁺   N    N    N⁺
                                                         
               P                                         P

                   チャネル              チャネル                       チャネル
       Gs(サブストレートゲート)                  Gs(サブストレートゲート)

       (a)シングルゲート MOS FET              (b)デュアルゲート MOS FET
```

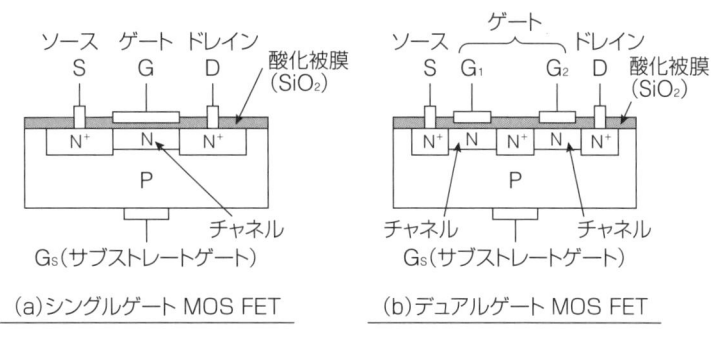

■ 図4-6 MOS FETの実際の構造（Nチャネルの例）

た青色のビニール袋に入れてくれます。そのようなわけで、MOS FETをいじるときには静電気に注意しなければなりません。

4-1-2 FETの動作原理

J-FETとMOS FETは電流の通路であるチャネルはどちらも同じですが、構造が違うことから動作原理にも違いがあります。

●J-FETの増幅の仕組み

図4-7は、NチャネルJ-FETの場合の増幅する仕組みを示したものです。

J-FETのソースとドレインはトランジスタのエミッタとコレクタに相当しますが、これらの電極への電圧の加え方でいえば、NチャネルJ-FETは NPNトランジスタに相当しますし、PチャネルJ-FETはPNPトランジスタに相当します。

J-FETのゲートとトランジスタのベースは共にPN接合になっていますが、大きく違うのは、トランジスタがベース・エミッタ間のPN接合に順電圧を加えるのに対して、J-FETでは図4-7のV_Gのようにゲート・ソース間に逆電圧を加えるということです。

トランジスタの場合にはベース・エミッタ間のPN接合に順電圧を加えますからベース電流が流れましたが、J-FETではゲート・ソース間のPN接合に逆電圧を加えますからゲートには電流は流れません。実は、これがトランジスタが電流駆動型で、J-FETが電圧駆動型だといわれる理由です。

では、J-FETでゲート・ソース間のPN接合に逆電圧を加えたときにチャネルの中でどのようなことが起こっているのかを調べてみましょう。図4-7はその様子を示したもので、逆電圧を加えたためにPN接合のあたりの正孔や電子がなくなり、空乏層ができています。

J-FETでは、ゲートに加えるゲート電圧V_Gによって接合面にできる空乏層の幅が変化します。するとチャネルの電子の通り道の幅が変化し、電子が通りやすくなったり通りにくくなったりします。

その結果、ゲート電圧V_Gによってドレイン電流I_Dが変化します。これはゲート電圧でドレイン電

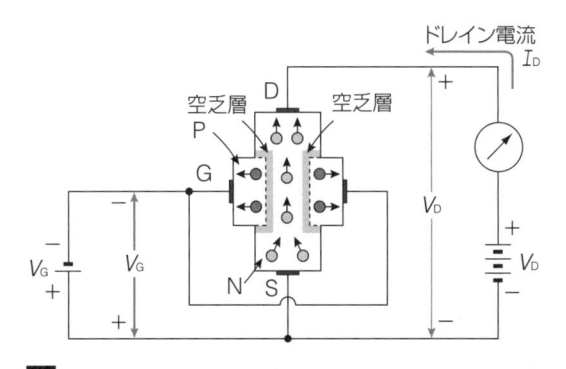

■ 図4-7 J-FETが増幅する仕組み（NチャネルJ-FET）

流がコントロールされたわけで、これがJ-FETの増幅の仕組みです。

●MOS FETの増幅の仕組み

MOS FETの構造は図4-6のようになっており、ドレイン・ソース間に流れる正孔や電子をゲートで制御することには違いないのですが、実際のチャネルの様子はJ-FETのときほど簡単ではありません。

MOS FETの場合にはこのあとで説明する動作モードがあり、動作モードによってチャネルの様子が違ってきます。では、その中でもわかりやすいEモードを例にして、図4-6（a）のシングルゲートMOS FETが増幅する仕組みを探ってみることにしましょう。

まず、図4-8（a）のようにゲートはオープンにするかソースにつなぎ、ソース・ドレイン間に電圧V_Dを加えてみます。

この場合、MOS FETのソース・ドレイン間はNPNになっており、図4-6（a）のチャネルは存在せずドレイン電流I_Dは流れません。

では、図4-8（b）のようにゲート・ソース間にゲート電圧V_Gとしてプラスの電圧を加えてみましょう。するとゲートの近くにあるP型半導体の正孔はゲートに加えられたプラスに押されて離れ、ドレインやソースのN型半導体の電子はゲートのプラスに引き付けられます。

その結果、図4-8（b）のようにドレインとソースの間に電流の通路としてNチャネルができ上がり、ドレイン電流I_Dが流れるようになります。

MOS FETでは、ゲート電圧V_Gを変化させるとチャネルの幅が変わり、それにつれてドレイン電流I_Dが変化します。これはゲート電圧でドレイン電流がコントロールされたわけで、これがMOS FETの増幅の仕組みです。

●FETの三つの動作モード

FETでは、ゲート電圧V_Gとドレイン電流I_Dの関係により、三つの動作モードがあります。図4-9はその様子を示したもので、（a）がデプレッションモード（Dモード）、（b）がエンハンスモード（Eモード）、（c）がデプレッション+エンハンスモード（D+Eモード）です。

まず、J-FETではゲートには逆電圧しか加えませんから、すべて（a）のDモードです。EモードやD+Eモードはありません。

つぎに、MOS FETではゲートにはプラスからマイナスまでどのような電圧も加えられますから、（a）〜（c）のどのモードも可能です。ちなみに、図4-8に示したMOS FETは$V_G=0$のときにはI_Dは流れず、V_GをプラスにしたときだけチャネルができてI_Dが流れます。これは、図4-9（b）のEモー

(a) I_Dは流れない

(b) I_Dが流れるようになる

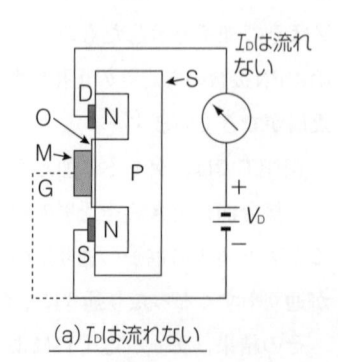

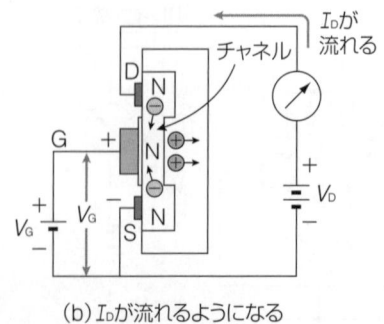

■図4-8 MOS FETでチャネルができる様子（Nチャネルの場合）

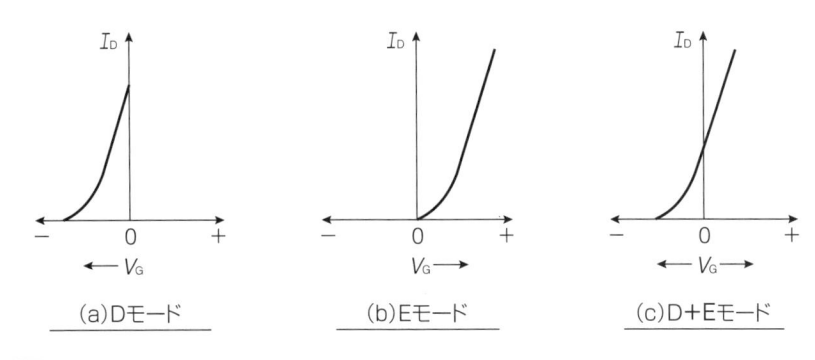

(a)Dモード　　　　　　(b)Eモード　　　　　　(c)D+Eモード

■ 図4-9　FETの三つの動作モード（Nチャネル）

ドです。

MOS FETでも最初から図4-6のようにチャネルを作っておけば、図4-9（a）のDモードや（c）のD+Eモードが作れます。

市販のFET規格表には、モードのところにD、E、DEのように表示されています。構造のところに示されているJ（J-FET）とMOS（MOS FET）の表示を合わせて見ると、J-FETはすべてDモードになっているのがわかるでしょう。

MOS FETのほうはD、E、D+Eのどのモードもあります。でも、FET規格表を仔細に見ると、小信号用FETでは大部分がDモードになっていますし、電力用FETでは低周波や高周波電力増幅用ではDモード、電源用やモータ制御用などはEモードになっています。D+Eモードは、ほんのわずかです。

ついでに、FET規格表のコンプリメンタリのところを見ると、FETでもコンプリメンタリが用意されていることがわかります。

4-1-3　FETの型名、記号、外形

FETは3本足のほかに4本足のものもありますが、大部分は3本足で、外から見ただけではトランジスタと見分けがつきません。

では、FETであることをきちんと理解できる型名や記号、それに外形について説明してみることにしましょう。

●FETの型名には意味がある

FETの型名にも、トランジスタの場合と同じようにJEITAに登録されたときに付けられたものと、メーカーが独自につけたハウスナンバがあります。これらのうちで、私たちが普通に手にできるのはJEITAに登録されている、型名が2Sや3Sで始まるFETです。

FETの場合、少々の例外はありますが、シングルゲートFETは3本足で型名は2Sで始まり、またデュアルゲートFETは4本足で型名は3Sで始まっています。また、FETの場合にはチャネルの種類によってPチャネルの2SJ～と3SJ～、Nチャネルの2SK～と3SK～にわけられます。

では、2SK117-GRという型名を例にして、次ページの図4-10でFETの型名の付け方について説明してみましょう。トランジスタに比べると、FETの型名は単純です。

まず、第1項はシングルゲートPチャネル（2SJ～）とシングルゲートNチャネル（2SK～）、それにデュアルゲートNチャネル（3SK～）の三つになります。なお、理論的にはデュアルゲートPチャネルの3SJ～もあるはずですが、FET規格表を見るとわかるように実際には存在しません。

第4章 FET（電界効果トランジスタ）

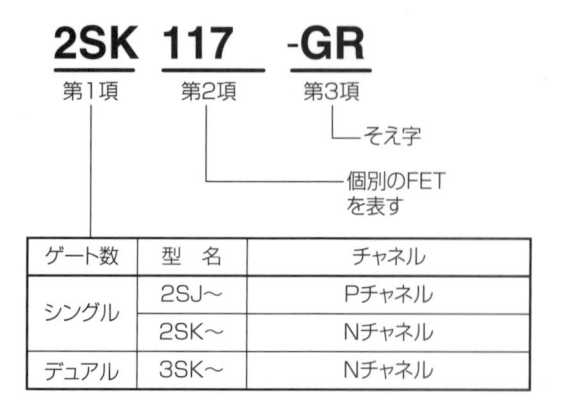

```
2SK  117  -GR
第1項 第2項 第3項
           └ そえ字
        └ 個別のFETを表す
```

ゲート数	型名	チャネル
シングル	2SJ～	Pチャネル
	2SK～	Nチャネル
デュアル	3SK～	Nチャネル

■ 図4-10 FETの型名の意味

なお、トランジスタでもNPNタイプの2SC～のものが多かったのですが、FETでもNチャネルの2SK～のものが圧倒的に多くなっています。

つぎの第2項はトランジスタと同様に、JEITAに登録されたときに11から順番に付けられた連番です。これで、2SK117というFETが確定します。写真4-1に、2SK117のデータシートの1ページ目の一部を示しておきます。

FETの型名は多くの場合、第2項まででできていますが、まれに第3項まである場合があります。

この第3項の添え字は、例えば改良された順番や電気的特性の分類などを表します。

図4-10に示した例はI_{DSS}の分類を型名に組み入れた場合ですが、I_{DSS}の分類は実際には型名に入れないのが普通です。

● **FETの記号、外形、ピン接続**

FETの記号は、J-FETとMOS FETの別のほかにシングルゲートFETとデュアルゲートFETの別もあり、トランジスタの場合よりもやっかいです。

図4-11は、J-FETの記号を示したものです。J-FETの場合の図記号はPチャネルかNチャネルかがわかればよく、その違いはゲートに付けられた矢印で表されます。この矢印の向きは、ゲート・ソース間のダイオードの記号の矢印の向きと一致しています。

FETの文字記号は、トランジスタの一種だということでTrと書かれることもありますが、そのものずばりのFETも使われます。

図4-12は、MOS FETの記号を示したものです。MOS FETではゲートは酸化皮膜で絶縁され

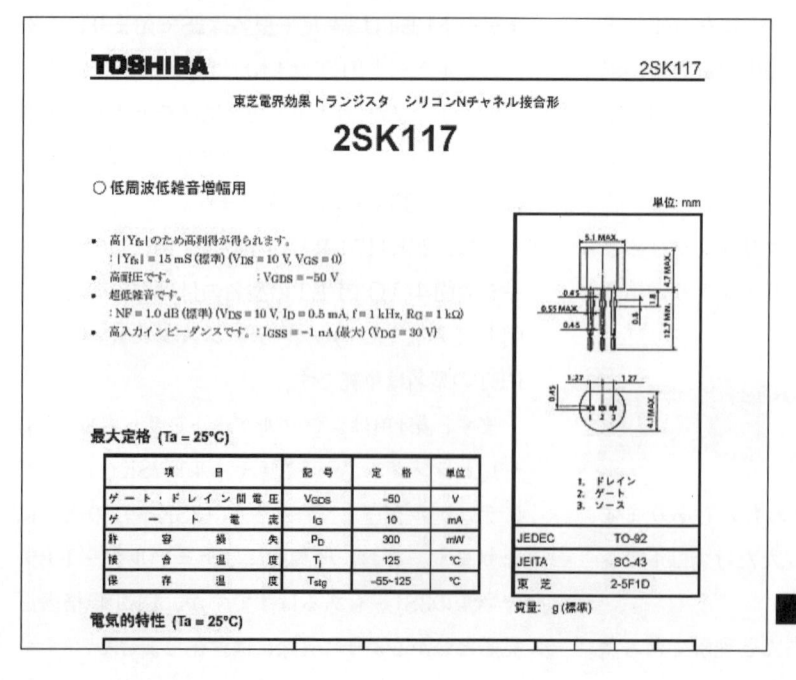

■ 写真4-1 2SK117のデータシート

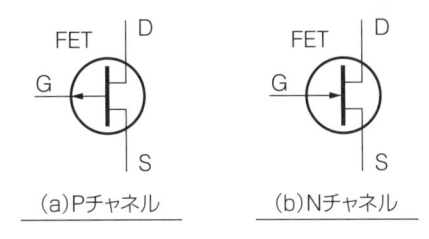

■ 図4-11 J-FETの記号

(a)Pチャネル　(b)Nチャネル

ていますから、その様子が図記号に現れています。でも、J-FETのようにゲートにPチャネルかNチャネルかを表す情報はありません。

そこで、いずれも図4-6に示したサブストレートゲートを書いて、その矢印の向きでPチャネルかNチャネルかの別を、またサブストレートゲートのつなぎ方でドレインDとソースSの別を表しています。

なお、サブストレートゲートの矢印の向きは、図4-11に示したJ-FETのゲートの矢印と同じになっています。

最後にFETの外形ですが、これは図3-4に示したトランジスタの場合と同じです。ですから、外形からだけではFETなのかトランジスタなのかの区別はつきません。これはピン接続についても同じで、ピン接続を知るにはFET規格表を見るかデータシートを見なくてはなりません。

4-1-4　FETのデータシートの見方

FETを使って半導体回路を作ろうとすると、FETの最大定格や電気的特性を知らなくてはなりません。また、場合によっては各種の特性図が必要になるかもしれません。そのようなときに役に立つのが、データシートです。

次ページの表4-2は、写真4-1で紹介した2SK117のデータシートの下半分に示されている最大定格と電気的特性を示したものです。では表4-2で、最大定格と電気的特性の見方を簡単に説明しておくことにしましょう。

● 最大定格

最大定格というのは、ここに示された値を超えるとFETが壊れてしまうという値です。

最大定格の最初にはゲート・ドレイン間電圧V_{GDS}が示されていますが、これの見方は図3-9と同じです。すなわち、ドレインを基準にして測ったゲート電圧ということで、ソースは基準となるドレインにつないだ場合です。

FETを半導体回路で使う場合、電源電圧は高くても12V程度ですから、V_{GDS}が最大定格を超えることはまずありません。

J-FETではゲートに逆電圧を加えて使いますから通常はゲート電流は流れませんが、順電圧を加

Pチャネル　　Nチャネル　　　　　Nチャネル

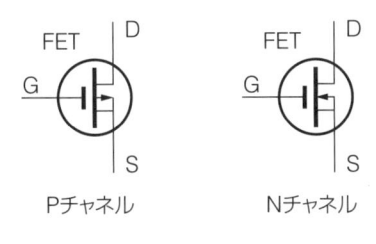

(a)シングルゲートFET　　(a)デュアルゲートFET

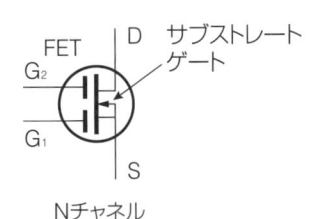

■ 図4-12　MOS FETの記号

第4章　FET（電界効果トランジスタ）

●最大定格（T_a=25℃）

項　　　　目	記　号	定格値	単位
ゲート・ドレイン間電圧	V_{GDS}	−50	V
ゲート電流	I_G	10	mA
許容損失	P_D	300	mW
接合温度	T_j	125	℃
保存温度	T_{stg}	−55〜125	℃

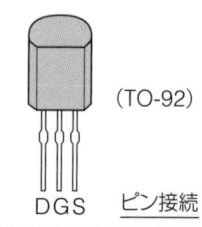

●電気的特性（T_a=25℃）

項　　　目	記　号	測　定　条　件	最小	標準	最大	単位
ゲート遮断電流	I_{GSS}	$V_{GS}=-30V, V_{DS}=0$	−	−	−1.0	nA
ゲート・ドレイン間降伏電圧	$V_{(BR)GDS}$	$V_{DS}=0, I_G=-100\mu A$	−50	−	−	V
ドレイン電流	I_{DSS}(注)	$V_{DS}=10V, V_{GS}=0$	1.2	−	14	mA
ゲート・ソース間遮断電圧	$V_{GS(OFF)}$	$V_{DS}=10V, I_D=-0.1\mu A$	−0.2	−	−1.5	V
順方向伝達アドミタンス	$|Y_{fs}|$	$V_{DS}=10V, V_{GS}=0, f=1kHz$	4.0	15	−	mS
入力容量	C_{iss}	$V_{DS}=10V, V_{GS}=0, f=1MHz$	−	13	−	pF
帰還容量	C_{rss}	$V_{DS}=10V, I_D=0, f=1MHz$	−	3	−	pF
雑音指数	$NF_{(1)}$	$V_{DS}=10V, R_G=1k\Omega, I_D=0.5mA, f=10Hz$	−	5	10	dB
	$NF_{(2)}$	$V_{DS}=10V, R_G=1k\Omega, I_D=0.5mA, f=1kHz$	−	1	2	

注：I_{DSS}分類…Y：1.2〜3.0、GR：2.6〜6.5、BL：6.0〜14.0

■ 表4-2　2SK117の最大定格と電気的特性（2SK117のデータシートより）

えれば電流が流れます。このようなことはFETをスイッチングに使ったときに生じますが、ゲート電流I_Gはそのときの値です。

許容損失P_Dは300mWとなっていますが、これはドレインで発生する電力損失に対する許容値です。小信号用J-FETでは、実際の使用に当たってはドレイン損失が300mWを超えることはまずないでしょう。

というわけで、2SK117を小信号用として使っている限りでは、最大定格はどの値も気にする必要はないようです。

●電気的特性

J-FETではゲートに逆電圧を加えますが、最初にあるゲート遮断電流I_{GSS}はその洩れ電流です。洩れ電流は少ないに越したことはないので、最大値で示されています。I_{GSS}は最大で1nAですから、洩れ電流はほとんどゼロだと思ってもいいでしょう。

電気的特性で注目しなければならないのは、三番目にあるドレイン電流I_{DSS}です。I_{DSS}というのは図4-13のようにつないだときに流れるもので、これはゼロバイアス（図4-9（a）の$V_G=0$）のときのドレイン電流ということになります。

I_{DSS}は、トランジスタのh_{FE}と同じようにその値が大きくばらついています。2SK117でいえば1.2〜14mAの間にばらついており、そこで（注）に示されているようにI_{DSS}が分類されています。図4-10に示した例ではGRとなっていますが、I_{DSS}分類のGRは2.6〜6.5mAとなっており、このGRという文字はトランジスタの場合の写真3-2のようにFETに示されています。

このI_{DSS}はFETのバイアス設計をするときに必

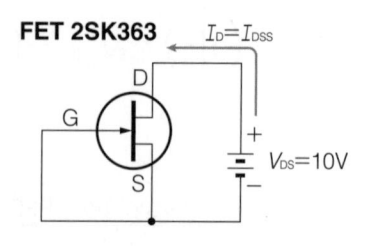

■ 図4-13　I_{DSS}の測り方

要な値ですし、特性の揃ったFETが必要な場合の目安になります。

ゲート・ソース間遮断電圧$V_{GS(OFF)}$はゲートに加える逆電圧を次第に高くしていったとき、ドレイン電流I_Dがほぼゼロになるときの電圧です。この値はI_{DSS}と関連しており、I_{DSS}が大きいほど$V_{GS(OFF)}$も高くなります。

順方向伝達アドミタンス$|Y_{fs}|$は、図4-7や図4-8でゲート・ソース間電圧V_Gが変化したときにドレイン電流I_Dがどれくらい変化するかを表すもので、FETがどれくらい増幅するかを示す値です。

もちろん、$|Y_{fs}|$の値は大きいほどゲインがとれることになります。

そのあとの入力容量C_{iss}や帰還容量C_{rss}は少ないほどいいのですが、2SK117のように低周波増幅用の場合にはあまり気にする必要はありません。なお、FETを高周波増幅に使う場合には、C_{iss}やC_{rss}は重要な値になります。

そのほか、2SK117は写真4-1でわかるように低周波低雑音増幅用なので、雑音指数の値が示されています。雑音指数は、小さいほうがいいFETです。

COLUMN

アナログ表示とデジタル表示のテスタ

テスタには写真Aのようなメータ式のアナログ表示のものと、写真Bに示す数字表示式のデジタル表示のものがあり、本書の中でもこれらを使い分けています。写真は、98ページのコラム「電子工作のための工具と小道具」で紹介した単三乾電池4本の電源の電圧を測ってみたところです。

まず、写真Aのようなアナログ表示のほうを見ると、だいたい6V付近だということはわかりますが、細かい値は読めません。一方、写真Bはデジタル表示のテスタで電圧を測っているところで、6.41Vと細かい値まで知ることができます。

ここまで見るとデジタル表示のテスタのほうがよさそうですが、不便なこともあります。それは変化する電圧を測る場合で、値が増加する方向なのか減少する方向なのかを把握するにはアナログ表示のテスタのほうが便利です。

写真A
写真B
左はメータ式のアナログ表示テスタ（写真A）、右は数字表示式のデジタル表示テスタ（写真B）、どちらも同じDC6Vを測っているところ

4-2 FETを試してみよう

4-2-1 FETのスイッチングほか

アマチュアの製作では、電子スイッチはトランジスタを使うのが普通でFETを使うことはまずありません。でも、この機会に実験してみたいと思います。

その前に、トランジスタの場合に作ったh_{FE}チェッカーにならって、I_{DSS}チェッカーを作ってみることにします。

●I_{DSS}チェッカーを作ってみよう

図4-13のようにしてI_{DSS}を測った場合、電流が流れるのは図4-9に示した三つのモードの中のDモードとD+Eモードです。EモードのFETでは電流は流れませんから、測る意味がありません。ですから、これから作るI_{DSS}チェッカーは、DモードとD+EモードのFET用ということになります。

J-FETのI_{DSS}の測り方については図4-13に示しましたが、これだと特にI_{DSS}チェッカーを作らなくてもI_{DSS}は測れます。そこで、ちょっと工夫して、NチャネルとPチャネルをスイッチで切り換えて測れるようにし、またどのようなピン接続にも対応できるようなI_{DSS}チェッカーを作ってみることにします。

図4-14は、これから作るI_{DSS}チェッカーの構想を示したものです。構想の最初は電源とメータを準備することで、(a)のようなものを用意します。なお、(a)では電源を10Vとしてありますが、これは測定条件のV_{DS}です。もし測定するFETの測定条件が違う場合には、それに合わせて変更します。

図4-14 (b)はNチャネルFETのI_{DSS}を測る場合で、(a)で準備した電源とメータを(b)のようにつなぎます。また、(c)はPチャネルFETのI_{DSS}を測る場合で、(a)で準備した電源とメータを(c)のようにつなぎます。

図4-15は、製作するI_{DSS}チェッカーの回路図です。実際には、図4-14の(b)と(c)を図4-15ではスイッチ(SW)で切り換えています。なお、図4-15ではFETのゲートに付けるチャネルの別を示す矢印が付いていませんが、これはスイッチを操作することによりNチャネルとPチャネル

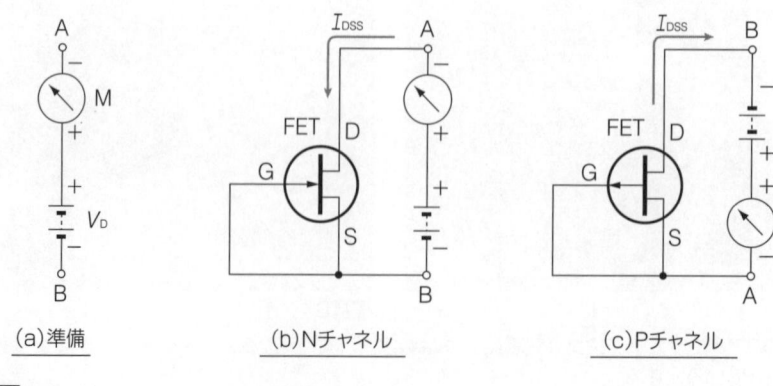

(a)準備　　(b)Nチャネル　　(c)Pチャネル

■ 図4-14　I_{DSS}チェッカーの構想

4-2 FETを試してみよう

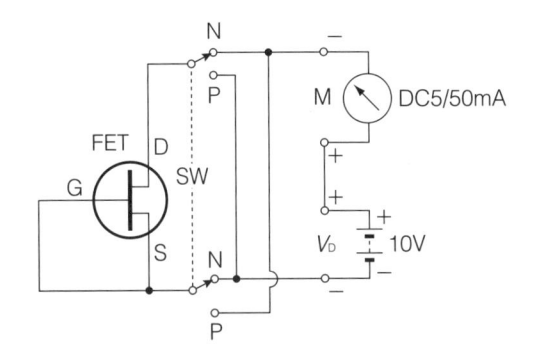

■ 図4-15 I_{DSS}チェッカーの回路図

のどちらにも対応できるからです。

では、3-2-1項で紹介したトランジスタのh_{FE}チェッカーの場合と同様に、ソケットに8ピンのICソケットを使ってI_{DSS}チェッカーを作ってみることにしましょう。

h_{FE}チェッカーの場合にはトランジスタのピン接続は標準的なものに限りましたが、I_{DSS}チェッカーではうまくするとすべてのピン接続に対応できるように作れます。

図4-16はFETのピン接続を分類してみたもので、AタイプはドレインDが3本のリード線のうちの端っこにあるものです。I_{DSS}を測る場合には残りのゲートとソースはつないでしまえばいいので、ドレインさえ合わせればソースとゲートはどうなっていてもかまいません。

また、BタイプはドレインDが3本のリード線のうちの中央にあるものです。この場合には、FETをどの向きに差してもゲートとソースはつながれ、I_{DSS}が測れます。

このような構想の下にまとめたのが、図4-17のプリントパターンです。スイッチの穴あけ位置は、用意した現物に合わせてあけるようにしてください。

写真4-2は組み立てを終わったI_{DSS}チェッカーで、FETを挿入するICソケットにはドレインの位置をDで示してあります。ちなみに、ICソケットの左側が図4-16のAタイプ用、右側がドレインが中央にあるBタイプ用です。

スイッチ回りの配線はプリントパターンには示せませんが、図4-15のように接続します。写真

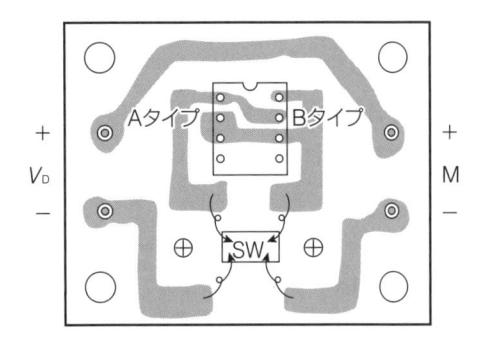

■ 図4-17 I_{DSS}チェッカーのプリントパターン

■ 図4-16 ピン接続の分類（底面）

■ 写真4-2 完成したI_{DSS}チェッカー

第4章 FET（電界効果トランジスタ）

■ 写真4-3 スイッチ回りの配線の様子

■ 写真4-4 用意した4本のFET

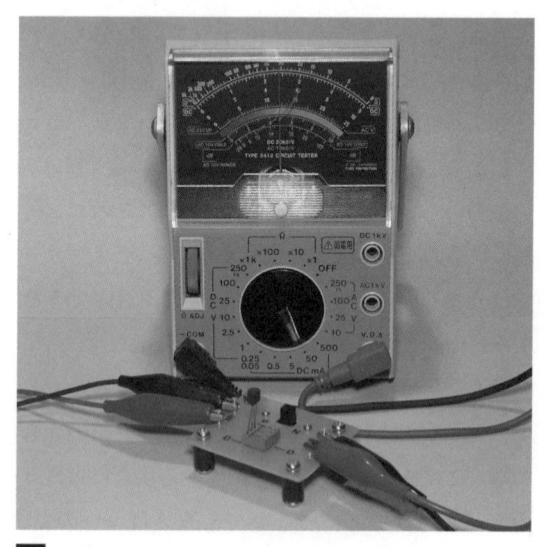

■ 写真4-5 2SK363のI_{DSS}を測っているところ

4-3にその様子を示しておきますので、組み立ての参考にしてください。

I_{DSS}チェッカーが完成したところで、写真4-4のような4本のFETを用意して、写真4-5のようにしてFETのI_{DSS}を測ってみました。用意したFETは写真4-4の左側の2本がJ-FETの2SK117と2SK363、右側の2本がMOS FETの2SK241と2SK982です。これらのFETの詳細を、表4-3に示します。

まず、2SK117のI_{DSS}を測ってみたら約5mA、そして2SK363のI_{DSS}は約25mAでした。写真4-5は、2SK363のI_{DSS}を測っているところです。当然のことですが、どちらもデータシートに示されたI_{DSS}分類の中に入っていました。

つぎは、MOS FETです。2SK241はMOS FETの中では数少ないD+Eモードのために、I_{DSS}は約10mAでした。このことから、このI_{DSS}チェッカーはMOS FETでもモードによっては使えることがわかります。

項　目	J-FET		MOS FET	
	2SK117	2SK363	2SK241	2SK982
モード	D	D	D+E	E
I_{DSS}分類	GR (2.6〜6.5mA)	V (14.0〜30.0mA)	GR (6.0〜14.0mA)	(10μA)
測定条件	V_{DS}=10V	V_{DS}=10V	V_{DS}=10V	(V_{DS}=60V)
ピン接続	Aタイプ	Aタイプ	Aタイプ	Bタイプ
I_{DSS}	5mA	25mA	10mA	0 (V_{DS}=20V)

■ 表4-3 I_{DSS}チェッカーのために用意したFET

4-2 FETを試してみよう

最後の2SK982はEモードのFETで、電気的特性を見てもI_{DSS}分類はありません。2SK982はEモードのFETですから、I_{DSS}は洩れ電流以外は流れないはずです。また、I_{DSS}の測定条件が他のFETと違ってV_{DS}=60Vとなっており、ピン接続が4本の中では唯一Bタイプです。

というわけで、無駄を承知でV_{DS}を用意できる最高の20VにしてI_{DSS}を測ってみたら、テスタの測定レンジを最高感度の0.05mA（50μA）にしてみても、メータの指針はぴくりとも動きませんでした。

●MOS FETで作る"クライトヒカール"

3-2-1項では、トランジスタを使って"クライトヒカール"の実験をしました。実は、FETをこのような電子スイッチに使うことはほとんどありません。その理由は、トランジスタは入手が容易で種類も豊富、そしてこのような用途にはトランジスタで十分だ、といったようなことが考えられます。

でも、FETで同じようなことをしたらどうなるかは、興味のあるところです。そこで、FETを使ってトランジスタの実験と同じことをしてみようと思います。110ページに示したトランジスタによる"クライトヒカール"の実験と合わせてご覧ください。

まず基本的なところを抑えておくと、電源電圧は6V、暗くなったときに光らせるランプは6V/150mAのものを使います。また、光センサにはCdSを使います。

では、この条件で、FETの選択から始めましょう。まず、今までに表4-2でJ-FETの2SK117を紹介しましたが、表4-3で紹介した同じJ-FETの2SK363も含めて最大定格のところに電子スイッチとして使うときに必要なドレイン電流の項目がありません。また、スイッチング領域のスイッチONのときのON抵抗が大きく（2SK363の場合、標準で20Ω）、電子スイッチには向かないと判断しました。

どうやら、電子スイッチに向いているのはEモードのMOS FETのようです。そこで選んだのが、表4-4に示した2SK982です。

まず2SK982の最大定格を見ると、今度はちゃんとドレイン電流I_Dの項目があります。I_Dは200mAとなっていますから、6V/150mAのランプをON/OFFできそうです。

ついでに、ランプはフィラメントが冷えていると抵抗が小さく、点灯時に大きな電流が流れます。

●最大定格（T_a=25℃）

項　目		記　号	定格値
ドレイン・ソース間電圧		V_{DS}	60V
ドレイン電流	DC	I_D	200mA
	パルス	I_{DP}	800mA
ドレイン損失		P_D	400mW
チャネル温度		T_{ch}	150℃

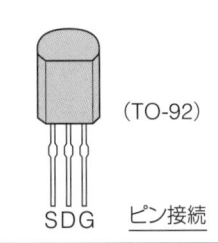

●電気的特性（T_a=25℃）

項　目	記　号	測　定　条　件	最小	標準	最大
ドレイン遮断電流	I_{DSS}	V_{DS}=60V, V_{GS}=0	－	－	10μA
ゲートしきい値電圧	V_{th}	V_{DS}=10V, I_G=1mA	2V	－	3.5V
順方向伝達アドミタンス	$|Y_{fs}|$	V_{DS}=10V, I_D=50mA	100mS	－	－
ドレイン・ソース間ON抵抗	$R_{DS(ON)}$	I_D=50mA, V_{GS}=10V	－	0.6Ω	1.0Ω
ドレイン・ソース間ON電圧	$V_{DS(ON)}$	I_D=50mA, V_{GS}=10V	－	30mV	50mV

■ 表4-4　2SK982の規格の抜粋（NチャネルEモードMOS FET）

その点、ドレイン電流にはパルスでのI_{DP}が示されており、I_{DP}は800mAまで耐えますからランプは点灯できそうです。

FETでランプを点灯させるとき、注目しなければならないのは電気的特性のドレイン・ソース間ON抵抗とドレイン・ソース間ON電圧です。これはFETの電子スイッチがスイッチONになったときにドレイン・ソース間に残る抵抗や電圧のことで、仮りに最大の1Ωに150mA流れたとするとここでの電圧降下は0.15Vとなり、これならばランプを完全に光らせることができます。

では図4-18のような回路を用意して、2SK982のゲート電圧V_Gとドレイン電流I_Dの関係を調べてみることにしましょう。写真4-6は、図4-18の回路を平ラグ板の上に組み立てて実験をしている様子です。

図4-18の抵抗Rはランプ（6V/0.15A）の代わりをするもので、Rは、

$$R = \frac{6}{0.15} = 40 [\Omega]$$

から40Ωとしました。なお写真4-6では、40Ωの抵抗は実際には20Ωの抵抗器を2個直列につない

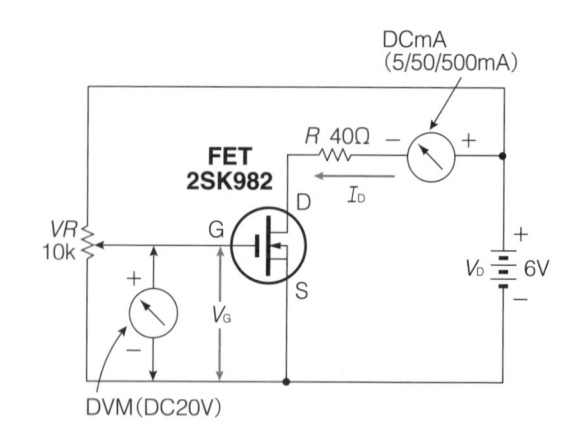

■図4-18　スイッチングの実験をしてみる

であります。

実験は、まず10kΩのVRをソース側に回してゲート電圧V_Gをゼロにして始めました。するとドレイン電流I_Dは流れなかったのですが、VRを回してゲート電圧を次第に上げていったら図4-19のように3Vを超えたあたりからドレイン電流が流れ始めました。このドレイン電流が流れ始めるときのゲート電圧が、表4-4の電気的特性にあるゲートしきい値電圧V_{th}です。

ゲート電圧が3Vを超えるとドレイン電流が次第

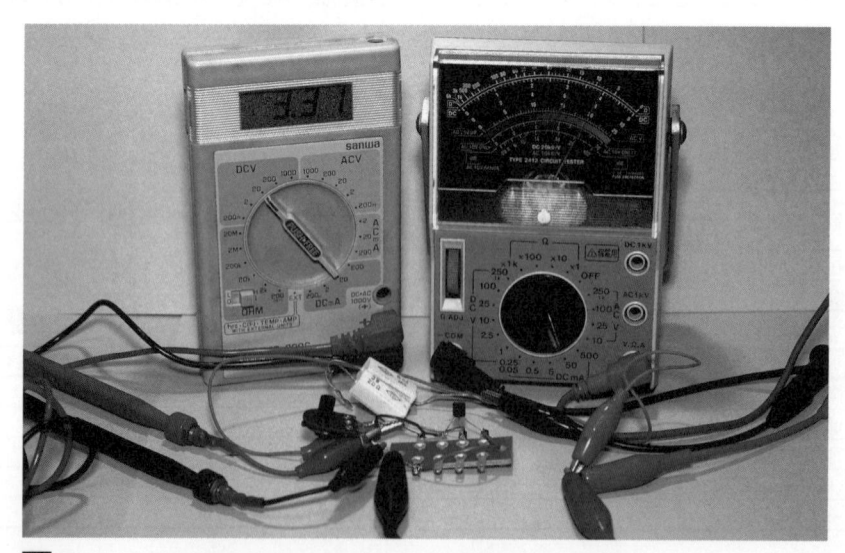

■写真4-6　2SK982でゲート電圧とドレイン電流の関係を調べているところ

4-2 FETを試してみよう

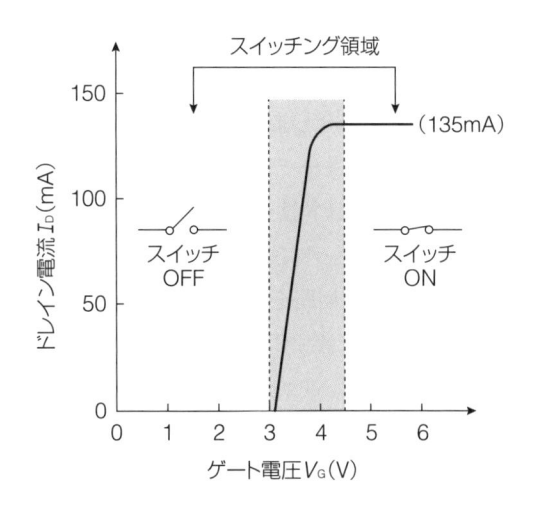

図4-19 VRを回したときのゲート電圧とドレイン電流の関係

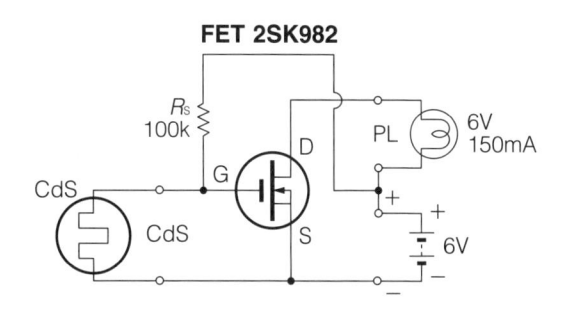

図4-20 FETで作る"クライトヒカール"の回路図

に増えますが、これがトランジスタのときに図3-8に示した増幅に使われる直線領域です。

VRを回してさらにゲート電圧を上げていったら、4Vを超えたあたりでドレイン電流は増えなくなりました。

以上の結果から、2SK982を電子スイッチとして使うには図4-19のスイッチング領域を使えばよく、スイッチをOFFとするにはゲート電圧を3V以下に、またスイッチをONにするにはゲート電圧を4V以上にすればいいことがわかります。

これで、FETで作る"クライトヒカール"を設計するための準備が終わりました。といっても、トランジスタで作ったときの図3-13のような詳細な設計は必要なく、いきなり図4-20のように回路図が書けます。

トランジスタで作った図3-12の回路とFETで作る図4-20を比べてみると、FETで作るほうがぐんと簡単になっていることがわかるでしょう。こうしてみると、電子スイッチにFETをもっと活用してもいいように思います。

図4-20で唯一吟味しなくてはならないのは、抵抗R_Sです。CdSの抵抗は、トランジスタで"ク

ライトヒカール"を作ったときに照明の光りが当たっているときに10kΩ以下、照明を消したときには1MΩ（1000kΩ）以上だったので、この値を使って吟味してみることにします。

R_Sを100kΩ、照明の光が当たっているときのCdSの抵抗を10kΩとすると、そのときのゲート電圧V_{G1}は、

$$V_{G1} = 6 \times \frac{10}{100+10} \fallingdotseq 0.55 \text{〔V〕}$$

です。図4-19でゲート電圧が0.55Vのところを見るとスイッチは完全にOFFになっていますから、ランプは光りません。

つぎに、照明が消えたときのゲート電圧V_{G2}を計算してみると、

$$V_{G2} = 6 \times \frac{1000}{100+1000} \fallingdotseq 5.45 \text{〔V〕}$$

となります。図4-19でゲート電圧が5.45Vのところを見るとスイッチは完全にONになっていますから、ランプは光ります。

では、FETを使って"クライトヒカール"を作ってみましょう。図4-20が回路図で、次ページの図4-21のように3Pの平ラグ板の上に作ります。

写真4-7が、完成した"クライトヒカール"です。トランジスタで作った"クライトヒカール"はトランジスタを2個使い、5Pの平ラグ板の上に作りましたが、FETで作る"クライトヒカール"はFETは1個しか使いませんし、平ラグ板も3Pの

第4章 FET（電界効果トランジスタ）

■ 図4-21　FETで作る"クライトヒカール"の平ラグ板

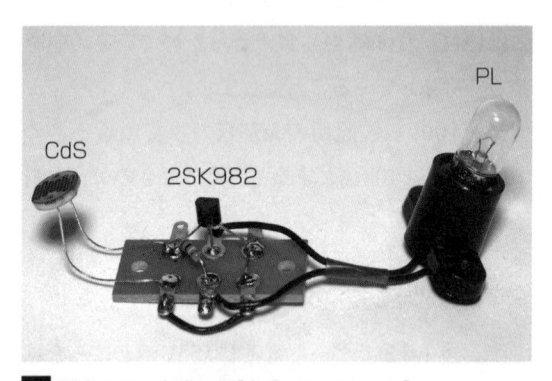

■ 写真4-7　完成した"クライトヒカール"

 もので済ますことができます。

写真4-8は、"クライトヒカール"に6Vの電源をつなぎ、仮りにCdSにフードを被せて当たっている照明の光をさえぎってみたところです。ごらんのように、ランプが光っています。これで、FETによるスイッチングの実験は終わりです。

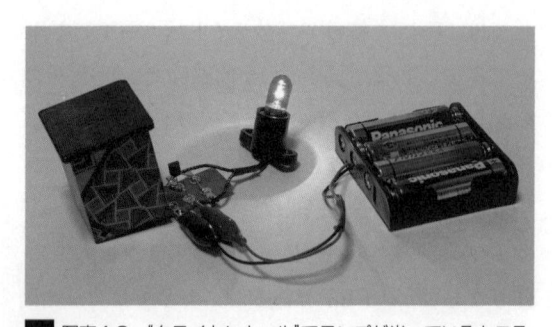

■ 写真4-8　"クライトヒカール"でランプが光っているところ

● FETで作る定電流回路とLEDライト

定電流回路については第2章の2-7-1項で定電流ダイオードを紹介しましたが、そこでお話したように定電流ダイオードはFETのドレイン電圧-ドレイン電流の定電流特性を利用したものでした。

そこでFETを使って、図2-84に示したLED点灯回路用の定電流回路を作ってみることにしました。なお、LEDに流す電流はとりあえず10mAということにします。したがって、10mAの定電流回路を作るということになります。

FETで定電流回路を作る場合、最も簡単なのが図4-13に示したI_{DSS}を定電流とする方法です。これだと、図4-15のI_{DSS}チェッカーで実際に測ってみた表4-3の結果を使うと、J-FETの2SK117の場合には5mA、2SK363の場合には25mAの定電流回路が得られることになります。

なお、2SK363の用途には定電流回路用が入っていますが、2SK117の用途は低周波低雑音増幅用となっていて定電流回路は用途に入っていません。また、MOS FETの2SK241でも定電流回路は作れますが、2SK241は用途がFMチューナやVHF帯増幅用なのでここでの用途からははずします。というわけで、ここでは迷わず2SK363を使うことにしました。

さて、2SK363を求める場合にI_{DSS}分類がBLランクのものだと、うまくすればI_{DSS}=10mAのものがあるかもしれません。でも、半導体部品店でFETを購入する場合、I_{DSS}分類を選べないのが普通なので、入手できたものでなんとかしなければなりません。では、その方法を紹介してみることにしましょう。

まず、J-FETではドレイン電流の最大値はI_{DSS}ですから、I_{DSS}が目的とする電流と同じか、あるいは大きいものを入手しなければなりません。ここで用意した2SK363のI_{DSS}は表4-3に示したように25mAでしたから、この条件には合致しています。

4-2 FETを試してみよう

つぎに、目標とする定電流の値がI_{DSS}に合致すればいいのですが、10mAの目標に対してI_{DSS}が25mAと大きい場合にはどうしたらいいのでしょうか。

J-FETを使った定電流回路でドレイン電流を目標の値に設定するには図2-82に示した抵抗Rを挿入しますが、このRの値は次のようにして求めます。

図4-22は、2SK363のデータシートに示されたI_{DSS}をパラメータとしたゲート・ソース間電圧対ドレイン電流特性です。パラメータは、I_{DSS}の多いほうから24mA、19mA、14mA、9.2mA、4.5mAの5本が用意されており、表4-3に示したVランクのものは多いほうから3本が該当します。

そこで、用意した2SK363のI_{DSS}を改めて測ってみたら、かなりばらついてはいますが、20mA前後のものが最も多くなっていました。そこで、I_{DSS}=20mAの2SK363を選び出しました。

では、選び出したFETで10mAの定電流回路を作る設計から始めましょう。設計は、図4-22のパラメータのうちで20mAに最も近い、I_{DSS}=19mAのものを使って行うことにします。

まず、図4-22でI_D=10mAとI_{DSS}=19mAの交点Aを求め、そこからV_{GS}に垂線を下ろします。このときのV_{GS}が、10mAの定電流回路を作るのに必要なゲート・ソース間電圧V_{GS}で、約0.13Vとなりました。

以上の結果から、ソース抵抗RにI_D=10mA（0.01A）の電流が流れたときに0.13Vの電圧降下が生ずるようにすればいいことがわかりました。そこでRの値を計算してみると、

$$R = \frac{0.13}{0.01} = 13\,[\Omega]$$

となりました。

設計が終わったところで、次ページの図4-23のような回路を用意して設計の結果を実験で確かめてみることにしました。

まず、用意した2SK363のI_{DSS}は20mAでしたから、VR=0としてメータが約20mAを示すことを確認します。

確認ができたら、VRを回してみます。するとメ

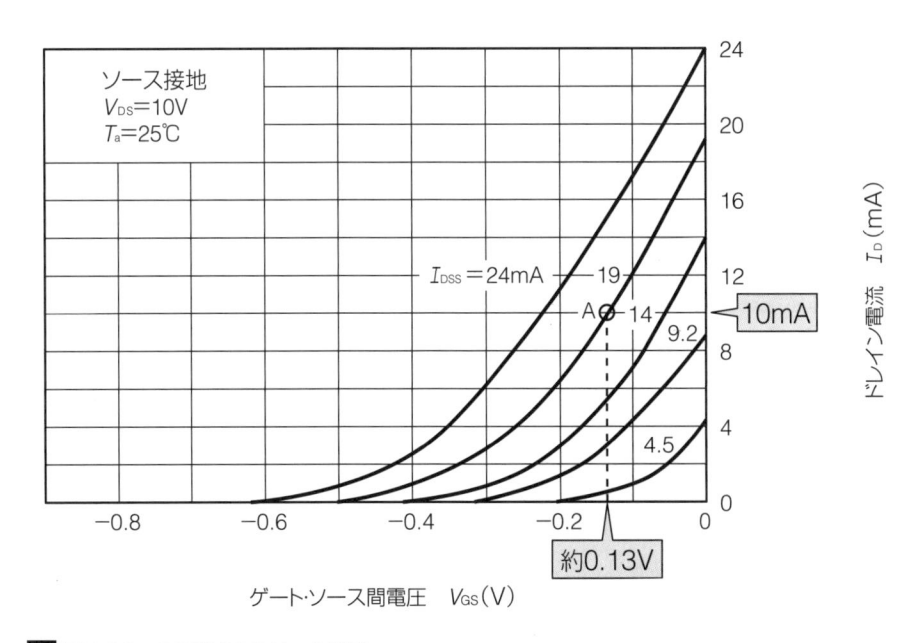

■ 図4-22　2SK363のV_{GS}-I_D特性

第4章　FET（電界効果トランジスタ）

FET 2SK363（$I_{DSS}=20mA$）

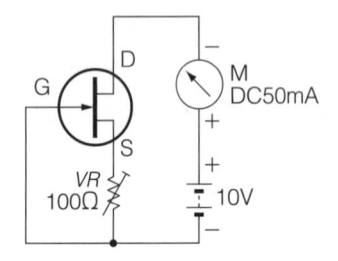

■ 図4-23　ソース抵抗でドレイン電流を10mAにする

ータの指示が減ってきますから、10mAになるようにVRを調整します。うまくいったら、VRを回路からはずし、抵抗を測ってみます。その結果は、約14Ωになりました。

　計算の結果に比べると抵抗はちょっと多くなっていますが、図4-22で使用したI_{DSS}の曲線が19mAだったことや測定誤差を考慮すれば、ほぼ設計どおりだといえます。

　結論としては、ソース抵抗Rとして13～14Ωを入れれば、10mAの定電流回路が作れることがわかりました。でも、こんな中途半端な値の抵抗器は入手できませんし、LEDを光らせるのに半固定VRを用意するのもやっかいです。

　そこで、図4-23のVRを入手容易な10Ωの抵抗器に置き換えてみたら、ドレイン電流は約12mAになりました。10Ωの抵抗器なら容易に入手できますし、LEDを光らせるのなら12mAでもいっこうにかまわないので、ここではRを10Ωに決めました。

　では、FETで作る定電流回路でLEDを点灯してみましょう。図2-84に示した高輝度LEDを定電流ダイオードで点灯する回路をLEDライトとして組み立て、実際に働かせてみることにします。

　改めてLEDライトの回路図を書いてみると、図4-24のようになります。LEDは、2-3-4項のピカピカLEDの実験のときに用意した高輝度LEDの中から、LED_1とLED_2として台湾製のAD57W、LED_3～LED_5にはスタンレーのH-2000を選びました。

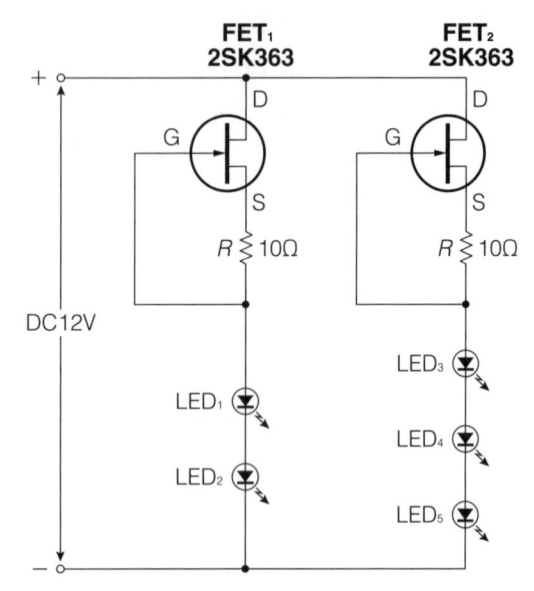

$$\left[\begin{array}{l}LED_{1,2}\cdots AD57W（12000mcd, V_F=3.0～3.4V）\\ LED_{3\sim5}\cdots H-2000（2000mcd, V_F=1.8～2.5V）\end{array}\right]$$

■ 図4-24　FETで作る定電流回路でLEDを点灯するLEDライト

　このLEDライトでは5個のLEDを2個と3個に分けて光らせますが、数の少ない2個のほうにAD57Wを選んだのは、H-2000よりもAD57Wのほうが順電圧V_Fが高いからです。実際にどのようなことになるかは、完成したところで確かめてみることにします。

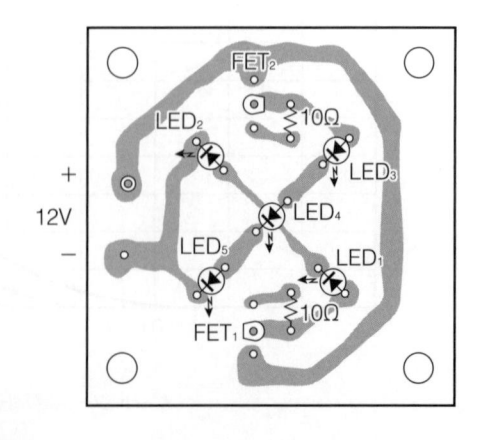

■ 図4-25　LEDライトのプリントパターン

図4-25は、LEDライトのプリントパターンです。組み立てを終わったLEDライトを写真4-9に示しておきますので、組み立ての参考にしてください。

LEDライトが完成したところで12Vを加え、写真4-10のように光らせてみました。すべてのLEDには同じ12mAが流れていますが、ご覧のようにAD57WとH-2000では輝度の違いがはっきりと出ています。

そこで、LEDライトの各部の電圧配分を調べてみたら、図4-26のようになっていました。

まず、LED2個のA側はLED2個に加わる電圧E_{LED}が5.95V、したがってFETによる定電流回路の入出力電圧差E_{I-o}は6.05Vです。この結果を分析すると、E_{I-o}は6.05Vと十分確保されていますし、定電流回路で消費される電力P_Dは、

$P_D = 6.05 \times 0.012 = 0.0726$ [W]

でこれは約73mW、次ページの表4-5に示した2SK363の許容損失内に収まっています。

つぎに、LED3個のB側はLED3個に加わる電圧E_{LED}が5.2V、したがってFETによる定電流回路の

■ 写真4-9　LEDライトの組み立てを終わったところ

■ 写真4-10　LEDライトを働かせてみた

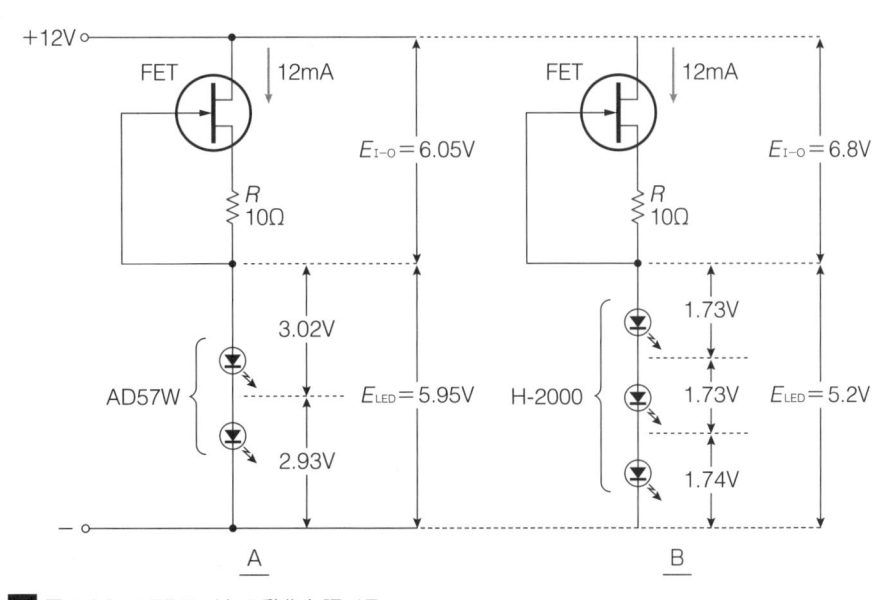

■ 図4-26　LEDライトの動作を調べる

● 最大定格（$T_a=25℃$）

項　　　目	記　号	定格値
ゲート・ドレイン間電圧	V_{GDS}	−40V
ゲート電流	I_G	10mA
許容損失	P_D	400mW
接合温度	T_j	125℃

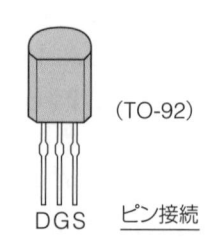

● 電気的特性（$T_a=25℃$）

項　　　目	記　号	測定条件	最小	標準	最大
ドレイン電流	I_{DSS}(注)	$V_{DS}=10V, V_{GS}=0$	5.0mA	−	30mA
ゲート・ソース間遮断電圧	$V_{GS(OFF)}$	$V_{DS}=10V, I_D=0.1\mu A$	−0.3V	−	−1.2V
順方向伝達アドミタンス	$|Y_{fs}|$	$V_{DS}=10V, V_{GS}=0, f=1kHz$	25mS	60mS	−
ドレイン・ソース間ON抵抗	$R_{DS(ON)}$	$V_{DS}=10mV, V_{GS}=0$	−	20Ω	−

注：I_{DSS}分類…GR：5.0〜10mA，BL：8.0〜16mA，V：14.0〜30.0mA

■ 表4-5　2SK363の規格の抜粋（NチャネルJ-FET）

入出力電圧差E_{I-o}は6.8Vです。この結果を分析すると、LEDは3個光らせていますがE_{I-o}は6.8Vと十分に確保されていますし、定電流回路で消費される電力もA側の分析同様、FETの許容損失内に収まります。

4-2-2　FET増幅器の基本

FETを使う機会が多いのは、やはり増幅器や発振器を作る場合です。その場合、低周波ではトランジスタを使うことが多いのですが、高周波の、特に増幅器を作る場合にはFETがよく用いられています。

● FETの三つの基本回路

トランジスタ増幅器には図3-1に示したように三つの基本回路があり、それぞれ特徴があることを説明しましたが、FETの場合にも図4-27のように三つの基本回路があります。

まず、図4-27（a）がゲート接地回路で、トランジスタの場合と同じく入力インピーダンスが低く、出力インピーダンスが高いのが特長です。ゲート接地回路はFETの入力インピーダンスが高いという特長が生かされないので、ほとんど使われません。

図4-27（b）はソース接地回路で、トランジスタの場合のエミッタ接地回路に相当します。ソー

(a)ゲート接地回路　　(b)ソース接地回路　　(c)ドレイン接地回路

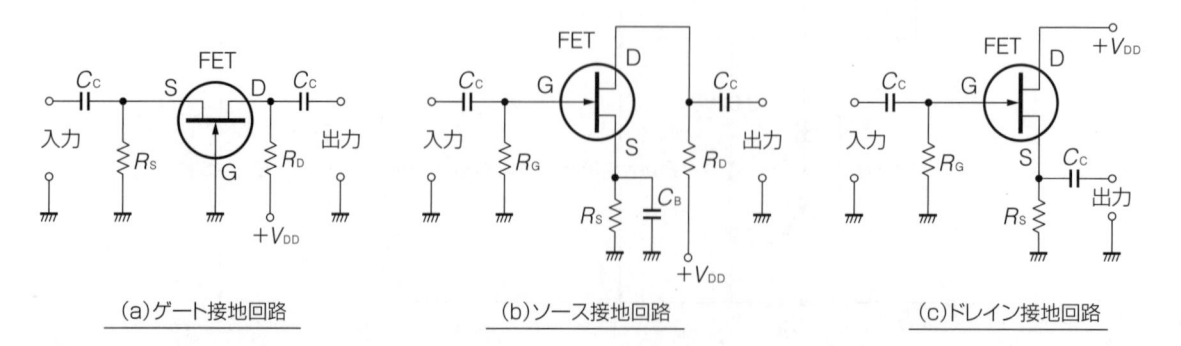

■ 図4-27　FET増幅器の三つの基本回路（NチャネルJ-FETの場合）

ス接地回路は入力インピーダンスが高く、電圧利得も大きいので、もっともよく使われています。ソース接地回路の出力インピーダンスは、ほぼドレイン抵抗R_Dと同じです。

図4-27（c）のドレイン接地回路は出力インピーダンスが低いのが特長で、その特長を生かしてインピーダンス変換などに用いられます。

● 動作点とバイアス

増幅器には、動作級とそれに合わせた動作点があります。図4-28はそれぞれのモードごとに動作級と動作点の関係を示したもので、動作点を決めるのがバイアスです。

図4-28（a）はNチャネルJ-FETを例にした場合の動作点と動作級の関係を示したものです。動作級には動作点をV_{GS}-I_D特性の中央に選んだA級、バイアスをI_Dのカットオフに選んだB級、そしてA級とB級の中間に選んだAB級があります。C級はバイアスをカットオフよりさらに深く選ぶ方法ですが、実際にはほとんど使われません。

図4-28（b）は動作点をA級に選んだA級増幅の場合の動作の様子を示したもので、出力波形は入力波形と相似になっています。増幅器では入力波形と出力波形は相似でなければなりませんから、普通に使われるこのA級増幅です。

図4-28（c）は動作点をAB級に選んだAB級増幅の場合の動作を示したもので、出力波形が入力波形と相似になっているのは半分だけです。そこで、AB級増幅ではプッシュプル増幅にして入力波形と出力波形を相似にします。

A級増幅とAB級増幅を比べた場合、A級増幅は効率は悪いのですがひずみが少ないので、小信号増幅用として使われます。それに対して、AB級増幅はプッシュプル増幅にしなければなりませんが、効率がいいのでオーディオパワーアンプのような電力増幅用として使われます。

● NチャネルJ-FETのバイアス設計

図4-28（a）の動作点を実際に決めるのはゲート・ソース電圧V_{GS}で、これをバイアス電圧といいます。

バイアス電圧の与え方は、FETのモードによっても違ってきます。図4-9に示した三つのモードのうち、EモードのFETは図4-9（b）のように

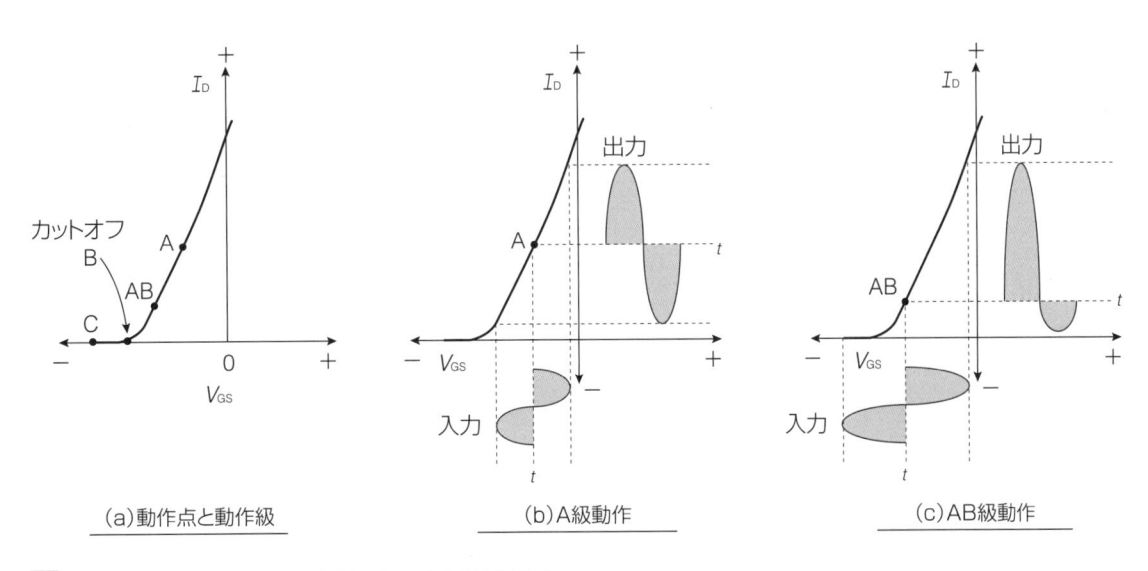

(a) 動作点と動作級　　(b) A級動作　　(c) AB級動作

■ 図4-28　NチャネルJ-FETを例にした動作級と動作点

バイアスの極性が電源と同じ（Nチャネルならプラス）なので、バイアス回路は簡単に構成できます。

その点、図4-9（a）のDモードや（c）のD+EモードのFETの場合にはバイアス設計をしなくてはなりません。そこで、ここではとりあえずA級増幅用として最もよく使われるDモードFET、具体的にはNチャネルJ-FETの2SK117を例にしてバイアス回路の説明をしてみます。なお、2SK117の規格は表4-2に示したとおりです。

図4-29は、最も簡単な自己バイアス回路と呼ばれるものです。なお、C_Cは結合コンデンサ、C_Bはバイパスコンデンサです。

FETの場合、ドレイン電流I_Dがそのままソース電流I_Sになりますが、ソース抵抗R_SにI_Sが流れると電圧降下E_Sが発生します。このE_Sはゲート抵抗R_Gを通してゲートに加えられます。その結果、ソースから見るとゲートはE_Sだけマイナスになり、これがバイアスになります。

自己バイアス回路ではこのようにして図4-28に示したV_{GS}が作り出されますが、このバイアス電圧が図4-28のA級増幅の動作点として適当かどうかはわかりません。また、自己バイアス回路ではI_{DSS}のばらつきがバイアスによってどのような影響を与えるのかも気になります。

図4-29の自己バイアス回路では、例えばFETのI_{DSS}が大きいとE_Sが大きくなってI_Dを減らす方向に働き、R_Sによって直流負帰還が掛かります。このことから、R_Sは大きく選ぶほどI_{DSS}のばらつきを抑えるのに役立ちます。

でも、R_Sを大きく選ぶとE_Sが大きくなる、ということはV_{GS}が増え、そのために場合によっては必要とするI_Dが確保できなくなることもあります。このように自己バイアス回路では、I_Dを自由に設定できないという難点があります。

そこで考え出されたのが図4-30のようなバイアス回路で、R_Sを大きくしたままでI_Dを自由に設定できます。この回路はバイアス抵抗としてR_{G1}とR_{G2}を持っており、E_Sを打ち消す方向でE_Gを用意することによって目標とするI_Dを流します。

この場合、バイアス電圧はマイナスですから$E_G<E_S$です。また、図4-30からE_Gは、

$$E_G = V_{DD} \times \frac{R_{G2}}{R_{G1}+R_{G2}} \mathrm{[V]}$$

のようになりますから、必要なE_GがわかったらR_{G1}かR_{G2}のどちらかを決め、例えばR_{G2}を決めたならR_{G1}を計算で求めます。

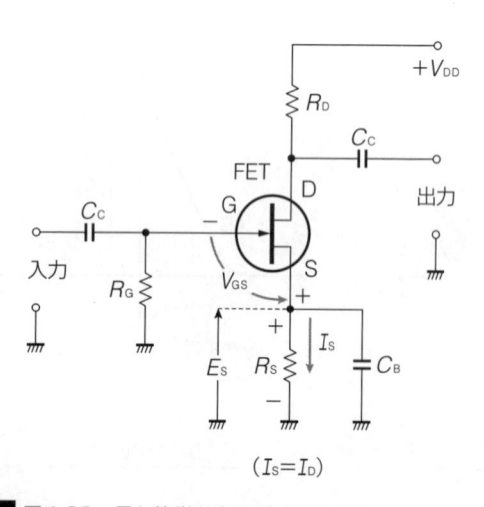

■ 図4-29　最も簡単な自己バイアス回路

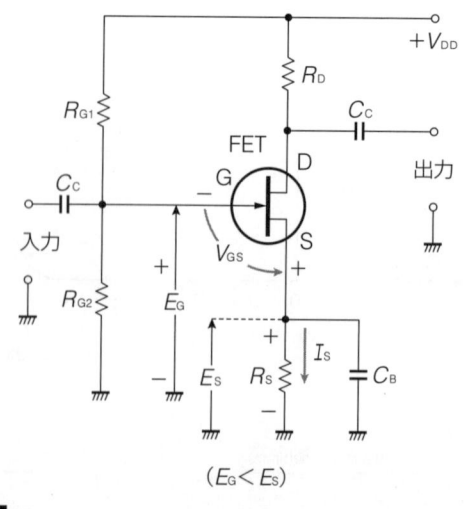

■ 図4-30　自己バイアス回路でI_Dを増やす方法

4-2 FETを試してみよう

というわけで、図4-30ではバイアス回路を動作点のどの位置にも自由に設定できますが、実際にはR_{G2}の値をあまり大きく選べないので、入力インピーダンスが高いというFETの特長を生かせなくなる恐れがあります。

それではというわけで、FETの入力回路をR_{G1}とR_{G1}から切り離すようにしたのが、図4-31のバイアス回路です。この図ではバイアス回路をR_SとR_{G1}、R_{G2}で自由に設計し、別に用意したR_Gを通してFETのゲートに与えます。もし仮にR_Gを1MΩに選べば、R_{G1}やR_{G2}とは関係なく入力インピーダンスを1MΩと高くできます。

以上が、FETの場合のバイアス回路の設計です。一番簡単だが自由度のない図4-29の自己バイアス回路から、自由度はあるが欠点のある図4-30のバイアス回路、そして自由度はあるし図4-30の欠点が取り除かれた図4-31のバイアス回路までありますが、たいていの場合は図4-29の自己バイアス回路で用が済むものです。

これらのバイアス回路で実際にどのようなことになるかは、FETの基本回路を実際に実験しながら確かめることにします。

4-2-3 FETの基本回路を試してみる

図4-27に示したFET増幅器の基本回路のうち、(a)のゲート接地回路は使われることがほとんどないので省略します。

では、図4-27(b)のソース接地回路と(c)のドレイン接地回路について、実験しながらその働きを確かめてみることにしましょう。

●ソース接地回路を試してみる

ソース接地回路は、FET増幅器として最もよく使われているものです。

FET増幅器には、オーディオ周波数を扱う低周波増幅器と、中波から短波、さらにV/UHF帯にわたっての高周波増幅器があります。そして、低周波増幅器では主としてJ-FETが使われますし、高周波増幅では主にD+EモードのMOS FETが使われています。

では、表4-2に規格を示したNチャネルJ-FETの2SK117を使って、低周波増幅器を試してみることにしましょう。表4-2には示してありませんが、2SK117の用途は低周波低雑音増幅用となっています。

では、図4-32のような自己バイアス回路を使

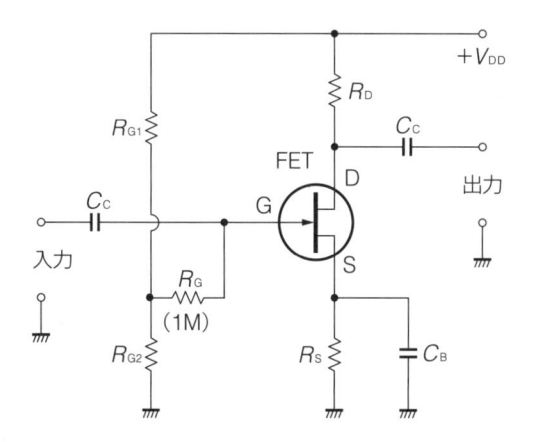

■ 図4-31　入力インピーダンスをR_{G1}、R_{G2}から切り離す

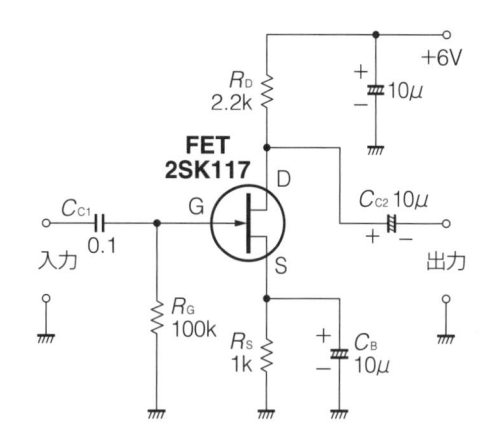

■ 図4-32　自己バイアス回路を試してみる

った増幅器から試してみましょう。実験に入る前に結合コンデンサ（C_C）とバイパスコンデンサ（C_B）の吟味をしておくと、結合コンデンサのほうは出力側はトランジスタの場合と同じですが、入力側はFETの入力インピーダンスが高い（R_Gと同じ100kΩ）のでC_{C1}のほうは0.1μFにしてあります。ちなみに、0.1μFの100Hzにおけるリアクタンスは、約16kΩです。

用意した2SK117はI_{DSS}チェッカーのテストに使ったもので、表4-3に示したようにI_{DSS}分類はGRでI_{DSS}は約5mAのものです。

では、2SK117のI_D-V_{GS}特性を調べてみましょう。データシートに示されたI_D-V_{GS}特性図にはI_{DSS}によって8本もの曲線が描かれていますが、これはI_{DSS}のばらつきを示したものです。

これではちょっとわかりにくいので、図4-33のようにI_{DSS}分類（Y、GR、BL）ごとに代表的な3本を取り出してみました。このうちで、I_{DSS}分類がGRのものはI_{DSS}≒5mAで、これはI_{DSS}チェッカーでサンプルとして取り上げたものに相当します。

では、図4-33の上に、図4-32のR_Sが100Ωと1kΩの場合のパラメータを入れてみましょう。この結果から読み取れるのは、R_Sを大きくするとI_{DSS}がばらついていてもI_Dがほぼ一定になり、I_{DSS}のばらつきが抑えられるということです。でも、ドレイン電流が1mA以下とずいぶん少なくなり、図4-28（a）に示したA級増幅の動作点からはかなりはずれます。

その点、R_Sを100ΩにするとFETのI_{DSS}のばらつきによってドレイン電流は大きく変わりますが、動作点を決めるバイアスとしてはいいところにいきます。このあたりのことは、後で実際に実験して確かめることにします。

実験は、図4-32の回路を図4-34のように平ラグ板の上に組み立て、測定は図4-35のようにし

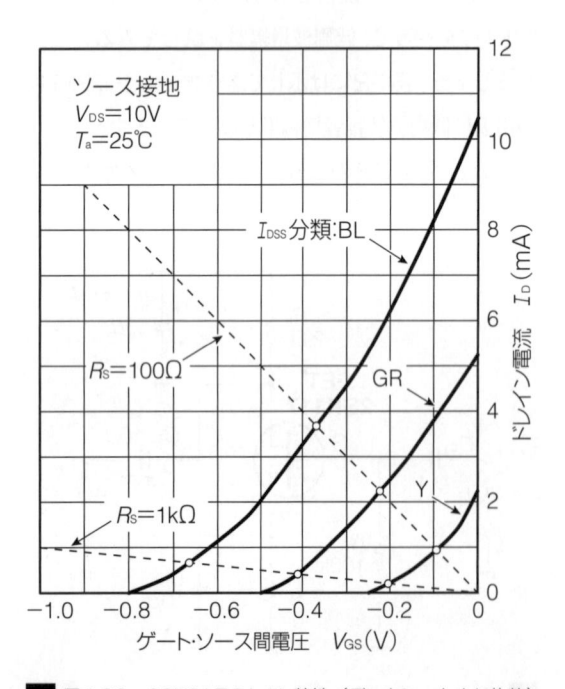

■ 図4-33 2SK117のI_D-V_{GS}特性（データシートより抜粋）

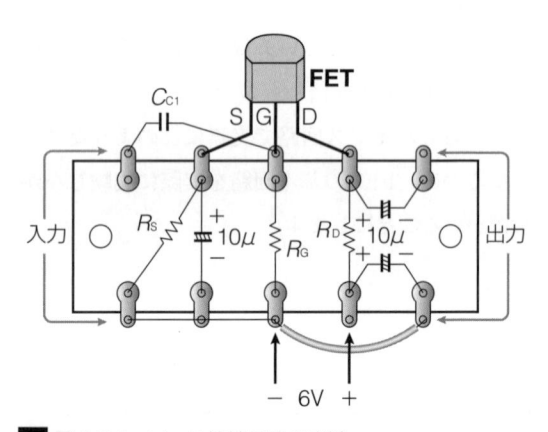

■ 図4-34 ソース接地回路の実験

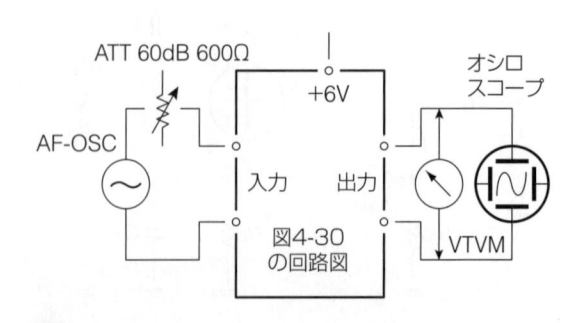

■ 図4-35 測定はこのようにして行った

て行いました。写真4-11に、実験の様子を示しておきます。

自己バイアス回路で実験したのは、図4-36に示した三種類です。

まず、(a)は図4-32そのままの場合です。この場合、図4-33のI_{DSS}分類がGRの線とR_Sが1kΩの線の交点を見ると$V_{GS}≒-0.4V$、このときのI_Dは約0.4mAです。図4-36 (a) の各部の電圧は実測値ですが、予想した値とよく一致しています。ちなみに、このときのV_{DS}は4.62Vでした。

そこで、図4-35のようにして入出力特性を調べてみたら、図4-37の (a) のようになりました。

これを見ると、入力電圧が0.01Vのときの出力電圧は約0.1V、これによりこのアンプのゲインは約10倍 (20dB) だということがわかります。

図4-36 (a) の自己バイアス回路の場合、R_Sを1kΩと大きく選んだためにドレイン電流が0.38mAと少なくなっており、そのために入出力の

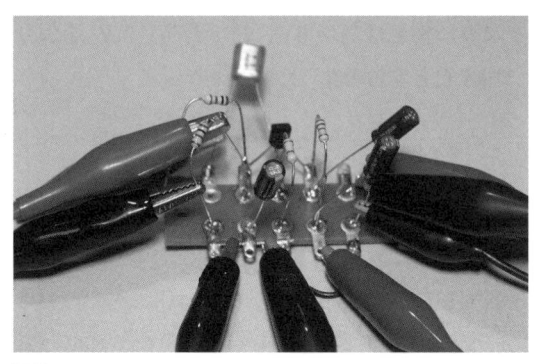

■ 写真4-11　ソース接地増幅回路の実験をしているところ

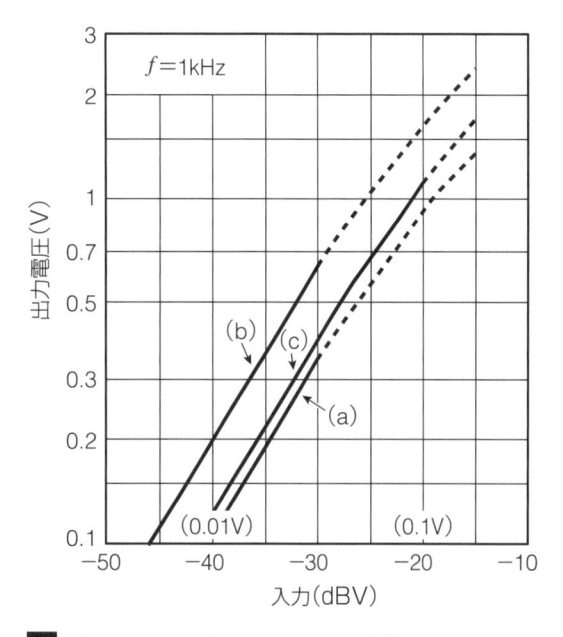

■ 図4-37　自己バイアス回路の実験結果

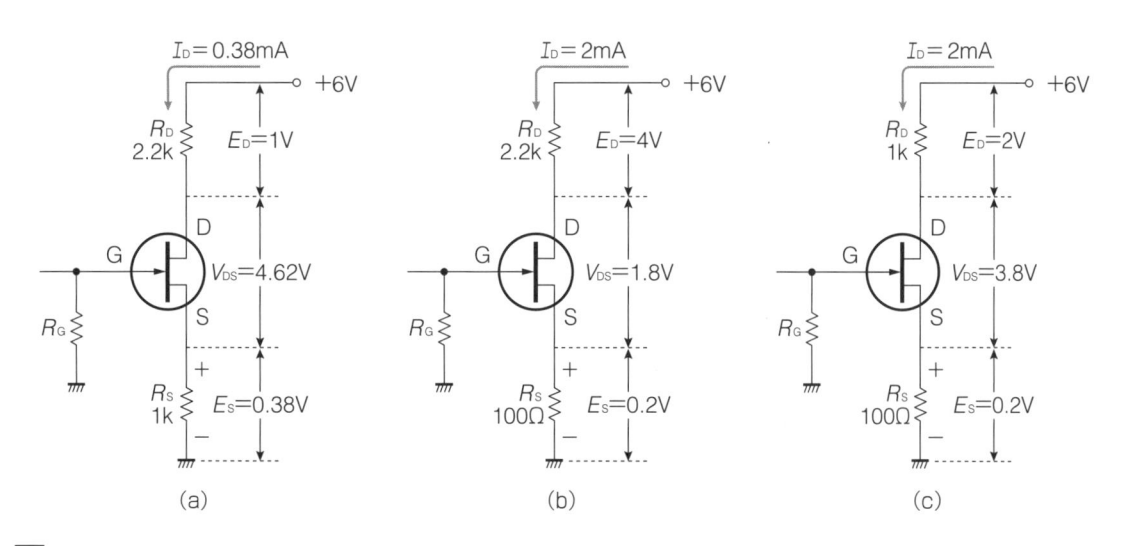

■ 図4-36　自己バイアスを使った低周波増幅器の実験

直線性はあまりよくありません。入力を増やしながらオシロスコープを目視していると、実線から点線に移るあたり（入力が30dBVを超えたあたり）で出力波形にひずみが出てきます。

結論としては、図4-36（a）の場合にはひずみなく取り出せる出力電圧の最大値は0.3V（300mV）くらいとなります。

図4-36（a）ではR_Sが大きいためにドレイン電流が減ってしまったので、（b）でR_S=100Ωの場合を試してみました。図4-33でI_{DSS}分類がGRとR_S=100Ωの交点を見るとV_{GS}≒−0.22V、このときのI_Dは約2.2mAです。図4-36（b）の各部の電圧は実測値ですが、この場合にも予想した値とほぼ一致しています。ちなみに、このときのV_{DS}は図4-36（a）の場合に比べて1.8Vとぐんと減ってしまいました。

さっそく図4-35のようにして入出力特性を調べてみたら、図4-37の（b）のようになりました。ゲインは、図4-36の（a）とほぼ同じです。

図4-36（b）ではR_Sを100Ωに減らしたために、I_Dは約2mAまで増えました。これで無ひずみの出力電圧は0.6V（600mV）以上に増えましたが、V_{DS}が低いせいか入力が30dBVを超えると出力はひずみ始め、入出力の直線性は改善されませんでした。

そこで最後に、図4-36（b）の回路のドレイン抵抗R_Dを（c）のように1kΩに減らしてみました。その場合の各部の電圧は図4-36（c）のとおりで、（b）から変わったのはV_{DS}が3.8Vになったのと、それにつれてE_Dが2Vになった2点です。

結果は図4-37の（c）のとおりで、無ひずみの出力電圧も1V以上が得られるようになりましたし、入出力の直線性も入力が20dBV（0.1V）まで伸びました。

使用するFETのI_{DSS}が事前にわかっていれば、最初から図4-36（c）のような設計が可能です。

でも、FETのI_{DSS}がばらつくような場合にはR_Sを1kΩと大きくし、図4-30や図4-31のようにバイアス回路にR_{G1}とR_{G2}を設け、I_Dを増やす工夫をします。

図4-38はその方法を示したもので、R_S=1kΩとしてI_Dを2mA流すことを目標とします。

まず、I_D=2mAですからE_S=2V、図4-33からI_Dとして2mAを流すためのV_{GS}は0.25Vです。そこで、E_GとしてE_S-V_{GS}の1.75VをR_{G1}とR_{G1}で用意すればいいことがわかります。

一方、E_GとR_{G1}、R_{G2}の関係は、

$$E_G = V_{DD} \times \frac{R_{G2}}{R_{G1}+R_{G2}} \text{〔V〕}$$

となり、例えばV_{DD}=6V、E_G=1.75V、R_{G2}を仮に100kΩとするとR_{G1}は、

$$R_{G1} = \frac{V_{DD} \times R_{G2}}{E_G} - R_{G2} = \frac{6 \times 100}{1.75} - 100$$

$$\fallingdotseq 243 \text{〔k}\Omega\text{〕}$$

となりました。

現実には243kΩという抵抗器は手に入らないので、R_{G1}としてE12（±10%）で用意されている220kΩで試してみました。その結果は、測定誤差の範囲内でぴったり図4-38に示した電圧配分に

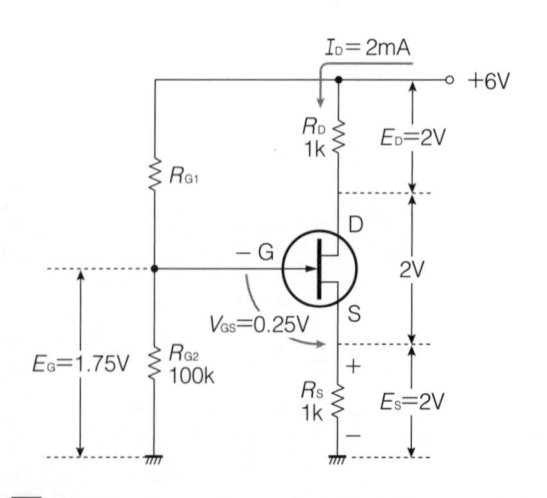

■図4-38　R_S=1kΩでI_Dを2mA流す方法

なりました。この回路なら、FETのI_{DSS}がばらついていてもI_Dをほぼ2mAに保てます。

図4-39は完成したソース接地増幅回路で、入力インピーダンスは十分高いので図4-31のR_Gを設ける必要はありませんでした。

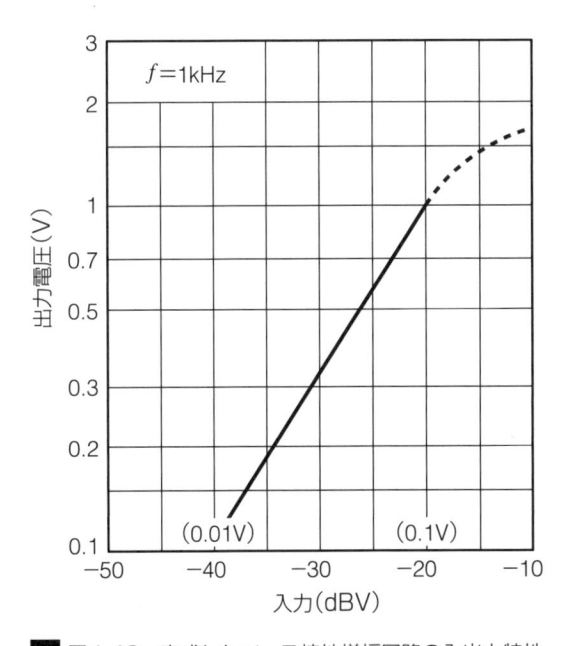

図4-40は、完成したソース接地増幅回路の入出力特性です。これを見ると、ゲインはほぼ10倍（20dB）で、出力電圧は最大で1Vといったところです。

つぎに、次ページの図4-41が完成したソース接地増幅回路の周波数特性です。入力側の結合コンデンサC_{C1}は0.1μFとしましたが、低域でのレスポンスの低下にはほとんど関係ありませんでした。さすがに、FETの入力インピーダンスは高いようです。

一方、ソースに入っているバイパスコンデンサC_Bの影響は、トランジスタの場合（図3-43参照）もそうでしたが、レスポンスの低下に大きく影響します。C_Bを100μFに増やしたら、ごらんのように大きく改善されました。

●ドレイン接地回路の応用

トランジスタでもコレクタ接地回路の応用としてコンプリメンタリSEPP回路の実験をしましたが、FETでもSEPP回路が作れます。

ドレイン接地回路は入力インピーダンスが高く出力インピーダンスが低いのでインピーダンス変換に使われますが、スピーカという低い負荷に電力を供給するオーディオパワーアンプへの応用はぴったりの仕事です。

SEPP回路はプッシュプル増幅になっていますからAB級増幅とすることができ、効率のいい増幅ができます。

では、コンプリメンタリとして用意されているFETを使って、SEPP回路の実験をしてみることにしましょう。用意したのはEモードのMOS FETで、表4-4に示したNチャネルMOS FETの2SK982と、表4-6に示したPチャネルMOS FETの2SJ148です。この2SK982と2SJ148は、コンプリメンタリになっています。

では、表4-4と表4-6をざっと比べてみることにしましょう。まず、最大定格のほうはプラス／マイナスと極性が違うだけで、数値はまったく同

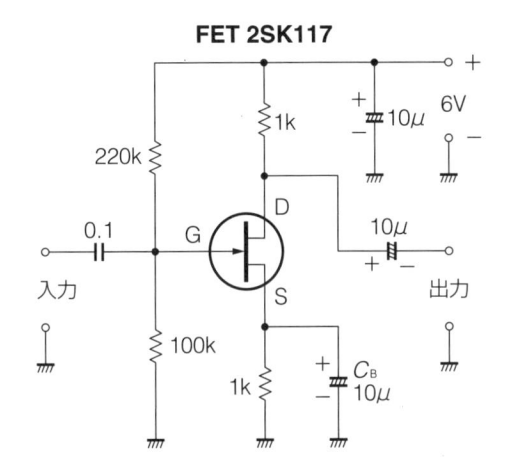

■図4-39 完成したソース接地増幅回路

■図4-40 完成したソース接地増幅回路の入出力特性

第4章 FET（電界効果トランジスタ）

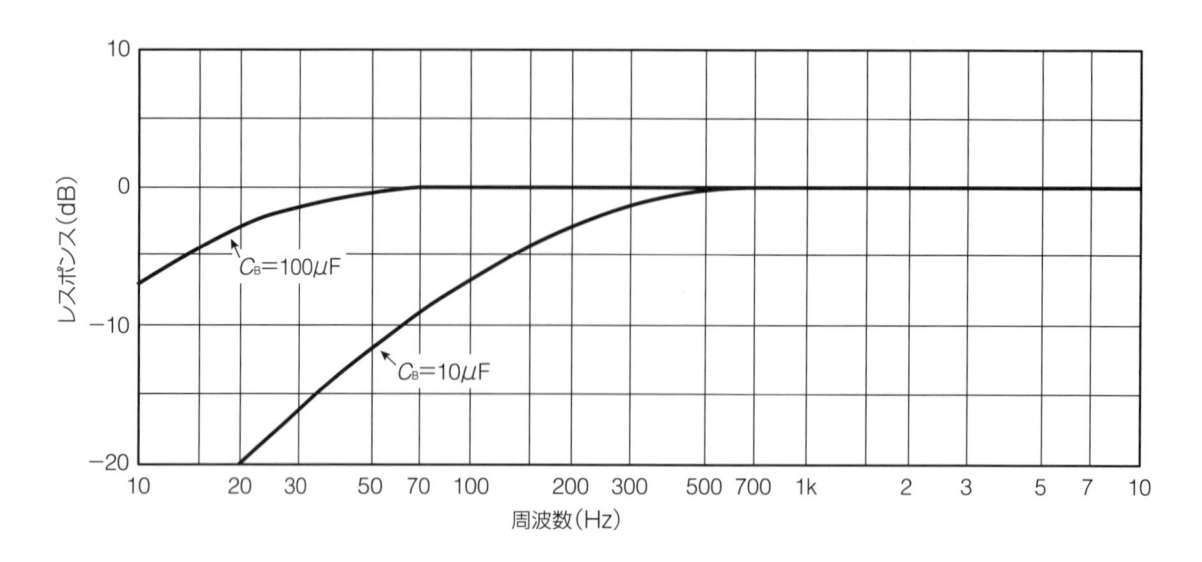

■ 図4-41 完成したソース接地増幅回路の周波数特性

●最大定格（T_a=25℃）

項　　目		記　号	定格値
ドレイン・ソース間電圧		V_{DSS}	−60V
ドレイン電流	DC	I_D	−200mA
	パルス	I_{DP}	−800mA
ドレイン損失		P_D	400mW
チャネル温度		T_{ch}	150℃

●電気的特性（T_a=25℃）

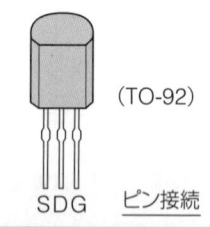

項　　目	記　号	測　定　条　件	最　小	標　準	最　大
ドレイン遮断電流	I_{DSS}	V_{DS}=−60V, V_{GS}=0	−	−	−10μA
ゲートしきい値電圧	V_{th}	V_{DS}=−10V, I_D=−1mA	−2V	−	−3.5V
順方向伝達アドミタンス	$|Y_{fs}|$	V_{DS}=−10V, I_D=−50mA	100mS	−	−
ドレイン・ソース間ON抵抗	$R_{DS(ON)}$	I_D=−50mA, V_{GS}=−10V	−	1.3Ω	2.0Ω
ドレイン・ソース間ON電圧	$V_{DS(ON)}$	I_D=−50mA, V_{GS}=−10V	−	−65mV	−100mV

（TO-92）
ピン接続　SDG

■ 表4-6 2SJ148の規格（2SK982とコンプリメンタリ）

じです。電気的特性のほうはドレイン・ソース間の抵抗と電圧が少し違っていますが、SEPPアンプを作るときにどのような影響が出るか、ちょっと気にしておくことにします。

EモードのMOS FETでSEPP回路を作る場合、バイアス回路もMOS FETに合わせたものを準備しなければなりません。その場合、電気的特性のゲートしきい値電圧に合わせて準備しますが、表4-4と表4-6を比べてみるとどちらも同じ電圧になっているので一安心です。

図4-42はFETで作るSEPPアンプの実験回路で、電源電圧は12Vで試してみることにします。

まず、バイアス回路は2個のバイアス抵抗R_Bと可変抵抗器のR_{BV}で構成されています。一方、必要なバイアス電圧はFET2個分が必要で、ゲートしきい値電圧のばらつきから4～7Vとなります。4Vだと電源電圧の12Vの3分の1、7Vだと2分の1以上で、最初から設計するのは困難と判断して図

4-2 FETを試してみよう

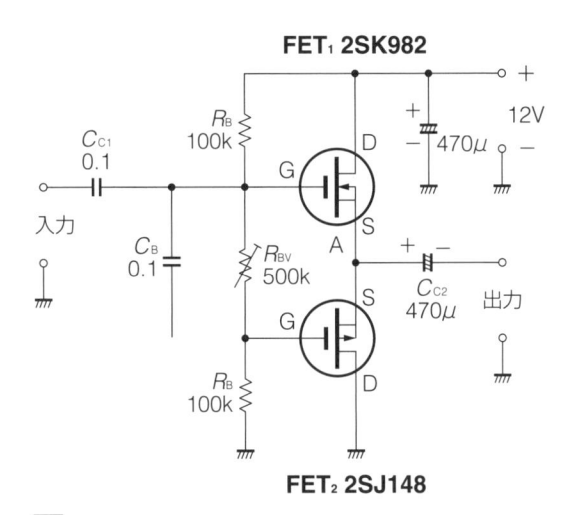

■ 図4-42 FETで作るSEPPアンプの実験回路

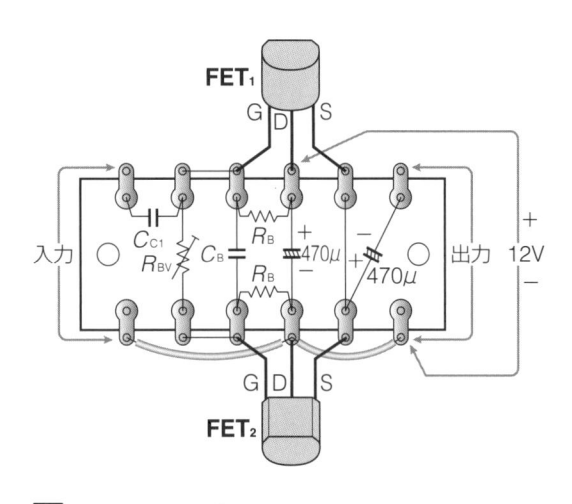

■ 図4-43 平ラグ板の上に実験回路を作る

4-42のように実験は半固定抵抗器R_{BV}で行うことにしました。

実験回路ができたところで、平ラグ板の上に図4-43のように実験回路を組み立てました。写真4-12に、実験中の平ラグ板の様子を示しておきます。

では、次ページの図4-44のように測定器や電源をつなぎ、さっそくSEPPアンプの実験をしてみましょう。負荷抵抗R_Lは、写真4-12に示したように10Ω/3Wのセメント抵抗器です。なお、電源には直流電流計を用意し、電源電流を読めるようにしておきます。図4-42の回路ではバイアス回路に流れる電流は無視できますから、電流計で測った電流はFETに流れるドレイン電流と思って間違いありません。

では、図4-42のR_{BV}を抵抗値ゼロにして電源を加えてみましょう。この場合にはバイアス電圧はゼロですから、FETには電流は流れません。ついでに、図4-42のA点の電圧を測ってみたら、電源電圧のほぼ半分の約6Vになっていました。これも、

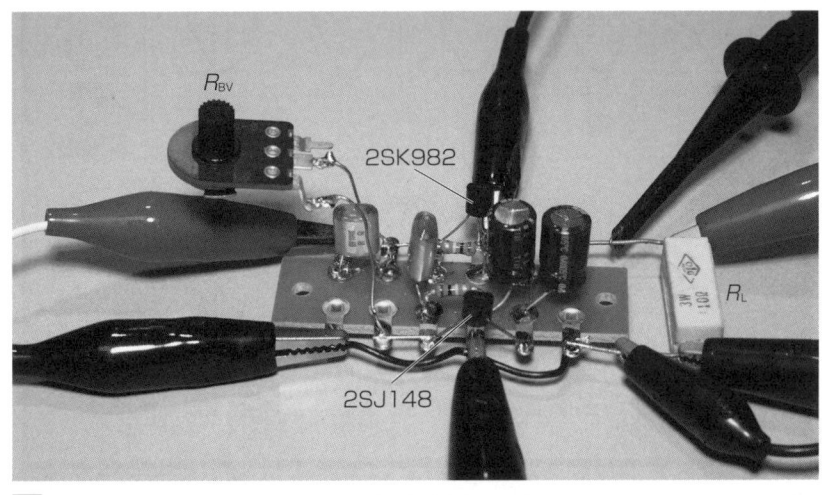

■ 写真4-12 FETで作るSEPPアンプの実験をしているところ

第4章　FET（電界効果トランジスタ）

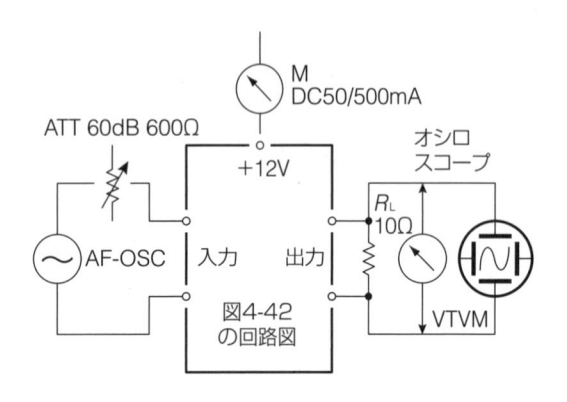

■ 図4-44　実験はこのようにして行った

重要なポイントです。

確認ができたところでR_{BV}をゆっくり回してみたら、バイアス電圧がFETのしきい値を超えたあたりでドレイン電流が流れ始めました。そこで、I_D=5mAとなったところでAF-OSCから入力に1Vを加えてみたら、出力が出てきました。

写真4-13はその様子を示したもので、上が入力波形、そして下が出力波形です。出力波形を見ると教科書どおりのクロスオーバひずみが発生しており、I_D=5mAではバイアス電圧が足りません。

そして、さらにR_{BV}を回して実験をしてみた結果、無信号時のI_Dが10mAだと出力波形のクロスオーバひずみはほぼなくなり、20～30mAで出力波形は完全に無ひずみとなりました。

そこで、ドレイン電流が25mAになるようにして電源を切り、R_{BV}を回路からはずして抵抗を測ってみたら、約274kΩでした。でも、274kΩという抵抗器は入手できませんから、E12（±10%）で値の一番近い270kΩに置き換えてみたら、ドレイン電流は約30mAになりました。これで、バイアス回路の実験は終わりです。

続いて、SEPPアンプの入出力特性を調べてみたら、図4-45のようになりました。実験したSEPPアンプは励振回路を持っていないので電圧ゲインは1以下で、図4-45を見ると0.6倍くらいです。

一方、使用したAF-OSCの最大出力電圧は約4Vで、図4-45に示したP_0=730mWの点は入力電圧が4Vのときです。この点ではわずかにクリッピングひずみが始まるのが見えますから、ほぼ最大出

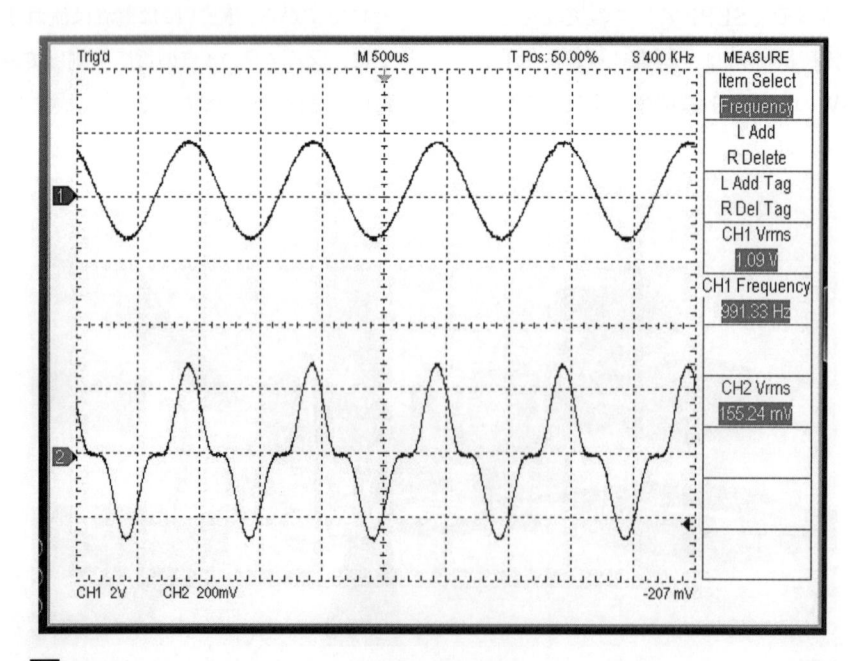

■ 写真4-13　I_D=5mAのときの入力波形と出力波形

力とみていいようです。

このときの図4-44のようにして測ったドレイン電流I_Dは、約150mAでした。FETに使った2SK982と2SJ148の最大定格をを見るとドレイン電流の最大値は200mAですから、このあたりがほぼ最大出力ということになります。

実験の最後に、SEPPアンプの周波数特性を調べてみました。図4-46がその結果で、低域はレスポンスの低下がみられましたが、高域は100kHzまでフラットでした。

このSEPPアンプの入力インピーダンスは図4-42の2個のR_Bが並列につながったものになりますから、50kΩです。一方、C_{C1}（0.1μF）の100Hzでのリアクタンスを計算してみると約16kΩですから、低域のレスポンスの低下に影響しているかもしれません。そこでC_{C1}を1μFにしてみたのが図4-46の$C_{C1}=1μF$です。あとのレスポンスの低下は、出力側のC_{C2}の影響です。

以上で、MOS FETで作るSEPPアンプの実験は終わりです。このSEPPアンプは実験用で励振回路を持っていませんから、実用に供するには励振回路が必要です。そのあたりのことは、参考文献[*]を参照してください。

＊［参考文献］「続トランジスタ回路の設計」鈴木雅臣著、CQ出版刊、第5章参照

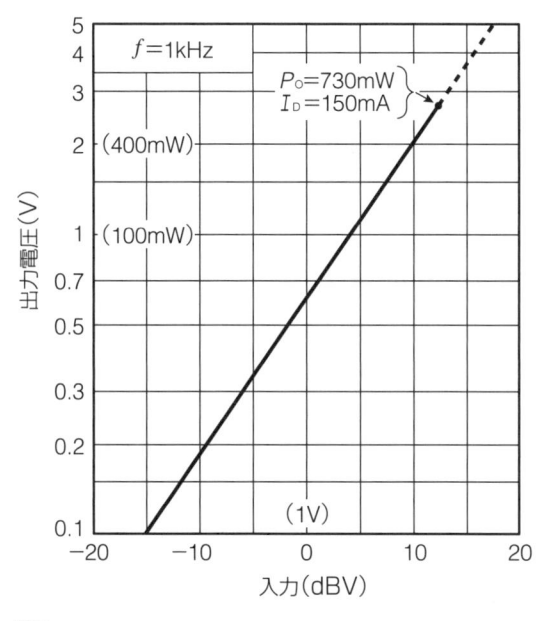

■図4-45　FETで作ったSEPPアンプの入出力特性

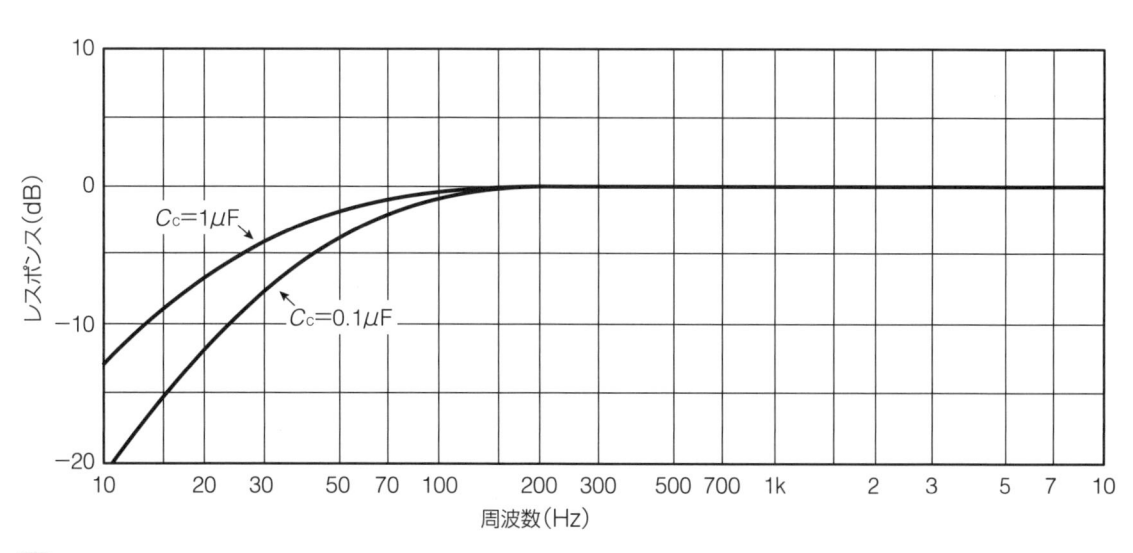

■図4-46　FETで作ったSEPPアンプの周波数特性

第4章 FET（電界効果トランジスタ）

4-3 FETの高周波への応用

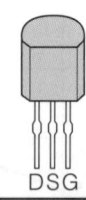

4-3-1 FETで作る高周波アンプ

トランジスタで高周波アンプを作ると、しばしば発振に悩まされます。そこで、今のようにFETがポピュラーになる前には、トランジスタを中和回路を設けて使っていました。

トランジスタで作った高周波アンプが発振してしまうのは、トランジスタ内部の帰還容量が大きかったからです。初期の頃には、AMラジオの中間周波増幅でもIFTには中和回路の準備がありました。

FETは、トランジスタに比べるとゲインは少ないのですが、帰還容量は一桁くらい少なくなっています。そこで、中和回路なしで高周波アンプを作ることができます。そのようなわけで、現在では高周波アンプはFETで作られるのが普通です。

数MHzから数百MHzの高周波アンプを作る場合に使われるFETは、用途がFMチューナ用とか

VHF帯増幅用となっているもので、シングルゲートとデュアルゲートのMOS FETがあります。

表4-7は、D+Eモードのシングルゲート MOS FET、2SK241の規格を示したものです。この種のFETは現在ではすべてチップFETになっており、2SK241のようにリード線タイプのものは本当に少なくなっています。

表4-8は、D+Eモードのデュアルゲート MOS FET、3SK73の規格を示したものです。電気的特性は表4-7の2SK241に似ていますが、ゲートが二つあるところが違っています。FET規格表を見ると3SKのデュアルゲートFETそのものの数が少ないのですが、3SK73と同じように使えそうなものが並んでおり、デュアルゲートMOS FETそのものが高周波アンプ用だということがわかります。

このデュアルゲートMOS FETも今ではチップFETになっており、3SK73や3SK77のようにリード線タイプのものは入手がむずかしくなっています。

では、2SK241や3SK73で作る高周波アンプを紹

●最大定格（T_a=25℃）

項　目	記　号	定格値
ドレイン・ソース間電圧	V_{DS}	20V
ドレイン電流	I_D	30mA
許容損失	P_D	200mW

●用途
・FMチューナ用
・VHF帯増幅用

DSG　ピン接続

●電気的特性（T_a=25℃）

項　目	記　号	測定条件	最　小	標　準	最　大
ドレイン電流	I_{DSS}(注)	V_{DS}=10V, V_{GS}=0	1.5	−	14mA
ゲート・ソース間遮断電圧	$V_{GS(OFF)}$	V_{DS}=10V, I_D=100μA	−	−	−2.5V
順方向伝達アドミタンス	|Y_{fs}|	V_{DS}=10V, V_{GS}=0, f=1kHz	−	10mS	−
入力容量	C_{iss}	V_{DS}=10V, V_{GS}=0, f=1MHz	−	3.0pF	−
帰還容量	C_{rss}		−	0.035pF	0.050pF
電力利得	G_{PS}	V_{DS}=10V, V_{GS}=0, f=1MHz	−	28dB	−
雑音指数	NF		−	1.7dB	3.0dB

注：I_{DSS}分類…O：1.5～3.5mA、Y：3.0～7.0mA、GR：6.0～14.0mA

■ 表4-7　シングルゲートMOS FET 2SK241の規格

4-3 FETの高周波への応用

●最大定格(T_a=25℃)

項　　目	記　号	定格値
ドレイン・ソース間電圧	V_{DS}	20V
ドレイン電流	I_D	30mA
許容損失	P_D	300mW

●用途
・FMチューナ用
・VHF帯増幅用

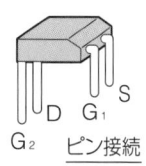

ピン接続

●電気的特性(ソース接地、T_a=25℃)

項　　目	記　号	測　定　条　件	最小	標準	最大
ドレイン電流	I_{DSS}(注)	V_{DS}=15V, V_{G1S}=0, V_{G2S}=4V	3mA	—	14mA
ゲート1・ソース間遮断電圧	$V_{G1S(OFF)}$	V_{DS}=15V, V_{G2S}=4V, I_D=100μA	—	—	−2.5V
ゲート2・ソース間遮断電圧	$V_{G2S(OFF)}$	V_{DS}=15V, V_{G1S}=0, I_D=100μA	—	—	−2.5V
順方向伝達アドミタンス	$|Y_{fs}|$	V_{DS}=15V, V_{G2S}=4V, I_D=10mA, f=1kHz　G_1入力	—	2.0mS	—
入力容量	C_{iss}	V_{DS}=15V, V_{G2S}=4V, I_D=10mA, f=1MHz	—	5.0pF	—
帰還容量	C_{rss}		—	0.03pF	0.05pF
電力利得	G_{PS}	V_{DS}=15V, f=100MHz	20dB	25dB	—
雑音指数	NF		—	2.2dB	3.5dB

注：I_{DSS}分類…Y：3〜7mA、GR：6〜14mA

表4-8　デュアルゲートMOS FET 3SK73の規格

介してみることにしましょう。

図4-47(a)はシングルゲートMOS FETの2SK241を使った高周波アンプの例で、回路はとてもシンプルです。

(b)はデュアルゲートMOS FETの3SK73を使った高周波アンプの例で、ゲートが増えた分だけ回路は複雑になっています。

3SK73で高周波アンプを作る場合、G_1に入力を加えますが、G_2をどのようにしたらいいかは迷うところです。次ページの図4-48は3SK73のデータシートに示された$|Y_{fs}|$-V_{G2S}特性を示したもので、V_{G1S}がパラメータになっています。これを見ると、G_2には3V前後の電圧を加えておけばいいことがわかります。

2SK241のようなシングルゲートMOS FETが登場するまでは、高周波アンプは3SK73のようなデュアルゲートMOS FETで作っていたのですが、今ではシングルゲートMOS FETを使った(a)

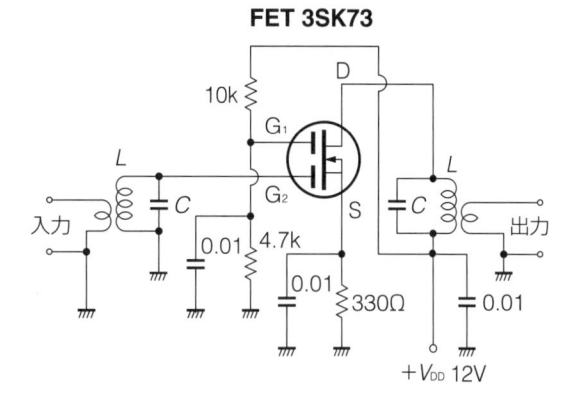

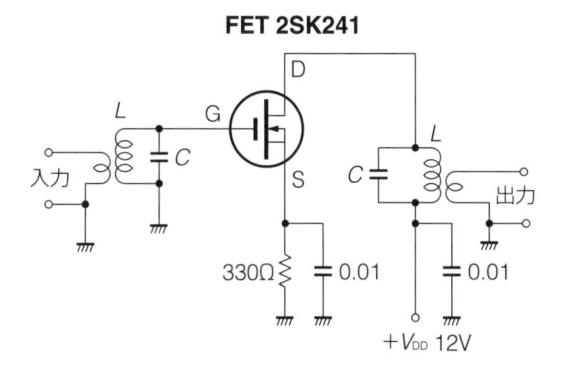

(a)シングルゲート MOS FETの例

(b)デュアルゲート MOS FETの例

図4-47　MOS FETで作る高周波アンプ

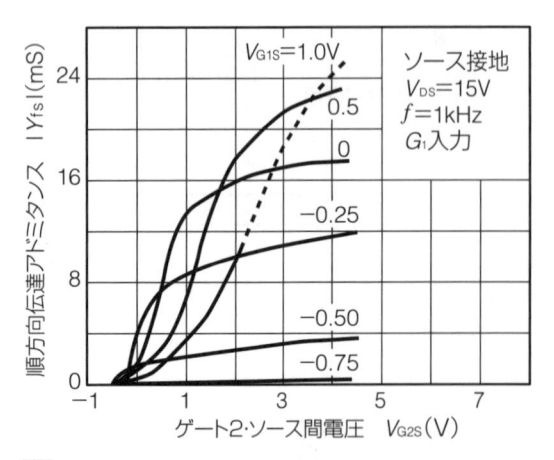

第4章 FET（電界効果トランジスタ）

■ 図4-48　3SK73の|Y_{fs}|-V_{G2S}特性

の回路がよく使われています。

これらの回路は、*LC*共振回路の*L*や*C*を換えることにより、HF帯（3～30MHz）からVHF帯のFM周波数（76～90MHz）くらいまで、そのままの回路で使うことができます。

高周波アンプでは、しばしばゲインコントロールが必要になります。図4-49は図4-47の高周波アンプにゲイン調整用の*VR*を設けたもので、*VR*がアース側になったときがゲイン最大、またV_{DD}側になったときがゲイン最小になります。

4-3-2　FETで作る発振器

高周波の発振器には、自励発振の*LC*発振回路と、水晶発振回路があります。水晶発振回路には、セラミック発振回路も含まれます。

高周波の発振回路に使われるFETは、用途が高周波増幅となっているDモードのJ-FETやD+EモードのMOS FETが適当です。

●*LC*発振回路

図4-50は、*LC*発振回路の原理図を示したものです。(a)はハートレー発振回路で、帰還回路はコイル*L*のタップで作ります。また、(b)はコルピッツ発振回路で、帰還回路はC_1とC_2によって作られています。これらの発振回路の発振周波数は、*L*と*C*で決まります。

ハートレー発振回路とコルピッツ発振回路を比べた場合、(a)のハートレー発振回路はコイルに帰還用のタップが必要なのでちょっとやっかいで

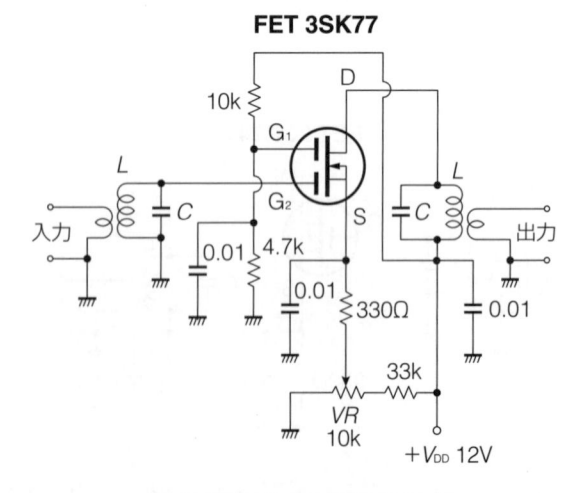

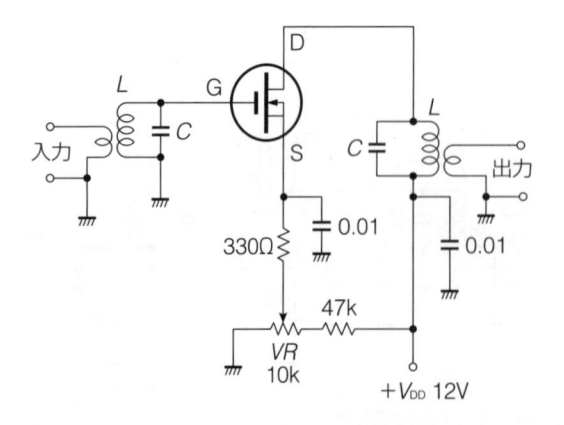

(a) シングルゲート MOS FETの例

(b) デュアルゲート MOS FETの例

■ 図4-49　MOS FETで作るゲイン調整*VR*付きRFアンプ

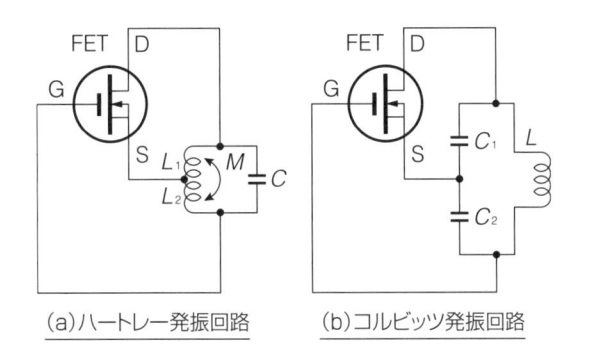

4-3 FETの高周波への応用

図4-50 (a)ハートレー発振回路　(b)コルピッツ発振回路
LC発振回路の原理図

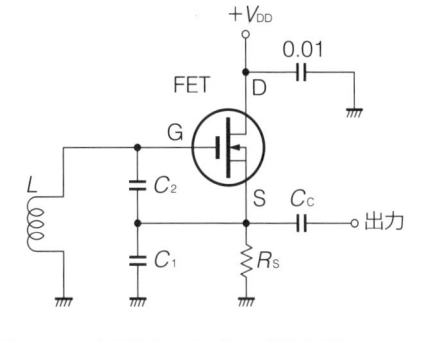

図4-51 実用的なコルピッツ発振回路

す。その点、(b)のコルピッツ発振回路はコイルにタップが必要ないので作りやすくなります。以上のようなわけで、LC発振回路としては(b)のコルピッツ発振回路がよく使われます。

図4-51は、図4-50(b)のコルピッツ発振回路の原理図を実用的な回路に書き直したものです。C_1とC_2を対比させてみると、回路の成り立ちがわかります。

この発振回路の発振周波数fは、

$$f = \frac{1}{2\pi\sqrt{L \cdot \frac{C_1 \times C_2}{C_1 + C_2}}} \text{[Hz]}$$

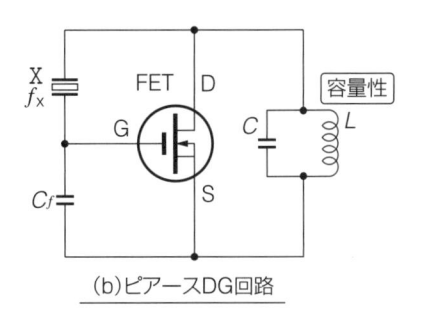

となります。

●水晶発振回路

水晶発振回路は水晶発振子やセラミック発振子といった固有の周波数を持った発振子を使ったもので、図4-52は水晶発振回路の原理図です。Xというのが水晶発振子やセラミック発振子で、f_xというのは発振子が持っている固有の周波数です。

図4-52(a)はピアースGS回路と呼ばれるもので、コンデンサC_fが帰還容量です。この発振回路では、LC共振回路が誘導性（コイルの性質を示す）のときに発振します。

図4-52(b)はピアースDG回路と呼ばれるもので、やはりコンデンサC_fは帰還容量です。この発振回路ではLC共振回路が容量性（コンデンサの性質を示す）のときに発振します。

次ページの図4-53は実際に使われる発振回路に書き直したもので、(a)のピアースGS回路も、また(b)のピアースDG回路も、両方とも使われます。

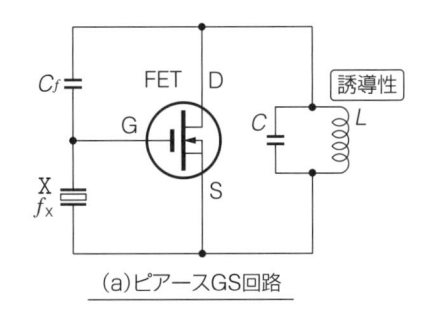

(a)ピアースGS回路　(b)ピアースDG回路

図4-52 水晶発振回路の原理図

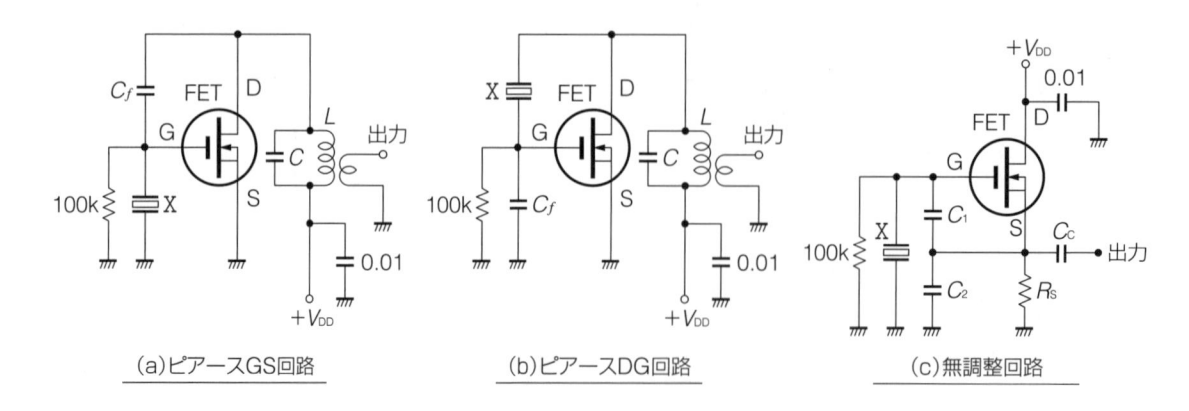

第4章　FET（電界効果トランジスタ）

(a) ピアースGS回路　　**(b) ピアースDG回路**　　**(c) 無調整回路**

■ 図4-53　実際に使われる水晶発振回路

　図4-53（a）はピアースGS回路で、LC共振回路を誘導性にするには発振子の周波数f_xよりも低い周波数に共振させます。帰還容量C_fは場合によってはFET内部の帰還容量でまかなえる場合もありますが、FETの帰還容量は小さいので発振周波数に応じて数pFから数十pFを補います。

　図4-53（b）はピアースDG回路で、LC共振回路を容量性にするには発振子の周波数f_xよりも高い周波数に共振させます。帰還容量C_fについては省略できる場合が多いのですが、発振が弱いようなら発振周波数に応じて数pFから数十pFを補います。

　そして、図4-53（c）は無調整回路と呼ばれるもので、（b）のピアースDG回路の変形です。この回路では（b）の回路のC_fがC_1に、また容量性となるLC共振回路がC_2に相当します。

4-3-3　短波コンバータの実験

　では、MOS FETを使って短波放送のメインストリートと呼ばれる31mバンド（9,400〜9,900kHz）を受信する短波コンバータを作ってみることにしましょう。31mバンドは海外からの電波もよく飛んできますし、ラジオNIKKEI（昔のNSB）も第1放送（JOZ3、9,595kHz）と第2放送（JOZ7、9,760kHz）が行われています。

　短波コンバータを作る場合、親受信機を何にするかを決めなくてはなりません。よく使われるのはAMラジオ（531〜1,602kHz）で、ここでは家庭用のAMラジオを使うことにします。

　図4-54は短波コンバータの計画を示したもので、出力周波数は1,000kHz（1MHz）付近とすることにします。なお、付近といったのは最近のDTS（デジタルチューニングシステム）を採用しているAMラジオでは9kHzおきに周波数を選ぶようになっており、実際には1,000kHzに最も近いのは999kHzになるからです。

　では、図4-54の計画を説明してみることにしましょう。この短波コンバータは、高周波回路でのFETをできるだけいろいろと体験できるように、高周波増幅付きとしました。31mバンドの電波を高周波増幅で増幅した後、周波数変換に送ります。

　周波数変換では、高周波増幅から送られてきた入力信号（f_i）と局部発振で作られた局発信号（f_L）を混合し、出力信号（f_o）を得ます。なお、周波数変換は上側ヘテロダインとしましたので、局部発振の周波数f_Lは10,400〜10,990kHzというこ

4-3 FETの高周波への応用

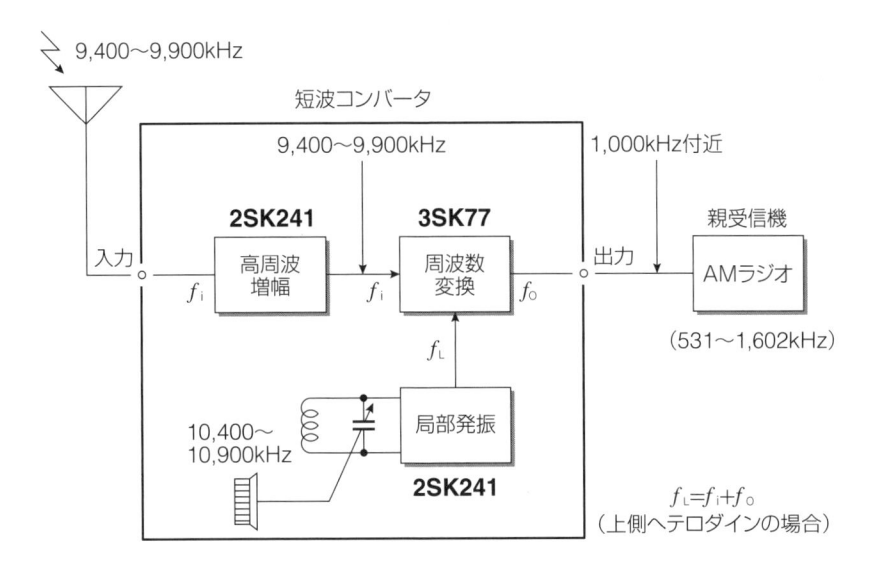

図4-54　31mバンド用短波コンバータの計画

とになります。

局部発振は、LC共振回路を使った自励発振です。バリコンを回して発振周波数を変化させ、31mバンドを受信します。

次ページの図4-55が、31mバンド用短波コンバータの回路図です。FET_1の2SK241が高周波増幅で、図4-47（a）そのままです。

FET_2の3SK73が周波数変換で、デュアルゲートMOS FETを周波数変換として使う場合にはG_1に入力信号f_iを入れ、G_2に局発信号f_Lを加えます。この回路は、デュアルゲートMOS FETを周波数変換として使う場合の標準的なものです。

FET_3の2SK241が局部発振で、コルピッツ発振回路を構成しています。この局部発振では10,400～10,990kHzを発振させますが、15pFのバリコンでこれをカバーしています。

この局部発振では、発振周波数の安定度と同調操作が大切です。まず、安定度のほうはLC共振回路を使った自励発振ですから、いいはずはありません。でも、受信している放送が聞こえなくなってしまうようなことはありませんでした。また、

同調操作のほうは周波数の可変範囲が600kHzほどと狭いので、バリコンに直結のツマミを付けたものでもそんなにむずかしくはありませんでした。このあたりは、FETの高周波での動作を確かめるための実験ということで我慢することにします。

この短波コンバータをうまく働かせるには、やはりプリント板の上に作る必要があります。図4-56にプリントパターンを示しておきますので、組み立ての参考にしてください。185ページの写真4-14に、プリント板の組み立てが終わったところを示しておきます。

プリント板の組み立てが終わったら、電源電流I_{cc}を測れるようにして電源を加えてみましょう。図4-57は短波コンバータの各部の電圧を示したもので、例えばFET_1のソース抵抗が330Ωでソース電圧が0.74Vなら、オームの法則からFET_1に流れているドレイン電流は約2.2mAと計算できます。

短波コンバータで調整が必要なのは局部発振ですが、まず局部発振がうまく発振しているかどうかを確認しなくてはなりません。

具体的には、電源電流I_{cc}を測りながら発振回路

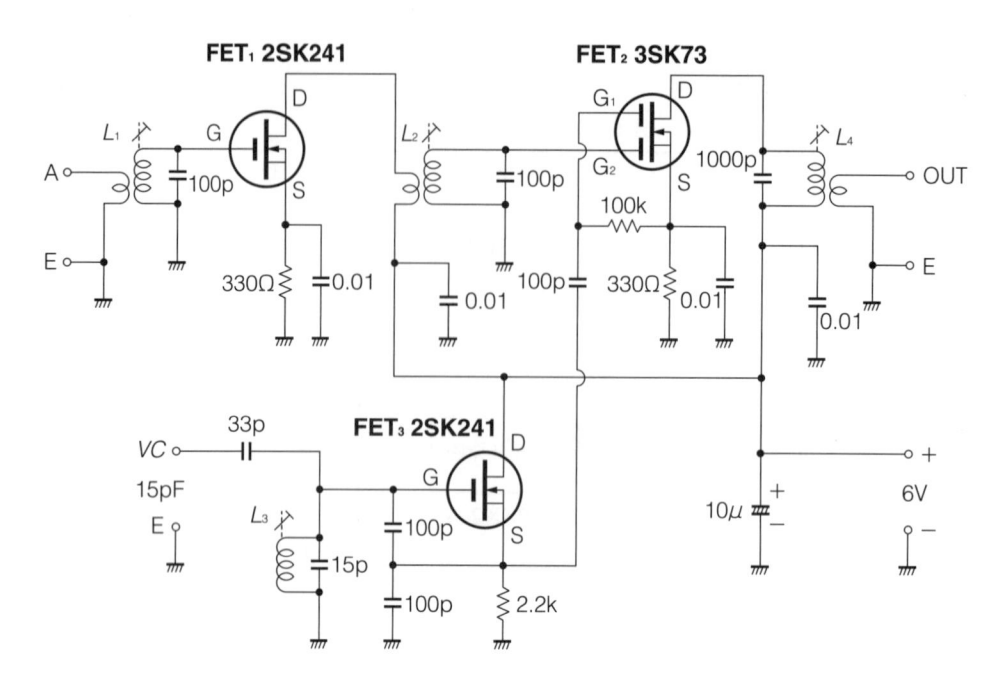

第4章　FET（電界効果トランジスタ）

■ 図4-55　31mバンド用短波コンバータの回路図

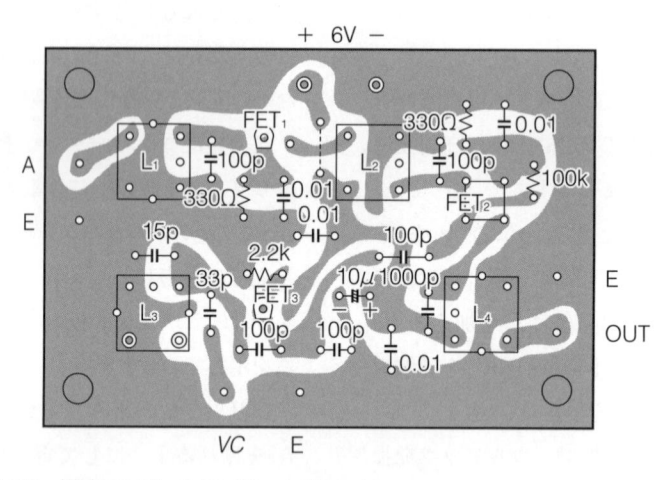

$L_1 \sim L_3$：FCZ9，L_4：FCZ1R9

■ 図4-56　短波コンバータのプリントパターン

を指で押さえて発振を止めてみたとき、電源電流がわずかに変化したら発振していることになります。実験の結果では、電源電流は図4-57に示したように4.5mAでしたが、発振を止めると4mAに減りました。

　FET$_2$の周波数変換では、ゲート2への局部発振の注入電圧も重要です。注入電圧を測ってみたら、図4-57に示したように0.3Vでした。局部発振の注入電圧を測るにはRF電圧計が必要ですが、もしRF電圧計があったら測ってみるといいでしょう。

　局部発振がうまく働いていることを確認できたら、例えば186ページの写真4-15のようにバリコ

4-3 FETの高周波への応用

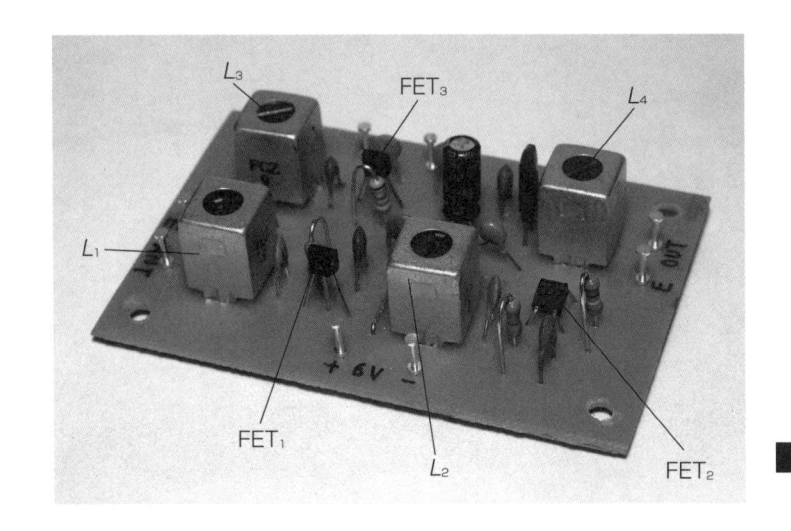

■写真4-14 短波コンバータの組み立てが終わったところ

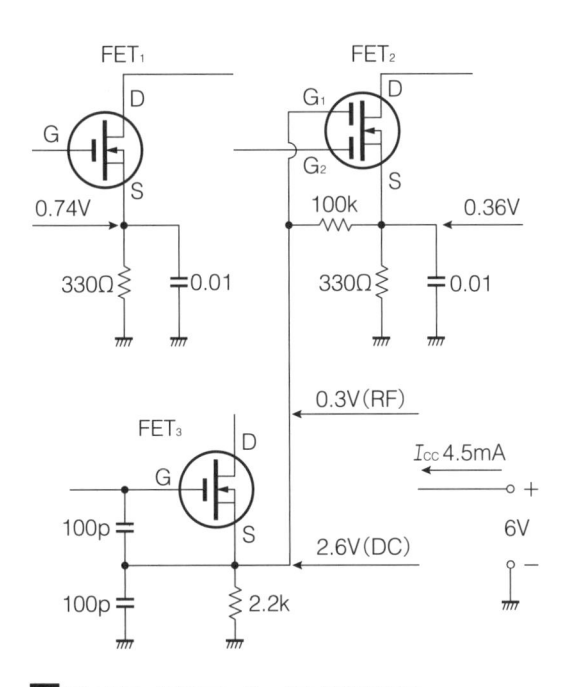

■図4-57 短波コンバータの各部の電圧

ンを操作できるように木板の上などに組み立てます。このあと、最終的には局部発振周波数が10,400～10,900kHzになるようにL_3のコアを調整しなければなりませんが、それには周波数カウンタなどの測定器が必要です。測定器がある場合には、L_3の調整を済ませておいてください。

では、親受信機となるAMラジオを用意しましょう。親受信機としては、オーディオミニコンポなど、外部アンテナをつながないと受信できないようなものが適当です。ポケットラジオなど、バーアンテナを内蔵していてアンテナをつながなくても放送を受信できるようなものは、特に夜間などはAM放送で溢れかえり、短波コンバータで利用できる周波数がなくなってしまいます。

外部アンテナをつながなくては何も聞こえないようなAMラジオが用意できたら、短波コンバータとの間を2芯シールド線で図4-58のようにつなぎます。シールド線の外皮（シールド）の処理は、AM放送の混入が少ないように行います。実際に3mほどの2芯シールド線で短波コンバータとAMラジオの間をつないでみましたが、AM放送の混入はほとんどありませんでした。

短波コンバータにつなぐアンテナとアースは、できるだけいいものを用意する必要があります。アンテナは、できれば10mくらいのビニール線を用意するといいでしょう。

準備ができたら、AMラジオを1,000kHz付近に合わせ、短波コンバータのバリコンを回してみます。すると、昼間なら株価を読み上げているラジオNIKKEIのほかに、中国や韓国、インドネシアなど近隣諸国の放送が聞こえます。また、夜にな

185

第4章 FET（電界効果トランジスタ）

■写真4-15 完成した短波コンバータ

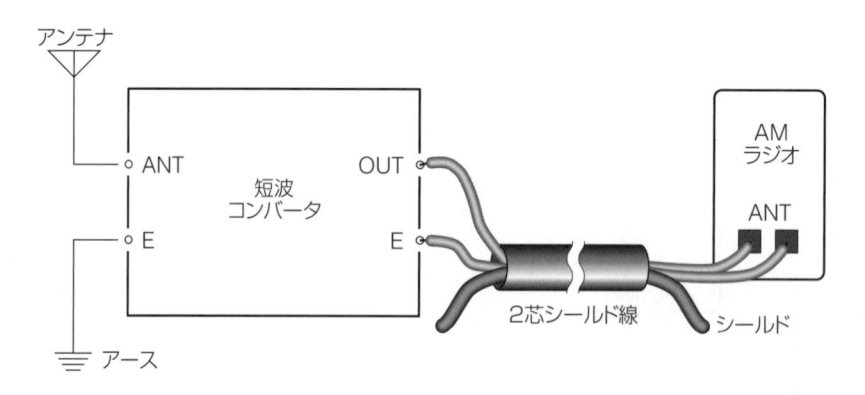

■図4-58 短波コンバータとAMラジオをつなぐ

るとVOAなども聞こえてきます。

　うまく放送が聞こえるようになったら、L_3を除くコイルを放送がもっともよく聞こえるように調整します。でも、同調はブロードです。

　この短波コンバータは、高周波増幅と周波数変換の同調回路のLCと、それと局部発振の発振周波数を変えることにより、そのままの回路で他の放送バンドに対応した短波コンバータに作り変えることができます。

　参考までに、表4-9によく使われている短波帯の主な放送バンドを示しておきます。

名　称	周波数	備　考
120mバンド	2,300〜2,498kHz	熱帯地方のローカル放送
90mバンド	3,200〜3,400kHz	
75mバンド	3,900〜4,000kHz	国内、国際放送用
60mバンド	4,750〜5,060kHz	
49mバンド	5,730〜6,295kHz	
41mバンド	7,200〜7,600kHz	
31mバンド	9,400〜9,900kHz	世界中に向けての国際放送用
25mバンド	11,500〜12,160kHz	
19mバンド	15,100〜15,800kHz	
16mバンド	17,480〜17,900kHz	
13mバンド	21,450〜21,850kHz	
11mバンド	25,670〜26,100kHz	

■表4-9 短波の主な放送バンド

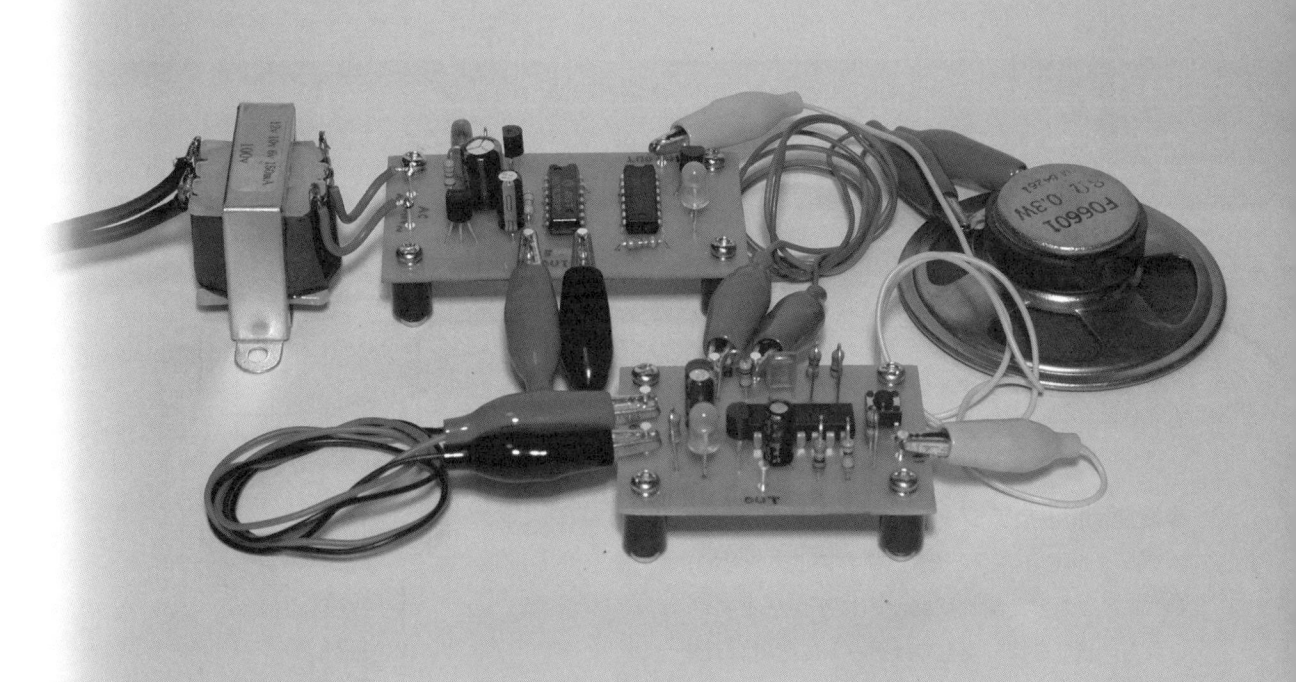

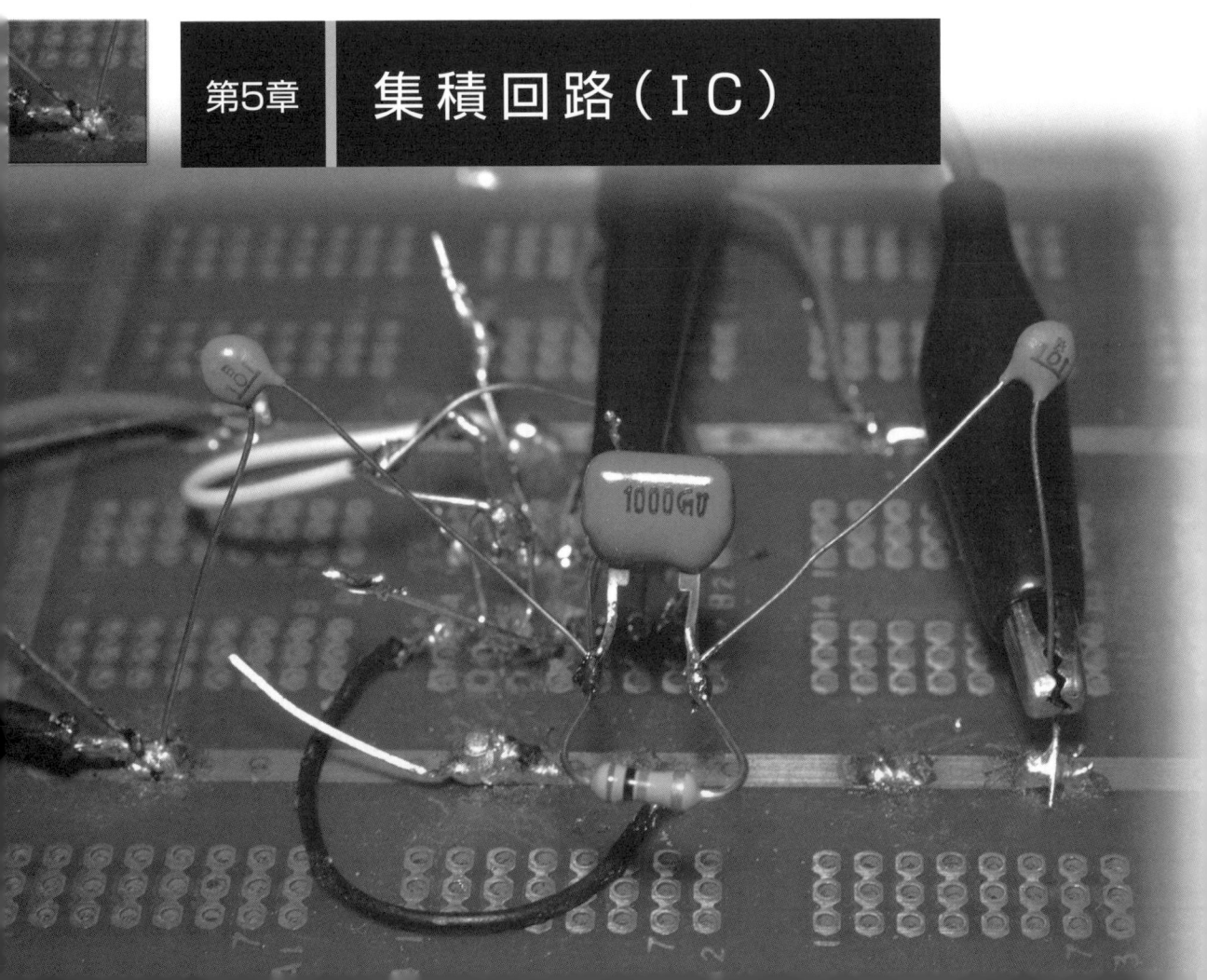

実践　作って覚える半導体回路入門

第5章　集積回路（IC）

第5章　集積回路（IC）

5-1
デジタルIC

5-1-1　デジタルICの基本

デジタルICはデジタル信号を扱うもので、中で行われているのはスイッチングです。

●機能別にみたデジタルICの種類

デジタルICというとAND（アンド）とかOR（オア）といった論理回路が頭に浮かびますが、これらの機能を持ったものはゲートICと呼ばれます。ゲートICにはANDゲートやORゲート、さらにこれらにインバータを組み合わせたNAND（ナンド）ゲートやNOR（ノア）ゲートといったものがあります。

バッファやインバータは独立したICとしても用意されており、特にインバータは意外に使い道の多いデジタルICです。また、ゲートICの発展系としてイクスクルーシブOR（Ex.OR）ゲートやイクスクルーシブNOR（Ex.NOR）ゲートといったものもあります。

論理回路を組み合わせて各種の機能を持たせたものには、デコーダ／エンコーダ、マルチプレクサ、フリップフロップ、シフトレジスタ、カウンタなどがあります。これらは目的に応じて使い分けられますが、よく使われるのはフリップフロップやカウンタです。

●構成素子別にみたデジタルIC

デジタルICには、大きく分けてトランジスタで作られたTTL（Transistor Transistor Logic）とFETで作られたCMOS（Complementary MOS）の二種類があります。

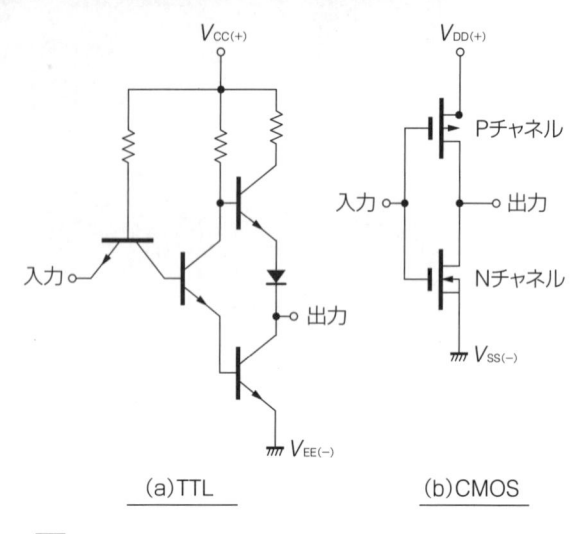

(a)TTL　　　　　(b)CMOS

■図5-1　デジタルICの基本構成（インバータ）

図5-1は論理回路を構成する基本回路で、(a)はTTLの場合、(b)はCMOSの場合です。これらは入力と出力で位相が反転するインバータで、(b)のCMOSは(a)のTTLに比べるとFET 2個だけで済みますから構造は簡単です。

図5-2は、図5-1(b)のCMOSの基本回路が電子スイッチとして働く様子を示したものです。コンプリメンタリの2個のFETは、入力電圧に対して(b)に示したように電子スイッチとして働きます。このとき、スイッチが切り換わるP点は、FET_1とFET_2がコンプリメンタリですから、V_{DD}の半分になるというわかりやすい関係になっています。

図5-2を見ると、入力がV_{SS}のときにはSW_1がONになって出力はV_{DD}になり、逆に入力がV_{DD}のときにはSW_2がONになって出力はV_{SS}になります。

CMOSの場合、入力電圧がV_{SS}のときにはSW_2がOFF、入力電圧がV_{DD}のときにはSW_1がOFFになるというようにどちらかのスイッチがOFFになっ

5-1 デジタルIC

(a) CMOSの構成　　(b) スイッチング動作

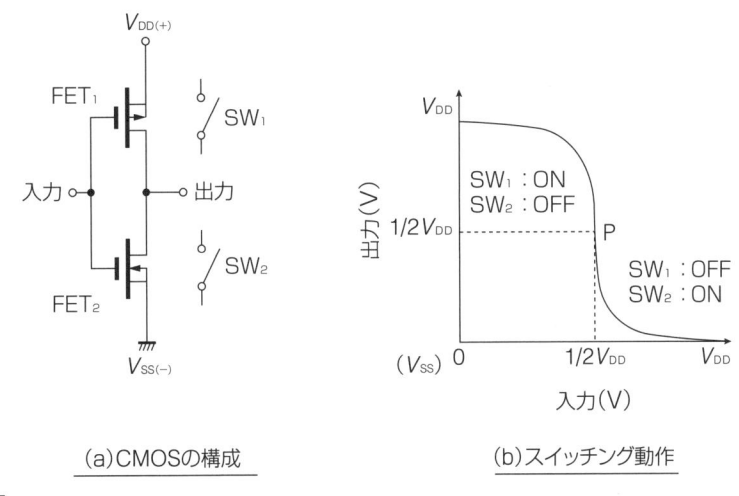

図5-2 CMOSのスイッチはわかりやすい

ているので、基本的には電源電流は流れません。そのために、CMOS ICはTTL ICに比べて消費電力が少なくなっています。

デジタルICには、「汎用ロジック・デバイス規格表」（CQ出版社刊）の汎用ロジックICのファミリとして紹介されているように、多くの種類があります。しかし、普通に使われるのは限られており、よく使われるデジタルICを構成素子別にまとめてみると表5-1のようになります。

デジタルICを最初に作ったのはTI社で、それはTTLでした。そして、74から始まる型名が付けられたことから、TTL ICは74シリーズと呼ばれています。74シリーズには、スタンダードのほかにローパワーの74LSシリーズやハイスピードの74Sシリーズなどがありますが、CMOS ICが登場してからはあまり使われなくなっています。

FETが登場してCMOS ICが作られるようになりましたが、RCA社が4000番台の型名を付けたところからCMOS ICは4000シリーズが基本となっています。4000シリーズには、発展系の4500シリーズや多くの種類があります。なお、4000シリーズは74シリーズとの互換性はありません。

TTL ICとCMOS ICを比べた場合、大きく違うのは電源電圧の許容範囲と消費電力です。まず、TTL ICの電源電圧は5V±5%で、具体的には4.75～5.25Vの範囲でなくてはなりません。それに比べれば、CMOS ICの電源電圧の動作範囲は、例えば4000シリーズの場合には3～18Vと広く、使い勝手がよくなっています。

このようにTTL ICに比べるとCMOS ICは有利な点が多いのですが、74シリーズと互換性がないために不便なこともありました。そこで登場したのが、CMOS構造で作られた74シリーズとピン接続など互換性のある74HCシリーズです。

74HCシリーズは74シリーズのすべてがあるわけではありませんが、よく使われるものは用意されています。なお、74HCシリーズの電源電圧の許容範囲は2～6Vとなっており、上限が6Vなので使

項　目	74シリーズ	4000シリーズ	74HCシリーズ
構成素子	トランジスタ(TTL)	FET (CMOS)	
電源電圧	5V±5%	3～18V	2～6V
消費電力	大きい	少ない	少ない
備　考	デジタルICの基本	74シリーズとは互換性なし	74シリーズと互換

表5-1 デジタルICの種類と特長

第5章　集積回路（IC）

用に当たっては注意が必要です。

●ゲート記号とデジタルICの型名、外形

デジタル回路の中では、論理回路をゲート記号で書きます。そこで、ゲート記号を紹介しておきましょう。

図5-3は、よく使われるゲート記号を示したものです。なお、バッファは使われることはほとんどないのですが、成り行き上、示しておきます。図5-3に示したANDやORは入力端子を二つ持った2入力のものですが、3入力とか4入力のものもあります。

デジタル回路を書くときにやっかいなのは、ゲート以外のフリップフロップとかカウンタの場合

の図記号です。このような場合には、例えば図5-4のようにその機能がよくわかるように書きます。なお、端子に書かれた数字はICのピン番号です。

デジタルICの型名は、74シリーズでいえば7400とか7401、7402、7403…のようになっています。また、4000シリーズならば4000、4001、4002…のように、そして74HCシリーズならば74HC00、74HC01、74HC02…のようになります。

デジタルICの場合、型名だけではどのような機能を持ったICで、どのようなピン接続になっているのかはまったくわかりません。そこで、型名からICの機能やピン接続を知るには「汎用ロジック・デバイス規格表」やデータシートを見なくてはなりません。

なお、デジタルICを実際に選ぶ場合には、型名ではなくてゲートの種類や機能によって整理された機能別一覧表が役に立ちます。「汎用ロジック・デバイス規格表」には機能別一覧表も示されており、例えば4入力のNANDゲートが欲しいとか10進カウンタが必要だ、といったようなときに利用するととても便利です。

デジタルICを購入する場合、半導体部品店に行って"4027をください"とか"74LS90はあります

■ 図5-3　よく使われるゲート記号

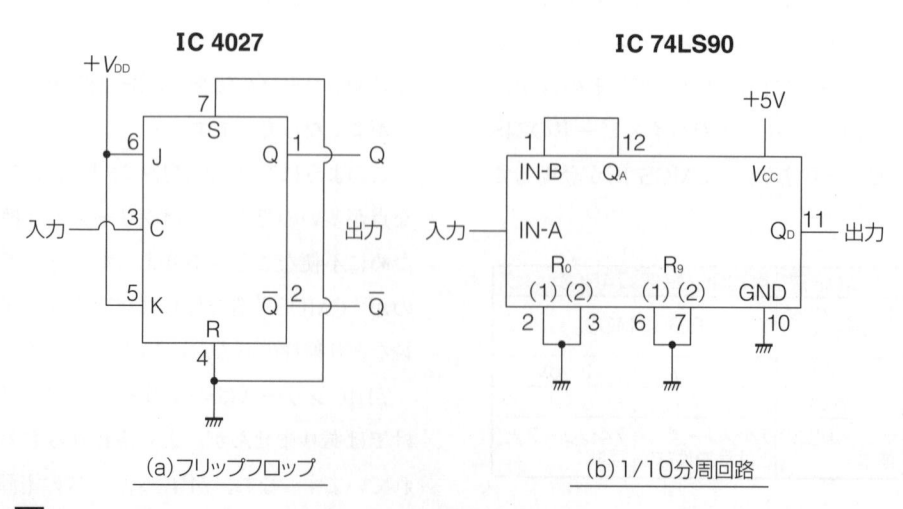

(a)フリップフロップ　　(b)1/10分周回路

■ 図5-4　フリップフロップやカウンタの場合の記号の一例

か"、といって買ってきます。その場合、4027をください といっても、お店の人が渡してくれるのはCD4027とかTC4027、あるいはMC14027といったものです。

このように型名の頭に付いているCDやTCといった文字はメーカーを表しており、例えばCDというのはRCA、TCというのは東芝セミコンダクターの製品です。また、MCはモトローラですが、モトローラの場合にはMCのあとにさらに1が加わります。

デジタル回路を書くとき、ICの型名は図5-4に示したように4027とか74LS90というようにメーカーを表す文字は付けません。これからもわかるようにデジタルICは各社ごとに完全に互換性があり、4027であればCD4027もTC4027も、またMC14027もまったく同じように使えます。

よく使われるデジタルICの外形は、写真5-1の左側に示したような14ピンDIPか、16ピンDIPのものが大部分です。また、右側に示したようなICソケットも用意されています。

■ 写真5-1　14ピンのデジタルIC（左）とICソケット

● デジタルICを使うときの注意点

デジタルICには、表5-1で紹介したようにTTL ICとCMOS ICがあります。デジタル回路で複数個のデジタルICを使う場合、基本的には同種類のものを使うのが安全です。しかし、どうしても混在して使わなくてはならないこともあるかもしれないので、「汎用ロジック・デバイス規格表」によって吟味しておくことにしましょう。

まず、TTL ICとCMOS IC（4000シリーズ）を混在させるとすると、電源電圧は余裕度のないTTL ICの5Vに合わせることになります。

そこで、CMOS ICを電源電圧5Vで動作させたとして、TTL ICとCMOS ICの入力電圧レベルと出力電圧レベルを比べてみると、H/L時において、

	TTL	CMOS
入力電圧レベル	2V/0.8V	3.5V/1.5V
出力電圧レベル	3V/0.2V	5V/0V

のようになります。この結果をみると、TTL ICでCMOS ICをドライブするときにHレベルの場合がちょっと心配ですが、まず問題はなさそうです。

これでデジタルIC同士の接続はわかりましたが、デジタルICの出力でLEDを光らせたりすることもあります。

この場合、LEDの駆動素子としてトランジスタを使う方法とFETを使う方法が考えられます。まず、簡単なほうからいくと、電圧駆動素子のFETを使う場合には電流は必要ありませんから、デジタルICの出力電圧だけに注目すればOKです。

FETの例として、表4-4で紹介したDモードNチャネルMOS FETの2SK982の場合で吟味してみると、図4-19に示したようにゲート電圧が3～4Vを境にしてスイッチがON/OFFしています。これと、前に説明したデジタルICの出力電圧レベルを比べてみると、CMOS ICを電源電圧が5V以上で使えば相性はぴったりです。その様子は、この後の実験で確かめてみることにします。

一方、LEDの駆動素子にトランジスタを使う場合には、トランジスタは電流駆動素子ですからデジタルICの出力電流に注目しなければなりません。

デジタルICから電流出力を取り出す場合、次ページの図5-5に示すように二つの方法があります。まず、（a）は出力がHになったときに電流をICか

(a)ソース電流 I_{OH}　　(b)シンク電流 I_{OL}

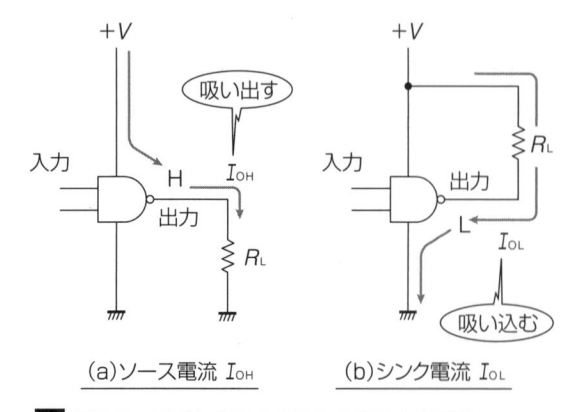

■ 図5-5　デジタルICから取り出せる出力電流

ら吸い出すようにして取り出す方法で、このような電流をソース電流（I_{OH}）といいます。もう一つは（b）のように出力がLになったときに電流をICに吸い込むようにして取り出す方法で、このような電流をシンク電流（I_{OL}）といいます。

汎用ロジック・デバイス規格表の主要ファミリの特性を見ると、電源電圧が5Vの場合の出力電流I_{OH}/I_{OL}は、

　　74LSシリーズ　→　−0.4mA/8mA
　　4000シリーズ　→　−0.42mA/0.42mA

のようになっています。これを見ると、TTL ICの場合にはI_{OH}とI_{OL}が非対称になっていますが、その理由は図5-1の基本回路を見ると理解できるでしょう。

トランジスタを駆動素子としてLEDを光らせる場合、LEDに流す電流を仮りに10mA、トランジスタのh_{FE}を100とすると必要なベース電流は0.1mA、余裕を2～3倍みても、デジタルICの出力で何とかトランジスタをドライブできそうです。これも、後の実験で試してみることにします。

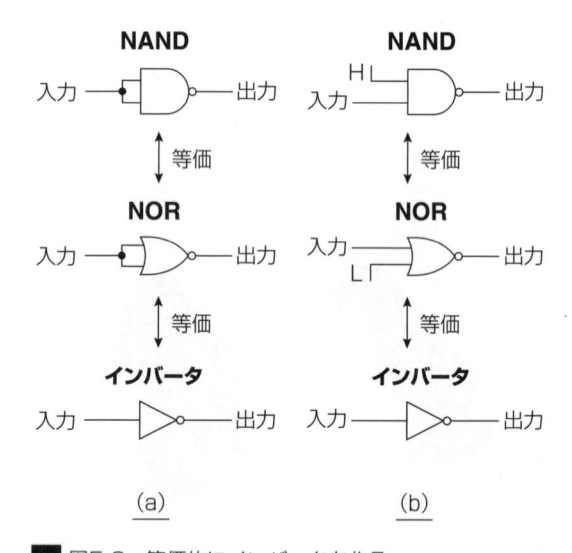

●等価的にインバータを作る方法

デジタル回路の中ではしばしばインバータが便利に使われますが、もしインバータが必要になったとき、わざわざインバータICを用意しなくても、余っているNANDゲートやNORゲートなどがあったら等価的にインバータを作ることができます。

図5-6はその方法を示したもので、（a）はNANDゲートやNORゲートで等価的にインバータを作る方法です。デジタル回路の中ではNANDゲートをよく使いますが、このNANDゲートでインバータを構成する例はよく使われます。

図5-6（b）も等価的にインバータを作る方法ですが、NANDゲートやNORゲートの2入力の片方の処理が違っています。例えばNANDゲートの場合には2入力のうちの一つをHレベルにすればインバータとして働きますが、Lレベルにすればインバータとして機能しなくなります。この性質を利用すると面白いことができますが、これも後で実験してみることにします。

(a)　　(b)

■ 図5-6　等価的にインバータを作る

●未使用ゲートの入力処理

ゲートICでは、一つのパッケージの中に複数個のゲートが入っています。例えば、ポピュラーな4011というCMOS ICにはNANDゲートが4個入っています。

このようなデジタルICでデジタル回路を構成す

るとき、4個全部を使い切る場合はいいのですが、場合によっては使わない未使用ゲートも出てきます。

未使用ゲートがある場合、出力側は必ず開放にしておかなければなりませんが、問題は入力側です。未使用ゲートの入力側が開放だとHかLかが定まらず、動作が不安定になったり間違った出力を出してしまう恐れがあります。

そこで未使用ゲートの入力の処理ですが、図5-7のようにV_{DD}かV_{SS}（GND）に接続します。この場合、NANDゲートとNORゲートともV_{DD}につないでおけば出力はLになりますから、出力側を誤まってアースするようなことがあってもダメージを防ぐことができます。

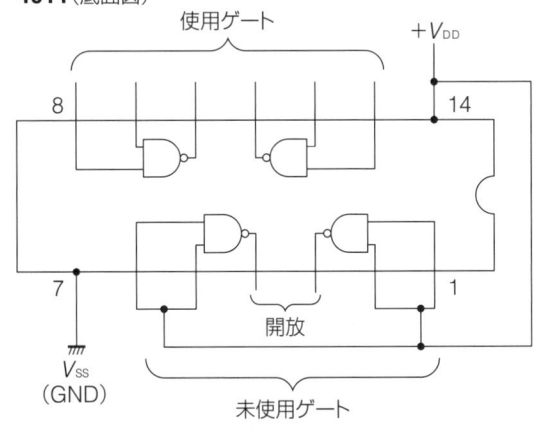

4011（底面図）

図5-7　未使用ゲートの入力の処理の例

●CMOS ICは静電気に注意

半導体部品店にデジタルICを買いに行ったとき、TTL ICはそのままですが、CMOS ICの場合には銀紙にくるんでくれたり導電性のスポンジに挿してくれたりします。

MOS FETの場合もそうでしたが、これらはもちろん静電気からCMOS ICを守るためのことです。そのようなわけで、CMOS ICの場合にもFETの場合と同じように静電気でICを壊さないようにするための注意が必要です。

なお、CMOS ICには酸化皮膜を保護するためのダイオードによる入力保護回路が入っているのが普通です。そのようなわけで、普通に注意していればCMOS ICを静電気で壊すようなことは、まずないと思って差し支えありません。

5-1-2　ゲートICの論理回路を体験する

ゲートICを構成する論理回路は、デジタル信号処理の基本です。そこで、ゲートICを使ってAND、NAND、OR、NORの四つの論理回路の動作を実験で確かめてみることにしましょう。

まず、4000シリーズの中からそれぞれの機能を持ったゲートICを選び出してみたのが、次ページの図5-8と写真5-2です。図5-8に示したゲートICは14ピンDIPの中に論理回路が4個ずつ収められており、ピン接続もみんな同じです。

では、それぞれのゲートICがどのように働くのかを体験できる、"ゲートチェッカー"を作ってみることにしましょう。

図5-9が、"ゲートチェッカー"の回路です。幸いなことに、図5-8に示したゲートICはピン接続がみんな同じなので、ICソケットを用意してゲートICを差し替えることにより4種類の論理回路を試すことができます。

これらのゲートICの中には①〜④の4個の論理回路が収められていますが、"ゲートチェッカー"に使っているのは②の1個だけです。残りの3個は使用しないので、未使用ゲートの入力処理をしてあります。

用意した4種類のゲートICは入力回路を二つ持っている2入力のものなので、二つのスイッチ（SW_1とSW_2）でH/Lを切り替えています。

出力のH/LはLEDで表示しますが、4000シリーズのCMOS ICの出力電流はシンク／ソースとも

第5章 集積回路（IC）

項　目	AND	NAND	OR	NOR
型　名	4081	4011	4071	4001
図記号	⊃—	⊃o—	⊃—	⊃o—
ピン接続（底面図）	\multicolumn{4}{c}{（4081の例、他の場合も同じ）}			

■ 図5-8　論理回路の体験用に選んだ4000シリーズのゲートIC

■ 写真5-2　左から4081、4011、4071、4001のゲートIC

1mA以下なので直接LEDを光らせることはできません。そこで、LEDの駆動素子としてFETの2SK982を使ってLEDを光らせることにしました。この回路では、LEDは論理回路の出力がHのときに光り、Lのときには光らないようになっています。

では、"ゲートチェッカー"を作ってみることにしましょう。"ゲートチェッカー"はプリント板の上に作りますが、図5-10がそのためのプリント

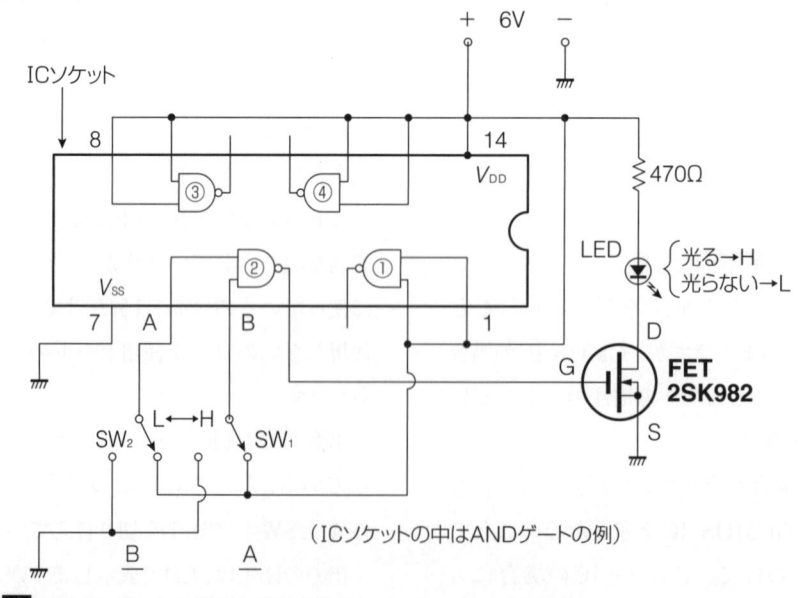

■ 図5-9　ゲートの機能を体験する"ゲートチェッカー"の回路

5-1 デジタルIC

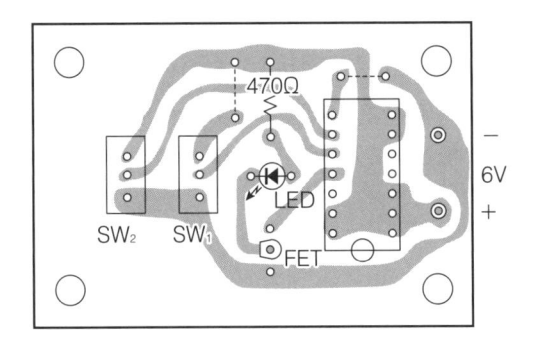

■ 図5-10 プリントパターン

パターンです。

写真5-3のようにプリント板の組み立てが終わったら、二つのスイッチのところにH/Lの別と、A/Bの別をインスタントレタリングでいれておきましょう。

"ゲートチェッカー"が完成したところで、写真5-4のようにして使ってみました。表5-2がそれぞれの論理回路の真理値表で、2個のスイッチを操作しながら、出力がHのところでLEDが光り、LのところでLEDが光らないことを確かめます。

例えば、ICソケットに4081を挿したら電源を加え、スイッチAをLにしてスイッチBをL/Hと操作します。するとどちらもLEDが光らず、出力はLになることがわかります。つぎにスイッチAをHにし、スイッチBをL/Hと操作します。ANDゲートでは、スイッチBがHになったときにLEDが光ったでしょう。これは、論理回路の出力がHになったことを示しています。

以下、ゲートICを差し替えながら、同じようにして各論理回路の入力と出力の関係を体験してみ

■ 写真5-3 "ゲートチェッカー"の組み立てが終わったところ

■ 写真5-4 "ゲートチェッカー"を使っているところ

AND

入力		出力
A	B	
L	L	L
L	H	L
H	L	L
H	H	H

(4081)

NAND

入力		出力
A	B	
L	L	H
L	H	H
H	L	H
H	H	L

(4011)

OR

入力		出力
A	B	
L	L	L
L	H	H
H	L	H
H	H	H

(4071)

NOR

入力		出力
A	B	
L	L	H
L	H	L
H	L	L
H	H	L

(4001)

■ 表5-2 それぞれのゲートの真理値表

第5章　集積回路（IC）

てください。これが、デジタル回路の基本である論理回路の働きです。

各論理回路の働きを体験したところで、この"ゲートチェッカー"の電源電流を測ってみました。LEDが光っているときには約10mAの電流が流れますが、LEDが光っていないときの電源電流はほとんどゼロ、具体的にはテスタの50μAレンジでもメータの指針はぴくりともしませんでした。表5-1でCMOS ICは消費電流が少ないと紹介しましたが、そのことが実感できます。

5-1-3　ゲートICのアナログへの応用

ゲートICはデジタル信号の処理だけでなく、ほかのことにも使えます。それが、アナログへの応用です。

図5-2ではCMOSのスイッチを紹介しましたが、スイッチOFFとスイッチONの間には図5-11のように入力と出力が直線的に変化する直線領域があります。この直線領域を利用するのが、ゲートICのアナログへの応用です。アナログに応用する場合には、動作点を図5-11（a）のPに選びます。

ゲートICのアナログへの応用としては、低周波増幅と発振があります。低周波増幅にはほとんど利用されることはありませんが、発振にはよく使われます。

●CMOSアンプの実験

なにもデジタルICを低周波増幅に使う必要はないとも思われますが、「CMOS ICハンドブック」（モトローラ社刊）にはデジタルICのアナログへの応用が紹介されていますし、低周波増幅に使えるのならやってみたいと思うのは当然です。

図5-11（a）はデジタルICの直線領域の様子を示したもので、動作点をPに選べは増幅に使えます。そして、動作点をPに選ぶには入力にバイアス電圧を加えればよく、（a）でいえばバイアスは$1/2V_{DD}$ということになります。

ところが、ここで問題があります。それは、デジタルICはデジタル信号処理用に作られているた

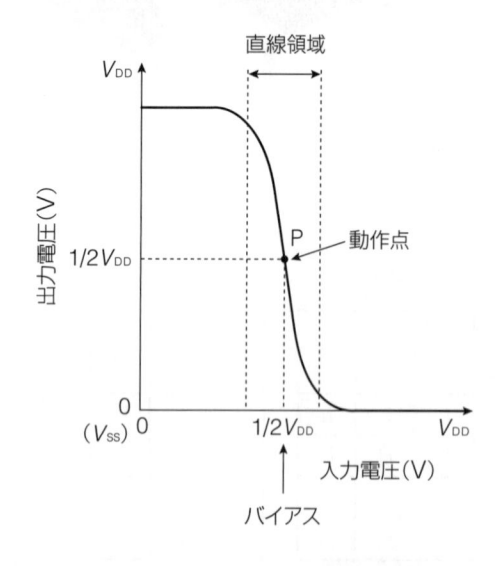

(a)デジタルCMOS ICの直線領域

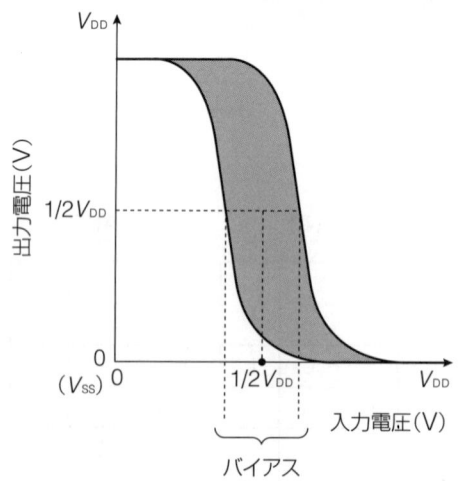

(b)実際には特性にばらつきがある

■図5-11　デジタルICのアナログへの応用

めに、図5-11（b）に示したように電気的特性のばらつきの範囲が広いということです。

図5-11（b）のように電気的特性がばらついている場合、動作点を直線領域の中心にする（ということは、出力電圧を1/2V_{DD}にする）には、ばらつきに応じてバイアス電圧を変えなければなりません。そこで、バイアス電圧の与え方をどうするかが問題になります。

まず、CMOS ICを増幅に使う場合のバイアスの与え方としては、インバータの入力と出力を高抵抗でつなぐ方法が「CMOS ICハンドブック」に紹介されています。ところが、高抵抗というのは約50MΩということで、50MΩというのは実際的ではないのでパスすることにします。

それにかわって、バイアスを自由に設定する方法として紹介されているのが、図5-12に示した方法です。それはR_1に対してR_2やR_3をつなぐ方法で、実際に試してみると（a）のようにR_2をV_{SS}側につなぐとV_{out}が上がりますし、（b）のようにR_3をV_{DD}側につなぐとV_{out}が下がります。

ということなのですが、考えていても仕方がないので、サンプルとして次ページの図5-13（a）のようなNANDゲート4個入りの4011を用意し、写真5-5のようにして実験してみました。

なお、増幅器を構成するには4069のようなインバータでいいのですが、サンプルにNANDゲートの4011を選んだのはデジタル回路の中で最もよく使われているからです。このNANDゲートの二つの入力をつなぎ、図5-6（a）で紹介したように等価的にインバータとして使います。

まず、用意した4011の電気的特性がどれくらいばらついているかを調べるために、図5-13（b）のようにして①～④のインバータの出力電圧V_oを調べてみました。

実験の条件は、電源電圧V_{DD}は6V、未使用ゲートはすべてV_{DD}につなぐ、そして実験中にこのインバータが高い周波数で発振することを発見したので発振止めとして出力に0.1μFのコンデンサを入れたことです。

この実験では電圧の測定はすべてDVMで行いましたが、（b）の実験の結果は、4個のインバータの出力電圧は3.43～3.46Vの間になりました。この結果をみると、選んだICにはばらつきがみられますが、その傾向は4個とも同じで、その範囲では大きなばらつきはなさそうです。

（b）の実験の結果、V_oは1/2V_{DD}の3Vより高くなっていることがわかりました。これを1/2V_{DD}にする方法は図5-12の（b）に相当するので、（c）

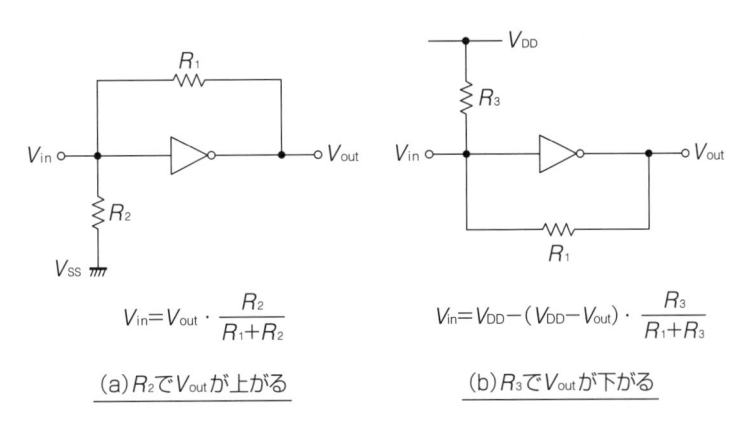

$$V_{in} = V_{out} \cdot \frac{R_2}{R_1 + R_2}$$

（a）R_2でV_{out}が上がる

$$V_{in} = V_{DD} - (V_{DD} - V_{out}) \cdot \frac{R_3}{R_1 + R_3}$$

（b）R_3でV_{out}が下がる

（出典：モトローラ刊「CMOS IC ハンドブック」）

■図5-12　バイアスを自由に設定する方法

第5章 集積回路（IC）

(a) 4011（底面図）

(b)

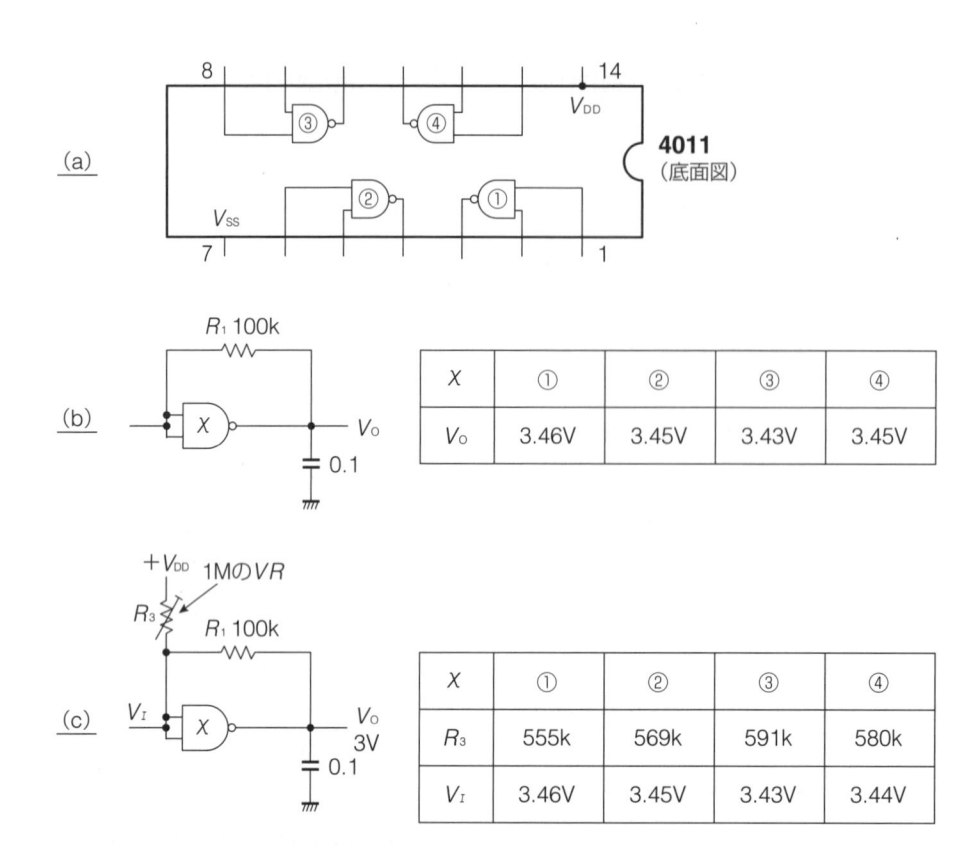

X	①	②	③	④
V_O	3.46V	3.45V	3.43V	3.45V

(c)

X	①	②	③	④
R_3	555k	569k	591k	580k
V_I	3.46V	3.45V	3.43V	3.44V

■ 図5-13　NANDゲート4011で実験してみる（V_{DD}＝6V）

■ 写真5-5　図5-13の実験をしているところ

のようにR_3として1MΩのVRを用意してバイアスの調整をしてみました。

　図5-13（c）のようにしてV_Oが1/2V_{DD}の3VになるようにVRを調整してみたら、R_3はご覧のようになりました。これをみると、R_3の値は555～591kΩとなっています。

　ここまでが実験の結果ですが、R_3がわかったところで逆に図5-12（b）の計算式でV_Iを計算してみたら、きっかり（b）のV_Oになりました。なお、④の値が0.01Vだけ違っていますが、これは実験のときの測定誤差です。

　どうやらバイアスをうまく与える方法がわかったので、①のNANDゲートを使ったインバータを使い、図5-14のようなCMOSアンプを作ってつぎの実験に移ることにしました。

　実験を始める前に、インバータで作ったCMOSアンプは反転増幅器となり、オペアンプの反転増幅器の場合と同じようにゲインはR_1とR_2で決まります。

　図5-14のようにR_1を100kΩ、R_2を10kΩとすると、このアンプのゲインは約10倍（20dB）となります。図5-14の実験が終わったところで、試

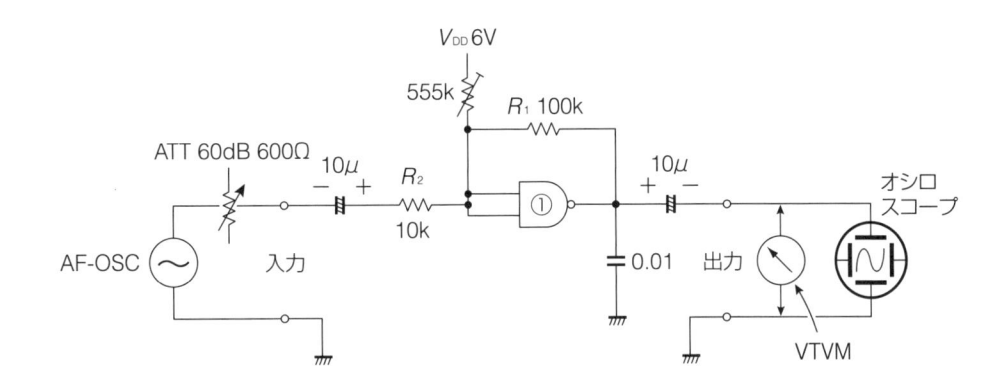

■図5-14 ゲイン20dB(10倍)のCMOSアンプ

しにR₂を1kΩにしてみたら、ゲインは約100倍（40dB）になりました。

まず、AF-OSCの周波数を1kHzにして、入力と出力のインピーダンスをざっと調べてみました。その結果は、入力インピーダンスはR_2がそのまま現れて約10kΩ、出力インピーダンスは100Ω以下でとても低くなっていました。

CMOSアンプの素性がだいたいわかってきたところで、入出力特性と周波数特性を調べてみました。

図5-15はCMOSアンプの入出力特性で、次ページの写真5-6は入力電圧が約0.1V（-20dBV）のときの入力波形（上）と出力波形（下）を示したものです。写真5-6では入力電圧が104.20mV、出力電圧は1.06Vとなっており、ゲインは約10倍です。

入出力の直線性は出力電圧が1.7Vまでは直線性が保たれており、1.7Vを超えると上下対称にきれいにクリッピングが始まりました。

測定のついでに、写真5-7は入力電圧を大きく1.06V（約0dBV）まで入れたときの、入力波形（上）と出力波形（下）です。出力波形は上下対称のきれいな方形波になっており、コンプリメンタリの対称性がよく表れています。

201ページの図5-16は、図5-14のCMOSアンプの周波数特性です。図3-41のトランジスタア

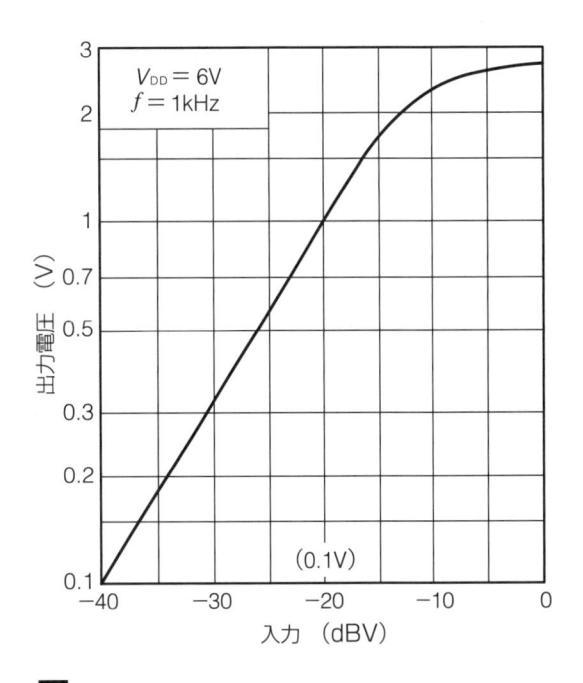

■図5-15 CMOSアンプの入出力特性

ンプや図4-41のFETアンプの周波数特性はエミッタやソースに入れたバイパスコンデンサの影響で低域のレスポンスが低下していますが、CMOSアンプではその影響がないので低域はごらんのようにフラットです。

高域に関しては、発振止めのコンデンサ（0.01μF）を入れたのでどれくらい影響があるか100kHzまで調べてみましたが、やはりその影響が

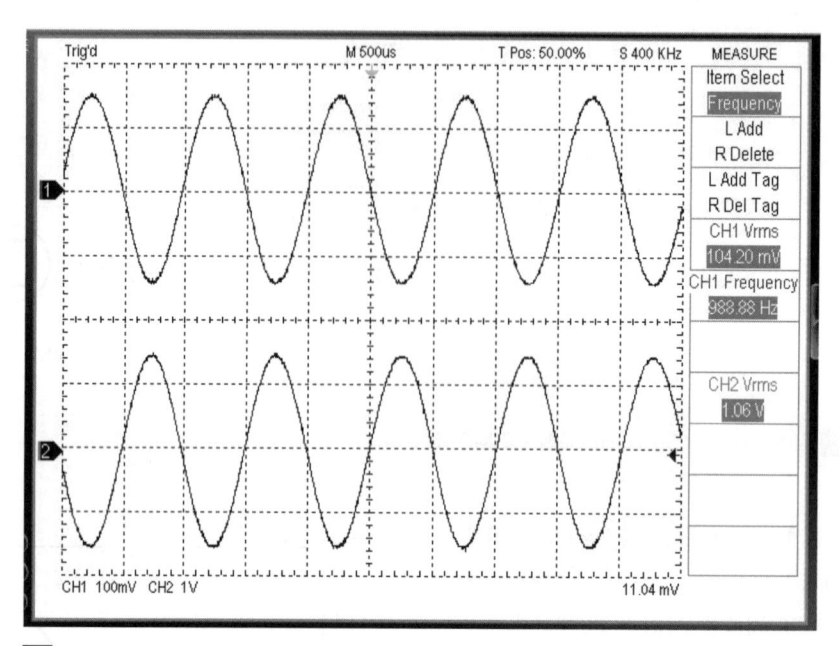

■ 写真5-6 入力が約0.1Vのときの入力と出力波形（1kHz）

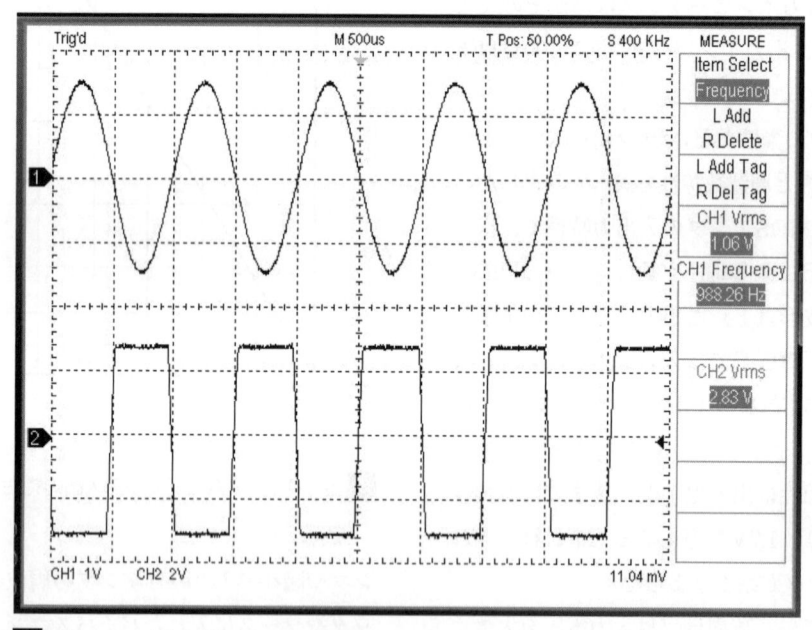

■ 写真5-7 出力波形はきれいな方形波になった

出ています。でも、その値は思ったほど大きくはありませんでした。

最後に、少々強引ですが、図5-14の実験回路でバイアス調整用の555kΩの抵抗をはずしてみました。このようにすると、図5-13（b）のようにV_oは3.46Vになります。この状態で入出力特性を調べてみたら、基本的には図5-15のままですが、出力が1.7Vを超えるあたりから、今度は上側のみから

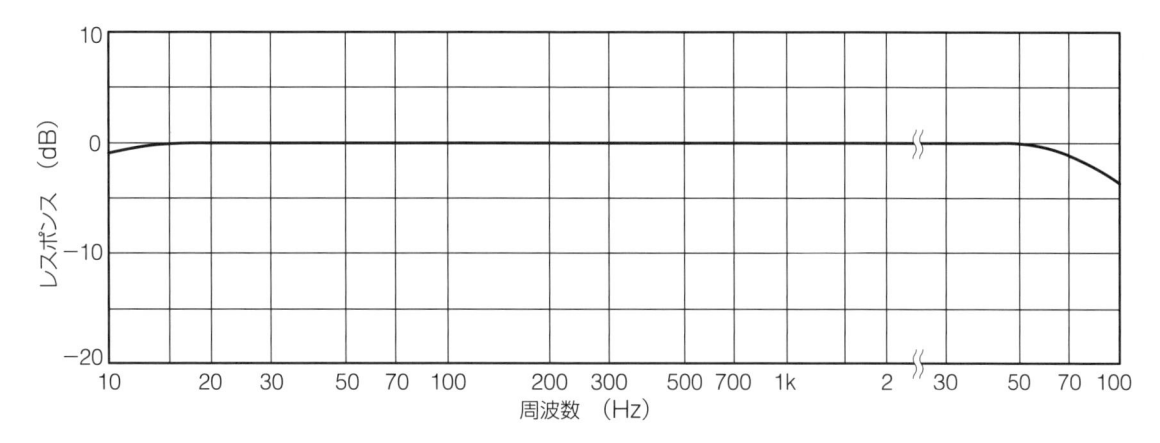

図5-16　CMOSアンプの周波数特性

クリッピングが始まりました。そして、写真5-7の状態にしてみたら少し非対称になっていました。

結論としては、今回サンプルとして用意した程度の電気的特性のばらつきでしたら、特に図5-12のようなバイアスの補正をしなくてもCMOSアンプが作れそうです。

それにしても、最初に指摘したCMOSアンプの使い道ですが、アナログ回路の中にわざわざゲートICを持ち込んでアンプを作る必要はありません。でも、デジタル回路の中でアナログアンプが必要になり、しかもゲートが余っているようでしたらこんな使い方もいいのではないでしょうか。

● 発振器の実験 - 非安定マルチバイブレータ

デジタル回路で使われる発振器は主にクロックパルスを発生するものですが、可聴周波で発振させて電子ブザーを作るのに使われることもあります。

デジタル回路でよく使われる発振器は非安定マルチバイブレータで、図5-17のようにインバータを2段につなぎ、出力を入力側に正帰還させることによってCRの時定数でON/OFFを交互に繰り返すようにしたものです。非安定マルチバイブレータはCRの充放電を利用しており、発振周波数はほぼ図5-17に示したようになります。

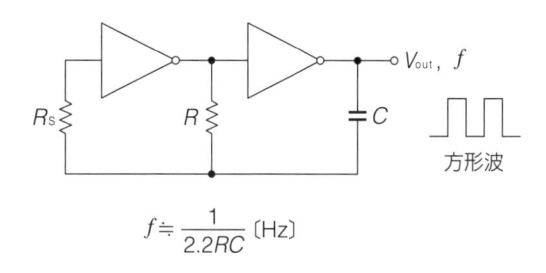

$$f \fallingdotseq \frac{1}{2.2RC} \,\text{[Hz]}$$

図5-17　CMOSインバータを使った非安定マルチバイブレータ

図5-17の抵抗R_sは発振周波数には直接関係しませんが、インバータのばらつきを抑えるために役に立つものです。R_sの値は、Rの10倍程度に選びます。

インバータで作った発振器は、途中図5-11 (a)の直線領域を経由しながら、図5-2に示したONとOFFを繰り返します。そこで、出力波形は方形波になります。

次ページの図5-18はゲートICで作る実験用発振器の回路で、ゲートICにはNANDゲートの4011を使っています。実験用発振器は二つの発振器を持っており、一つは約1Hzを発生させるクロックパルス発生部、そしてもう一つは約500Hzを発生させるブザー信号発生部です。ブザー信号発生部のほうは図5-6 (b) の手法を応用し、押しボタンスイッチ (SW) を設けてスイッチのボタンを

第5章 集積回路（IC）

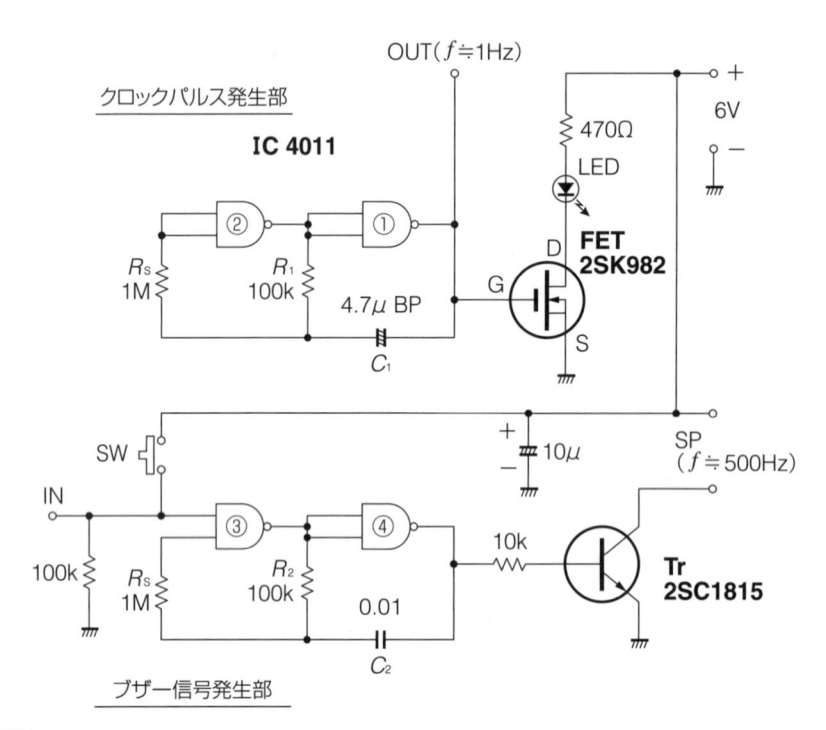

図5-18 ゲートICで作る実験用発振器の回路

押すとブザーが鳴るようにしてみます。

図5-18では各ゲートに①〜④の番号を振ってありますが、これは実際に作るときにICの中と対応させるもので、番号は図5-13（a）に合わせてあります。

では、それぞれの発振器について簡単に設計をしておくことにしましょう。発振周波数は、クロックパルス発生部のほうは約1Hz、ブザー信号発生部のほうは約500Hzとしますが、図5-17のRとCをどのように決めるかは迷うところです。そこで、Rをとりあえずどちらも$100\text{k}\Omega$とし、Cの値がどうなるかを調べてみました。

まず、図5-17に示した周波数fを求める式を変形してコンデンサの静電容量Cを求める式を作ってみると、

$$C \fallingdotseq \frac{1}{2.2 \cdot f \cdot R}$$

となります。

では、クロックパルス発生部のほうからCの値を計算してみることにしましょう。わかっている条件は$f \fallingdotseq 1\text{Hz}$、$R=100\text{k}\Omega$ですから図5-18の$C_1$は、

$$C_1 = \frac{1}{2.2 \times 1 \times 100 \times 10^3} = \frac{10^{-6}}{2.2 \times 10^{-1}} \fallingdotseq 4.5 \, [\mu\text{F}]$$

となりました。そこで、C_1は$4.7\mu\text{F}$とすることにしました。

つぎにブザー信号発生部のほうは、わかっている条件は$f \fallingdotseq 500\text{Hz}$、$R=100\text{k}\Omega$ですから図5-18の$C_2$は、

$$C_2 = \frac{1}{2.2 \times 500 \times 100 \times 10^3} = \frac{10^{-6}}{2.2 \times 50}$$

$$\fallingdotseq 0.009 \, [\mu\text{F}]$$

となりました。そこで、C_2は$0.01\mu\text{F}$とすることにしました。

これでC_1とC_2が決まりましたが、C_2の$0.01\mu\text{F}$はいいとして、C_1の$4.7\mu\text{F}$は無極性（NP）とか双極性（BP）と呼ばれる電解コンデンサが必要です。

これらの電解コンデンサが入手できればいいのですが、もし手に入らない場合には図5-19のように有極性の電解コンデンサを突き合わせにして、無極性にします。この場合の合成静電容量Cは、

$$C = \frac{C_1 \times C_2}{C_1 + C_2}$$

となります。例えば、10μFの電解コンデンサを2個突き合わせにつなげば、合成静電容量は半分の5μFになります。

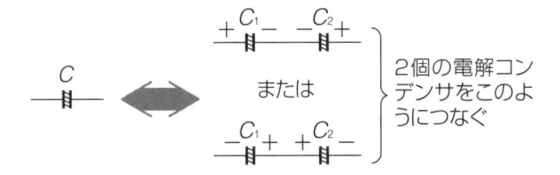

■ 図5-19 無極性の電解コンデンサの作り方

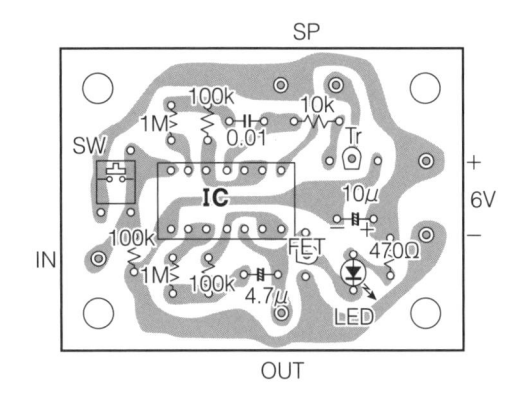

■ 図5-20 実験用発振器のプリントパターン

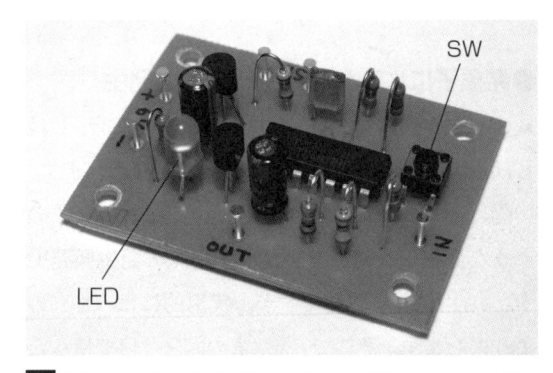

■ 写真5-8 実験用発振器の組み立てを終わったところ

では、図5-18の説明に戻りましょう。クロックパルス発生部では実験用の出力（OUT）端子を用意すると共に、LEDを光らせてみることにします。LEDの駆動素子は、図5-9の"ゲートチェッカー"の場合と同じくFETを使います。

ブザー信号発生部では、トランジスタを使ってスピーカを鳴らすと共に、スイッチでブザー音をON/OFFができるようにしてあります。ついでに、外部信号でブザーを鳴らせるように入力（IN）端子を設けました。

では、図5-18に示した実験用発振器を作ってみることにしましょう。図5-20が、実験用発振器のプリントパターンです。プリント板ができたら、写真5-8のように組み立てます。

実験用発振器が完成したら、働かせてみることにしましょう。次ページの写真5-9は実験用発振器を働かせているところで、SP端子にスピーカをつないだら電源端子に6Vを加えてみます。すると、LEDが約1秒周期で点滅を始めます。

うまくいったら、プリント板上のスイッチを押してみてください。すると、スピーカが"ブーッ"と鳴ったでしょう。スピーカは、けっこう大きな音で鳴ってくれます。

最後に、写真5-9のように1秒パルスの出ているOUT端子とブザー制御用のIN端子を結んでみましょう。すると、スピーカは約1秒周期で"ブーッ、ブーッ"と鳴り続けます。

以上が、インバータで作る非安定マルチバイブレータの実験です。それぞれの発振周波数は計算どおりぴったりというわけにはいきませんが、ほぼ近い値になっていたでしょう。もし発振周波数を微調整したい場合には、図5-17のRで加減するのがうまい手です。このRを半固定抵抗器にすれば、連続して発振周波数を微調整することができます。

第5章　集積回路（IC）

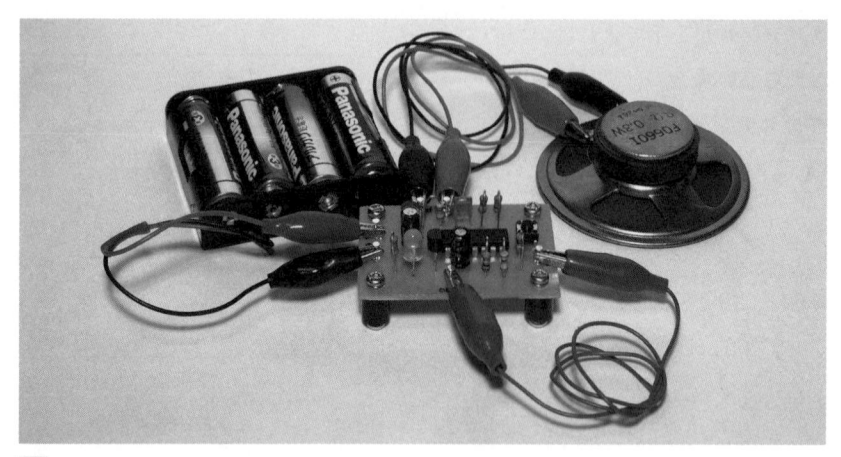

写真5-9　実験用発振器を働かしてみる

●発振子によるクロックパルスの発生

　デジタル回路でクロックパルスを作る場合、しばしば水晶発振子やセラミック発振子が使われます。

　図5-21は、水晶発振子やセラミック発振子のような発振子を使ったクロックパルス発生回路です。（a）は基本回路ですが、実用的には（b）のようにします。そこで、第2章の図2-19で使った1MHzのセラミック発振子（CR）を使って、クロックパルスを発生する実験をしてみることにしましょう。

　使用するインバータはNANDゲートで構成したもので、写真5-5に示した実験に使ったものをそのまま利用しました。その実験の様子を、写真5-10に示します。

　実験は、まず基本的な動作を探るために図5-22（a）の回路で始めました。図5-21ではRは22MΩとなっていますが、22MΩの抵抗器は入手がむずかしいので、とりあえず比較的入手が容易な10MΩとしました。発振は、10MΩでも支障なく起きます。また、2個のCは帰還用です。

　帰還用のCは最初は両方ともなしで始めたのですが、異常発振を起こしてしまい1MHzでは発振しませんでした。そこでCとして100pFを入れたら、1MHzで発振し始めました。

　なお、Cはないとうまく発振しませんが、100pFの前後で変えてみてもそんなにクリチカルではあ

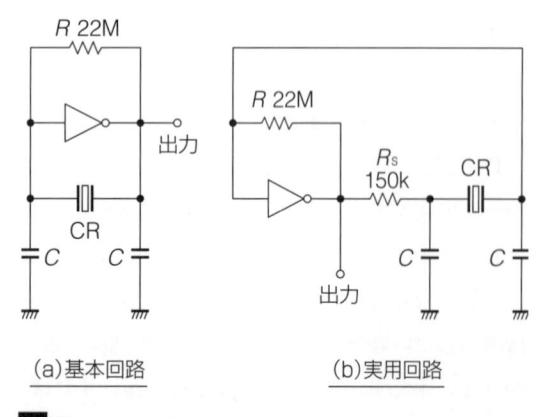

(a)基本回路　　　　(b)実用回路

図5-21　発振子を使ったクロックパルス発生回路

写真5-10　発振子を使ったクロックパルス発生の実験の様子

(a)最初の実験　　(b)完成したクロックパルス発生回路

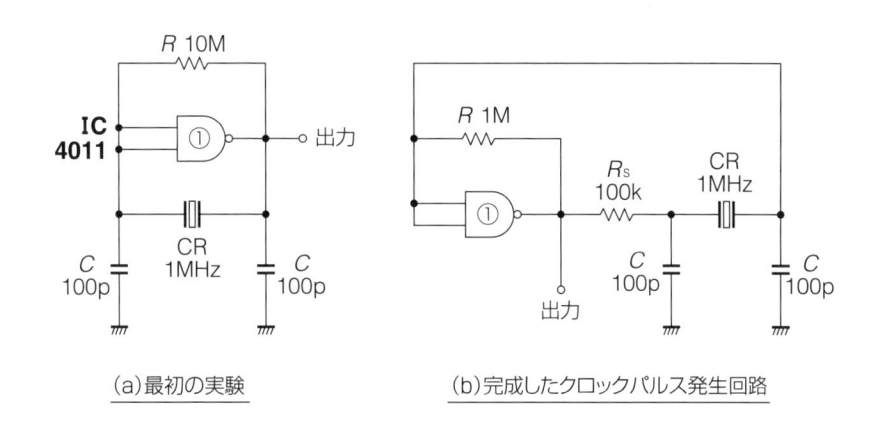

■ 図5-22　クロックパルス発生回路の実験をしてみる

りませんでした。試してはみませんでしたが、写真5-11を見ると発振周波数は約990kHzとなっており、このCの値はむしろ発振周波数に影響を与えるはずです。

写真5-11の上は、図5-22（a）の発振回路の出力波形です。これを見るととりあえず発振はしていますがきれいな方形波ではなく、クロックパルスとしては不満足です。そこで、図5-22（b）の実験に移りました。

まずRですが、10MΩの抵抗器でも入手がむずかしいので、容易に手に入る1MΩで実験してみました。その結果、Rは1MΩでも特に支障がなかったので、図5-22（b）のように1MΩで実験をしてみました。

図5-22（b）の実験で加わったのはR_sで、100kΩ前後がベターでした。以上の実験の結果、

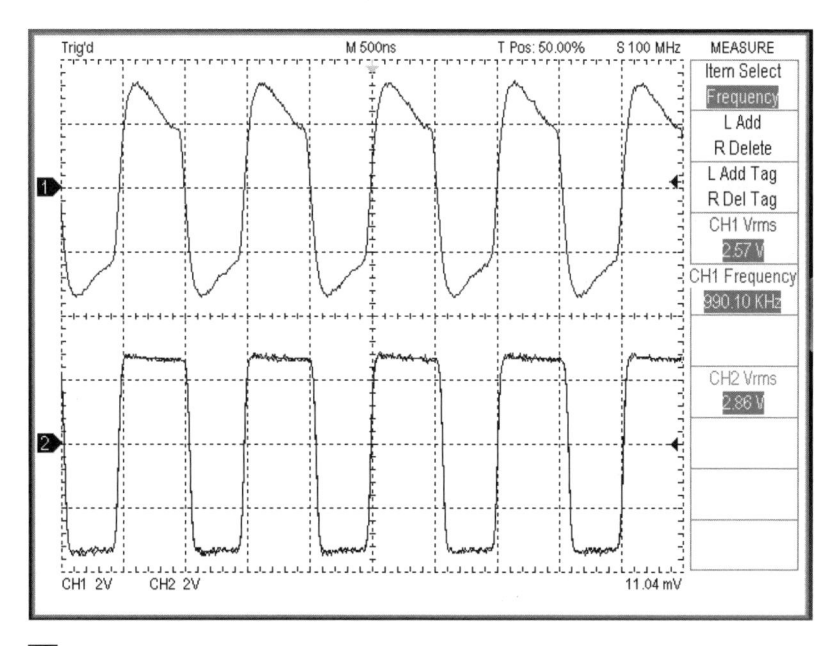

■ 写真5-11　発振波形。上は図5-22(a)、下は図5-22(b)

出力波形は写真5-11の下に示したようになり、クロックパルスとしてほぼ満足できる方形波になりました。

実験の結果をまとめてみると、Rは入手が容易な1MΩで特に支障はない、Cはとても重要、そしてR$_s$も重要だが値はそれほどクリチカルではない、といったことになります。

以上は発振子に1MHzのセラミック発振子を使った場合ですが、発振子の種類や周波数が変われば、発振の様子も変わってきます。ゲートICでクロックパルス発生回路を作ったら、出力波形をオシロスコープで確認したほうがいいでしょう。

5-1-4　フリップフロップ（FF）

フリップフロップはマルチバイブレータの一種で、二安定マルチバイブレータとか双安定マルチバイブレータと呼ばれるものです。これでわかるように、フリップフロップは安定点を二つ持っています。

フリップフロップは状態を記憶できるところから、シフトレジスタとかカウンタといったものを構成するのに使われており、これらの中にはフリップフロップがずらっと並んでいます。

一方、単独に用意されたフリップフロップはデジタル回路の中で、分周とかオルタネート動作をするスイッチとして使われます。

フリップフロップには、基本的な動作を元にいろいろな制御機能を持たせたRSフリップフロップやTフリップフロップ、Dフリップフロップ、JKフリップフロップなどがあります。

一方、実際のデジタルICをみると、基本的に用意されているフリップフロップにはDフロップフロップの4013やJKフリップフロップの4027があります。これらのフリップフロップを基本的な動作に限って使うとすれば、図5-23のようになりま

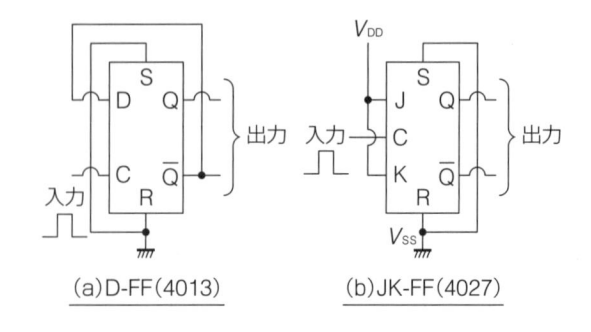

(a)D-FF(4013)　　(b)JK-FF(4027)

■図5-23　D-FFとJK-FFを基本動作で使う方法

す。図5-23で、入力のCというのがクロック入力で、Qと$\bar{Q}$が出力です。

では、図5-23に示したフリップフロップのうち、JK-FFの4027を使ってフリップフロップの動作を体験してみることにしましょう。

図5-24は、JKフリップフロップ4027のブロック図とピン接続図です。4027の中には、JKフリップフロップが2個入っています。

図5-25が、フリップフロップ実験装置の回路図です。実験回路はFF-1とFF-2からできており、FF-1は単独のフリップフロップです。

FF-2のほうは、入力と出力に工夫をしてみました。入力にはモーメンタリ動作の押しボタンスイッチ（SW）を使った手動の入力回路を用意しましたが、これでスイッチを押すたびにパルスを入力できます。また、出力がどのようになるかを表示するためにLEDを用意してみました。LEDは、出力がHのときに点灯し、出力がLのときに消灯します。

図5-26は、フリップフロップ実験装置のプリントパターンです。フリップフロップ実験装置の組み立てが終わったところを、写真5-12に示しておきます。

組み立てが終わったら、とりあえずフリップフロップ実験装置に電源として6Vを加えてみましょう。するとQ$_2$か$\bar{Q}_2$のLEDが光ったでしょう。なお、

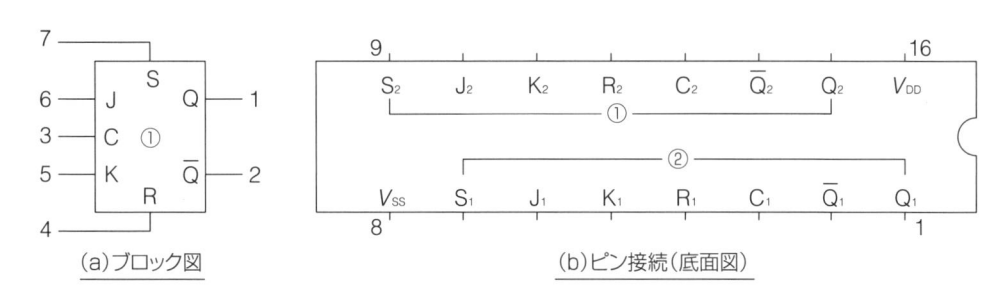

5-1 デジタルIC

(a) ブロック図

(b) ピン接続（底面図）

図5-24　JKフリップフロップの4027

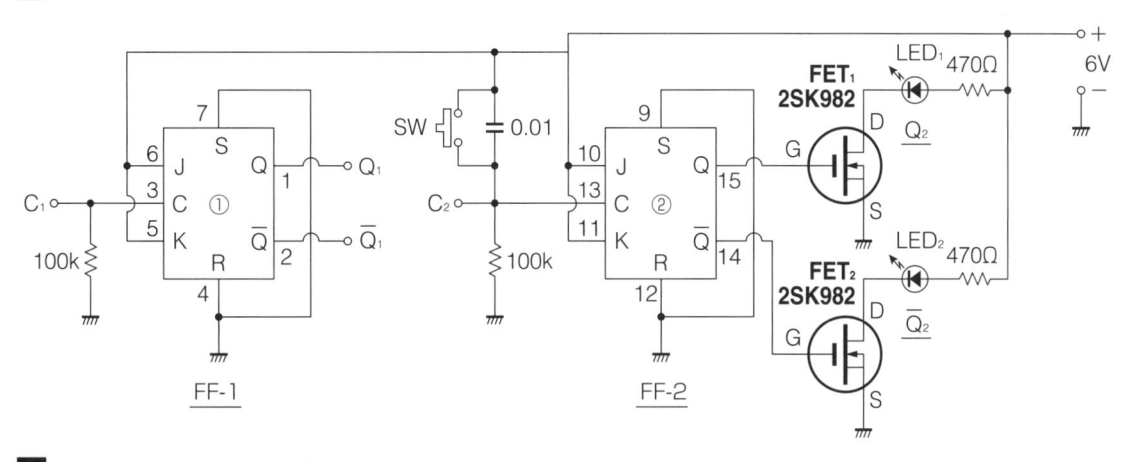

図5-25　フリップフロップ実験装置の回路図

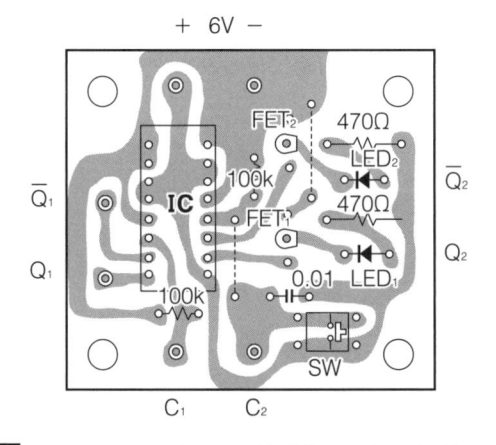

図5-26　フリップフロップ実験装置のプリントパターン

写真5-12　FF実験用のプリント基板が完成したところ

この状態ではQ_2と$\overline{Q}_2$のどちらのLEDが光るかは確定しません。

では、押しボタンスイッチを押して入力パルスを加えてみましょう。すると、スイッチを押すたびにLEDが交互に光ったでしょう。これが、フリップフロップの動作です。

フリップフロップ実験装置がうまく働いたら、図5-18に示した実験用発振器のクロックパルス

207

第5章　集積回路（IC）

発生部を使ってフリップフロップ実験装置を働かせてみましょう。図5-27が実験の方法で、写真5-13に実験の様子を示しておきます。

まず最初は、フリップフロップ実験装置のFF-2のほうの入力パルスを、押しボタンスイッチからの手動入力ではなく、図5-18のクロックパルス発生部から供給してみます。図5-18のOUT端子と図5-27のC_2をつなぐと、パルスがフリップフロップ実験装置に供給できます。働き始めたら、図5-18のクロックパルス発生部のLEDが2回光ると、初めてフリップフロップ実験装置のLEDが反応するのがわかるでしょう。これは、1/2分周の動作です。

つぎに、フリップフロップ実験装置のFF-1のほうも使って実験をしてみましょう。図5-18のOUT端子からのクロックパルスを図5-27の点線のようにフリップフロップ実験装置のC_1につなぎ替え、Q_1（$\bar{Q}_1$でもいい）からの出力をC_2につなぎます。これで、図5-25のFF-1にパルス入力が加わり、FF-1の出力がFF-2の入力が加えられたことになります。

こんどは、図5-18のクロックパルス発生部の

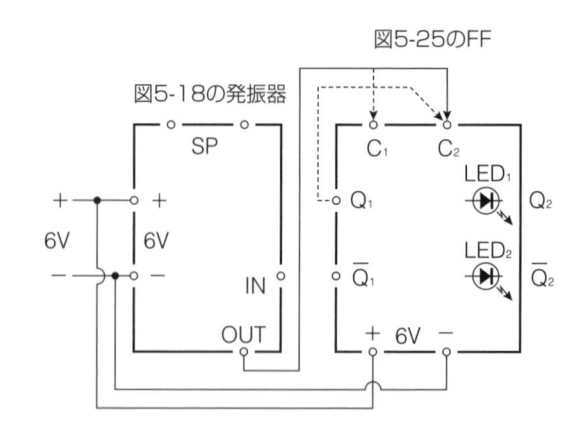

■図5-27　実験用発振器を使ってフリップフロップの実験をする

LEDが4回光って初めてフリップフロップ実験装置のLEDが反応したでしょう。これは、フリップフロップ実験装置にパルスが4個入って初めてLEDが反応したわけで、これが1/4分周の動作ということになります。

5-1-5　カウンタの応用

半導体回路の中では、カウンタはパルスを数えたり分周といった用途に使われます。ここではカウ

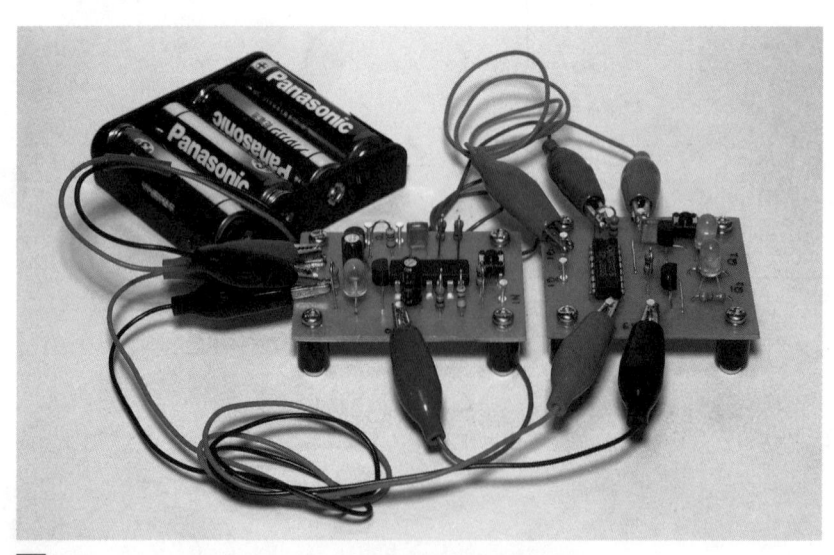

■写真5-13　実験用発振器とフリップフロップの実験風景

5-1 デジタルIC

ンタの応用として、商用交流の50Hz（または60Hz）から1Hzを得る実験をしてみようと思います。

1Hzというのは周期でいえば1秒です。正確な1秒を用意しておくと、タイマーなどいろいろな用途に使えます。

50Hzから1Hzを得るには50Hzを50分の1に分周すればいいのですが、このような用途に都合のいいカウンタICがあります。それは10進カウンタの7490で、内部は図5-28（a）のように2進カウンタと5進カウンタで構成されています。

7490では、図5-28（b）のように5進カウンタから入力を入れ、2進カウンタから出力を取り出すようにすると、デューティ50の出力を得ることができます。

図5-29は、商用交流の50Hzから1Hzを得る回路です。IC_2は図5-28（b）の使い方になっており、10分の1に分周しています。その結果、IC_2の出力は5Hzになります。そして、IC_2からの5Hzの出力はIC_3の5進カウンタに加えられ、ここで5分の1に分周されて1Hzの出力が得られます。

なお、商用交流が60Hzの地域では1Hzを得るには60分の1に分周しなければなりませんが、その場合には2進カウンタと6進カウンタで構成されている12進カウンタの7492を使います。

その場合、商用交流が60Hzの地域ではIC_2の出力は6Hzになります。そして、IC_2の出力を7092の

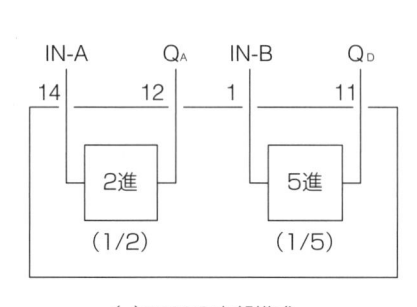

■ 図5-28　10進カウンタ7490の内部構成と使い方

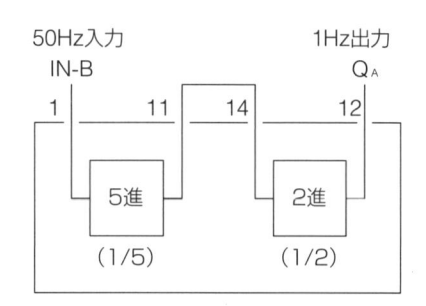

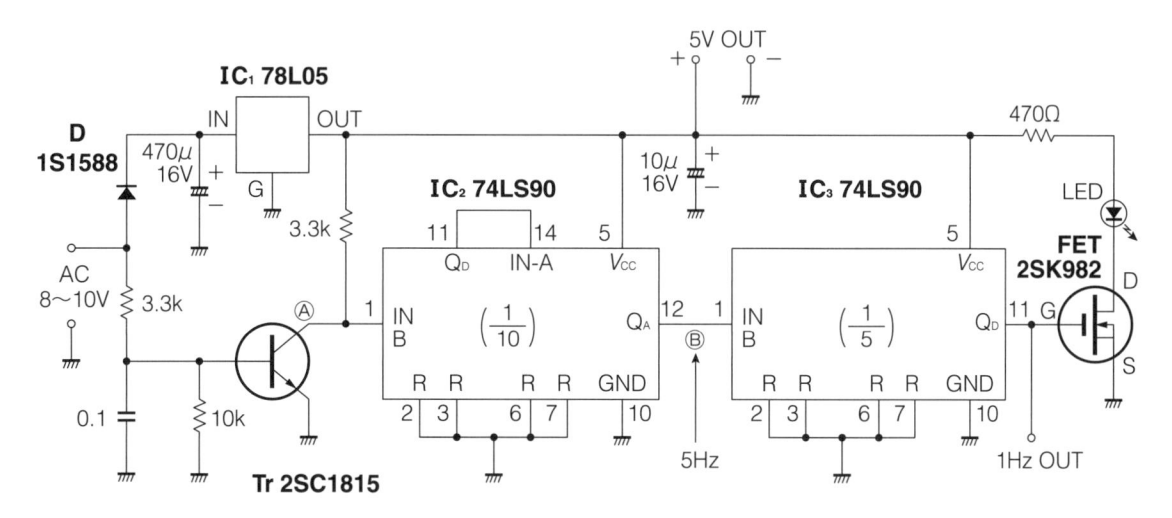

■ 図5-29　カウンタの応用。商用交流の50Hzから1Hzを得る実験

第5章　集積回路（IC）

6進カウンタに加えて6分の1に分周し、1Hzの出力を得ます。

図5-29では、このようにして得た1Hz出力を外部に取り出せるようにすると共に、FETを使ってLEDを光らせるようにしてあります。

電源には商用交流の100Vから電源トランスを使ってAC8～10Vを用意し、ここから50Hz（または60Hz）を得ると共に、5Vの3端子レギュレータ78L05を使ってTTL ICを動作させるためのDC5Vを用意します。

AC8～10Vからカウンタを動作させるための50Hzのクロックパルスを作るのが、トランジスタの2SC1815です。このトランジスタで、TTLレベルのクロックパルスを作ります。オシロスコープで観測すると、図5-29のⒶ点では50Hzのきれいな方形波になっています。

IC_2とIC_3のカウンタICは、実際にはスタンダードの7490ではなく、ローパワーの74LS90を使います。

図5-30が、図5-29に示したカウンタの実験をするためのプリントパターンです。写真5-14に、組み立てを終わったカウンタの実験基板を示しておきます。

カウンタの実験基板が完成したら、図5-31のようにAC8～10Vで電流容量が0.3A程度の電源トランスを用意して働かせてみましょう。AC100Vを加えたら、IC_1の3端子レギュレータ78L05から5Vが出ていることを確認してください。

異常がなければ、LEDが1秒間隔で点滅しているでしょう。写真5-15は、図5-29のⒶ点とⒷ

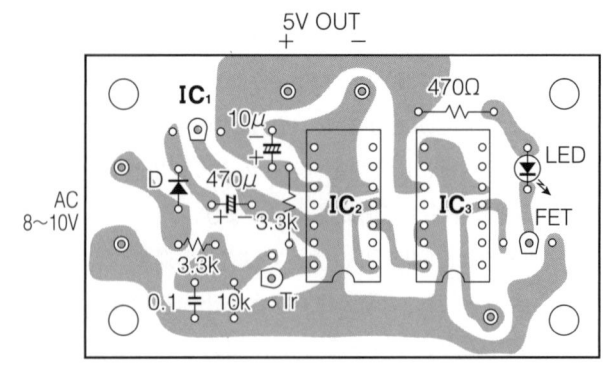

■ 図5-30　カウンタの実験をするプリントパターン

■ 写真5-14　カウンタ実験基板の完成したところ

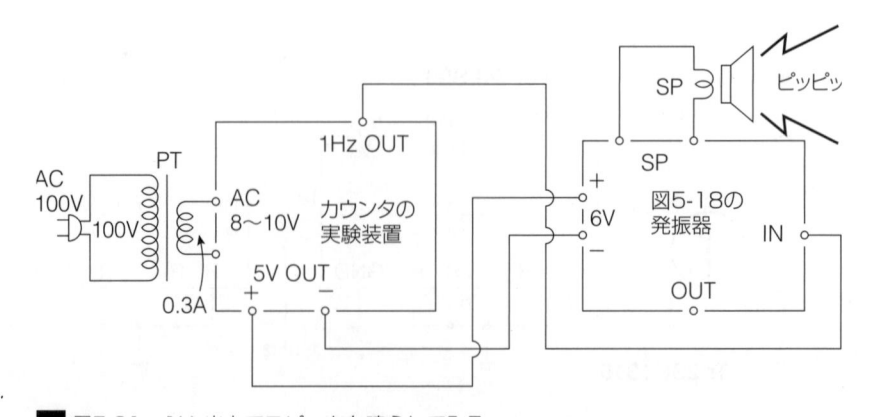

■ 図5-31　1Hz出力でスピーカを鳴らしてみる

点の出力波形を比べてみたものです。上が50Hz、下が10分の1に分周された5Hzで、5Hzの1周期の中に入ってるパルスの数をかぞえてみると10個入っているのがわかるでしょう。

では、図5-18で作ったブザー信号発生部を使って、カウンタの実験装置で作った1Hzで1秒ごとに"ピッ、ピッ…"と鳴らしてみることにしましょう。

図5-31は実験の方法を示したもので、写真5-16は実験をしているところです。発振器のほうの電源は、カウンタ実験装置から5Vを供給するようにします。

これで、カウンタの実験は終わりです。このように正確な1秒パルスを用意しておけば、例えば1秒パルスを180個数えれば3分の"ラーメンタイマー"が作れます。

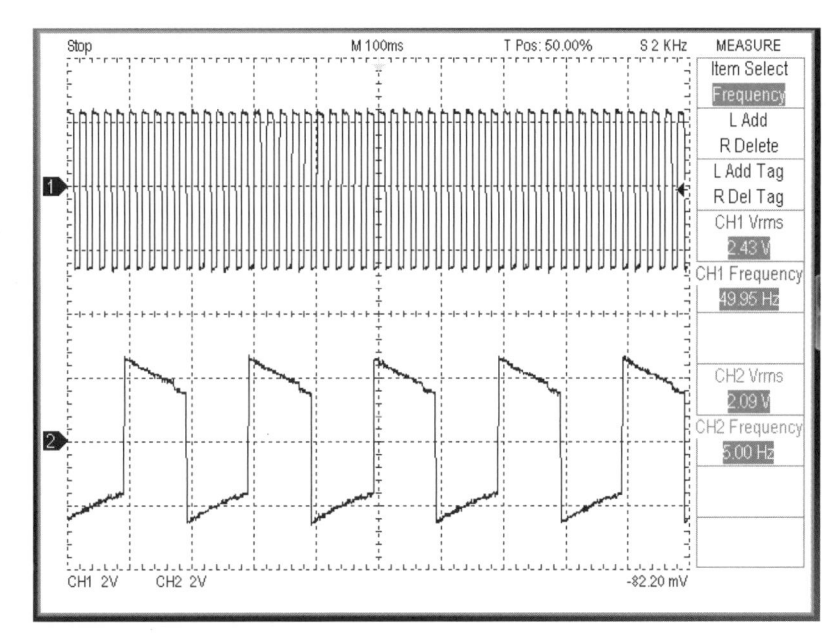

■ 写真5-15 50Hz(上)が10分の1の5Hz(下)に分周されているところ

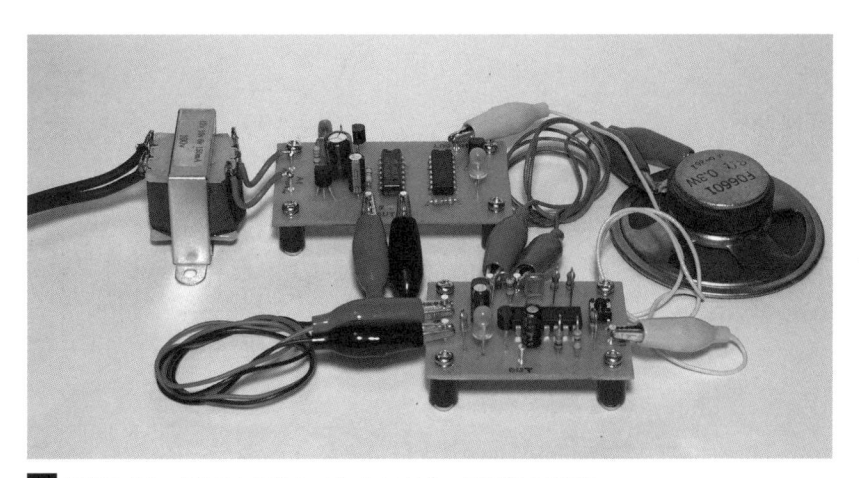

■ 写真5-16 1秒ごとに"ピッピッ"とスピーカを鳴らす実験

第5章　集積回路（IC）

5-2
アナログIC

ICというとどうしてもデジタルというイメージが強いのですが、アナログ信号を扱うラジオやテレビ、オーディオなどでも今やすべてICで作られているといっても過言ではありません。

アナログICのうちでもラジオやテレビ、オーディオの世界ではそれぞれの用途に対して専用ICが用意されて使われるのが普通ですが、オペアンプや定電圧電源用のレギュレータICのように汎用化されているものもあります。

5-2-1 オペアンプ

オペアンプは、本来はアナログ計算機用の演算増幅器として作られたものですが、今では直流から高周波までをカバーする高性能の万能増幅器として使われています。

オペアンプは本来は±2電源で使うものですが単電源でも使えるものもありますし、トランジスタ入力のものやFET入力のもの、あるいは高精度のものやローノイズのもの、高速のもの、低電圧で働くものなどいろいろあり、それぞれの用途によって使い分けられます。

というわけなのですが、私たちが通常の電子回路の中でオペアンプの特性を生かして利用する場合には、そんなにむずかしいことをさせるわけではありません。そこで、ここではどこでも手に入る、一つのパッケージに1個入りで±2電源で使う741と、2個入りで単電源でも使える358を取り上げてみることにします。

なお、実際には、ナショナルセミコンダクタの例でいえばLM741やLM358のように、741や358の前にメーカーを示す文字が付きます。これらのオペアンプは多くのメーカーで作っており、前に付く文字も様々です。

そのようなわけなので、半導体部品店に買いに行くときには"オペアンプの741をください"というようにいえば通じます。なお、この後は最もよく見かけるUA741とLM358で話を進めることにします。

●UA741とLM358というオペアンプ

図5-32はUA741とLM358のピン接続と電源電圧の使用範囲を示したもので、写真5-17は左が

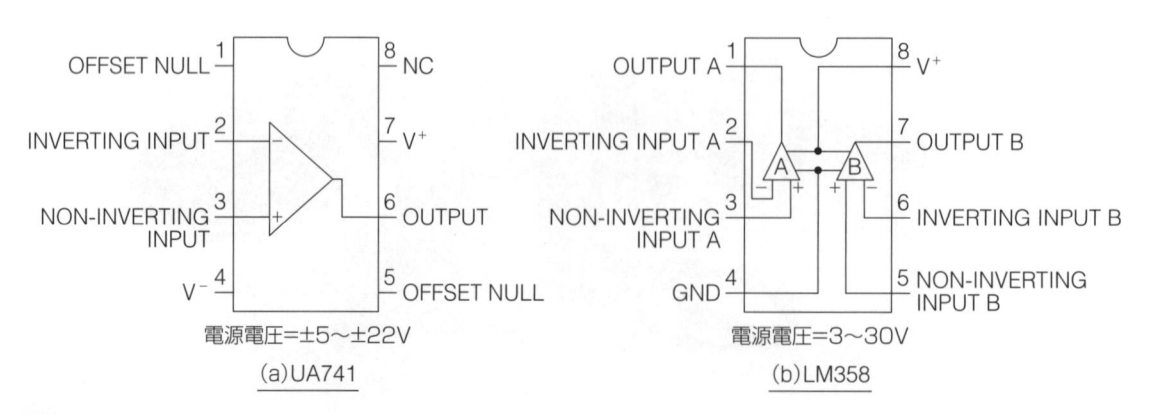

```
      ┌──┐
OFFSET NULL ─1    8─ NC
INVERTING INPUT ─2 ─  7─ V⁺
NON-INVERTING  ─3 +  6─ OUTPUT
  INPUT
V⁻ ─4         5─ OFFSET NULL
```
電源電圧=±5〜±22V
(a)UA741

```
OUTPUT A ─1    8─ V⁺
INVERTING INPUT A ─2 A B 7─ OUTPUT B
NON-INVERTING ─3    6─ INVERTING INPUT B
  INPUT A
GND ─4         5─ NON-INVERTING
               INPUT B
```
電源電圧=3〜30V
(b)LM358

■図5-32　オペアンプ2題（上面図）

■ 写真5-17 オペアンプ。左はUA741、右はLM358

テキサスのUA741、右がナショナルセミコンダクタのLM358です。

オペアンプといえばμA741とかUA741を思い浮かべる方も多いと思いますが、このオペアンプはずっと長い間使われ続けているものです。

新しいオペアンプが続々と登場している現在、UA741は今では古典的な存在ですが、汎用オペアンプとしては捨てがたいものがあり、事実これがあれば大抵の仕事はこなせます。

図5-32（a）に示したのは8ピンDIPに収められたUA741ですが、パッケージにはキャンタイプのものから14ピンDIPに収められたものなど、いろんなものがあります。でも、今では8ピンDIPのものが普通です。

UA741の電源電圧の使用範囲は±5〜±22Vとなっており、オフセット調整用の端子も付いているので直流増幅に使用する場合には便利なオペアンプです。

さて、以前はオペアンプを使うには±2電源が必要で、もっと簡単な、例えばオーディオアンプとかオーディオフィルタに使いたいといった場合には、使うのにちょっと躊躇したものです。そこに登場したのが、単電源でも使えるLM358でした。

LM358は図5-32（b）に示したように8ピンDIPにオペアンプが2個入っており、電源電圧の使用範囲も単電源の3〜30Vとなっています。なお、±2電源で使う場合の使用範囲は±1.5〜±15Vとなります。

ナショナルセミコンダクタのLINEAR DATA-BOOKにはLM358の多くの応用例が示されており、その数はざっと数えて20を超えます。

●UA741の直流増幅への応用

私たちが電子回路を作るとき、1mA以下の直流電流を測らなければならないことがあります。このような場合に普通に使うのはテスタで、本書で使っているYOKOGAWAの2412の直流電流計（DCmA）の最小レンジは0.05mA（50μA）です。感度からいえば、普通は0.05mAレンジがあれば十分なはずですが…

ところが、電流計の場合には回路の途中に挿入するため、内部抵抗が大きいと測定のときに回路の状態を乱して正確な電流の測定ができません。その内部抵抗ですが、テスタの使用説明書には普通書かれていません。

そこで、2412の内部抵抗を図5-33のようにして調べてみたら、テスタのDC0.05mAレンジに0.05mA（50μA）を流したときの電圧降下E_Mは0.26Vでした。これよりテスタの内部抵抗R_Mは、

$$R_M = \frac{E_M}{I_M} = \frac{0.26}{0.05 \times 10^{-3}} = 5.2 \text{ (k}\Omega\text{)}$$

となりました。試しに、少々強引ですが、DVMでテスタのDC0.05mAレンジの内部抵抗を測ってみ

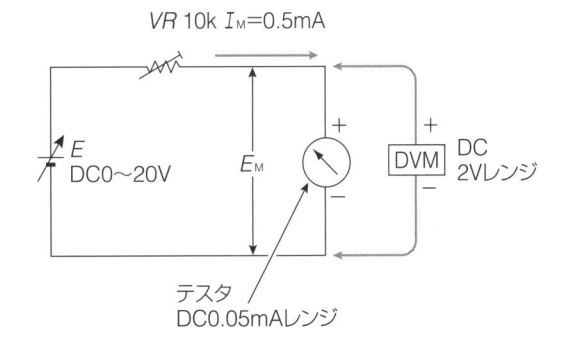

■ 図5-33　テスタのDC0.05mAレンジの内部抵抗を調べてみる

たら、4.97kΩと出ました。

これでわかるように、テスタのDC0.05mAレンジの内部抵抗は、約5kΩと予想以上に大きな値です。この内部抵抗は、場合によっては正しい値の測定を妨げている恐れがあります。

このような場合、オペアンプの直流増幅の助けを借りると内部抵抗の小さい直流電流計を実現することができます。

では、DC0.05mAレンジで、内部抵抗をテスタの10分の1の500Ωにすることを目標にした直流電流測定アダプタを紹介してみましょう。

図5-34は、直流電流測定アダプタの回路です。まず、R_Sは電流検出用の抵抗で、この抵抗に電流を流したときに発生する電圧を測って電流を知ります。R_Sを500Ωとすると、0.05mAの電流が流れたときに発生する電圧は0.025Vです。

つぎに、この電圧をオペアンプで増幅します。オペアンプのUA741は非反転増幅器となっており、ゲインA_Vは、

$$A_V = \frac{R_1+R_2}{R_2} = \frac{R_1}{R_2} + 1$$

で決まります。

図5-34ではR_1=100kΩ、R_2=1kΩですから増幅度A_Vは、

$$A_V = \frac{101}{1} = 101 ≒ 100 [倍]$$

となりゲインはほぼ100倍、入力の0.025Vを100倍すると出力電圧は2.5Vです。そこで、この電圧をテスタのDC2.5Vレンジで測ります。

ここで注意しなければならないのは、入力電流は0.05mAなのに対して出力電圧は2.5Vとなっていて、そのままDC2.5Vレンジの電圧表示を読むというわけにはいきません。

この場合、テスタの測定レンジはDC2.5Vレンジを使っていますが、写真5-18に示した表示板の目盛りの中で矢印で示したフルスケールが5の目盛りを10倍して読み、単位はμAとすれば目的を達

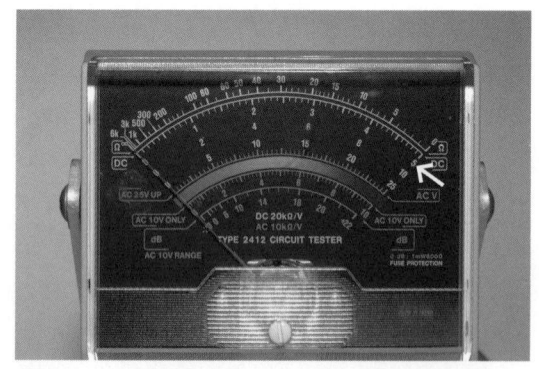

■ 写真5-18 DC2.5Vレンジで測って矢印の目盛りを50倍〔μA〕で読む

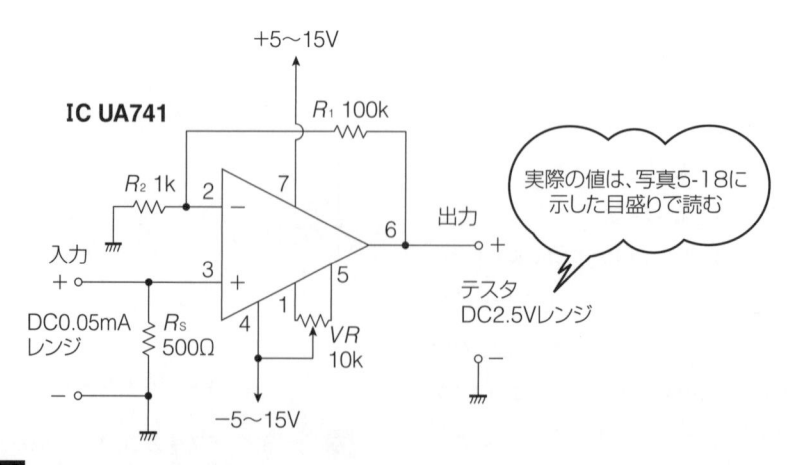

■ 図5-34 直流電流測定アダプタ

5-2 アナログIC

することができます。

この直流電流測定アダプタの精度は、R_1とR_2、それにR_Sの抵抗器の精度で決まります。これらの抵抗器は本来は±1％級が欲しいところですが、テスタの精度を考えれば±5％級（E24）を使えばいいでしょう。なお、R_Sの500Ωは1kΩの抵抗器を2個並列につないで作るのが実際的です。

●LM358で作るオーディオアンプ

単電源で使えるLM358を使うと、ゲインのわかったオーディオアンプを簡単に作ることができます。

図5-35は、LM358を使った実用的なオーディオアンプの回路図です。この回路はUA741を使った直流電流測定アダプタの場合と同じように非反転増幅器になっており、ゲインはR_1とR_2で決まります。R_1を100kΩ、R_2を1kΩとするとゲインは約100倍になりますし、R_2を10kΩにするとゲインは約10倍になります。

なお、ゲインは無理をすれば500倍くらいまで取れますが、安定に動作させるには100倍くらいまでにしておいたほうが安全です。

LM358には図5-32（b）に示したようにAとBの2個のオペアンプが入っていますが、図5-35に示したピン番号はそのうちのAを使った場合です。

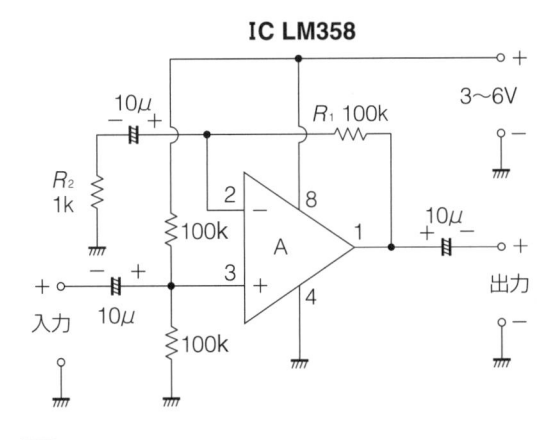

■ 図5-35　ゲインを設定できるオーディオアンプ

5-2-2 定電圧電源用レギュレータIC

定電圧電源用のレギュレータICには、大きく分けて電圧固定の3端子レギュレータと電圧可変の3端子レギュレータがあります。レギュレータICにはいろいろなものがありますが、ここで紹介するのは3端子ということでわかるように3本足のものです。

電子回路を動作させるための直流電源に要求される性能には、電圧変動率やリプル含有率があります。これらは、整流電源だけだと10％以上もあり、電子回路用の電源としては性能が不十分です。

その点、図5-36のように定電圧電源用のレギュレータICを使って定電圧電源にすると、いとも簡単に電圧変動率、リプル含有率ともに1％以下となり、良質の直流電源を得ることができます。

■ 図5-36　レギュレータICの役割り

●電圧固定の3端子レギュレータ

次ページの写真5-19はよく使われている3端子レギュレータで、左側に示したTO-92パッケージのものが100mAクラス、右側に示したTO-220パッケージに入っているのが1Aクラスのものです。なお100mAとか1Aというのは、3端子レギュレータから取り出すことのできる電流のことです。

電圧固定の3端子レギュレータには、写真5-19に示した出力電流の違い以外に正電源用と負電源用があります。これらの違いは型名で表され、表5-3のようになります。なお、出力電流が500mAクラスの78M※※や79M※※というものもありますが、今ではほとんど使われていません。

電圧固定の3端子レギュレータで用意されてい

第5章　集積回路（IC）

写真5-19　左が100mAクラス、
　　　　　右が1Aクラスの3端子レギュレータ

種　類	正電源用	負電源用
100mA	78L※※	79L※※
1A	78※※	79※※

注：※※には出力電圧が入る

表5-3　電圧固定の3端子レギュレータ

る電圧はメーカーによって違いますが、必ず用意されているのは5V/12V/15Vです。それ以外にも、6V/8V/9V/10V/18V/20V/24Vといったものが実際に入手できます。

電圧固定の3端子レギュレータはこのように型名でその内容を見分けますが、写真5-19の左側に示したものはMC79L12、右側に示したものはAN7810となっていることからもわかるように、表5-3に示した78あるいは79の前にMCとかANといった文字が付いています。これらの文字は、メーカーを表しています。

というわけですが、3端子レギュレータはメーカーが違ってもピン接続、性能は完全に互換性があります。そこで、半導体部品店に買いに行くときには、"79L12をください"とか"7805をください"といって買いに行きます。実際に手にするのはAN7805であったりLM7805であったりしますが、どれも同じように使えます。

電圧固定の3端子レギュレータには、過電流保護回路と、熱に対する保護回路を内蔵しています。したがって、出力に1A以上の電流が流れても、また電力損失が増えて内部温度が高くなっても保護回路が働き、出力電圧が出なくなってレギュレータICを保護します。

図5-37は、電圧固定の3端子レギュレータのピン接続を示したものです。負電源用はどちらも同じピン接続になっていますが、正電源用では違っていますから間違えないようにしなければなりません。

電圧固定の3端子レギュレータを使うときに注意しなければならないのは、図5-38に示した入出力電圧差E_{I-o}です。入出力電圧差は最大電流を取り出したときでも2V以上を確保しなければならず、実際には4〜5Vに選びます。

さて、必要とする電流が1A以下ならば3端子レギュレータだけでいいのですが、1Aを超える電流を取り出さなければならない場合には、電流ブースト用のトランジスタを付けなければなりません。

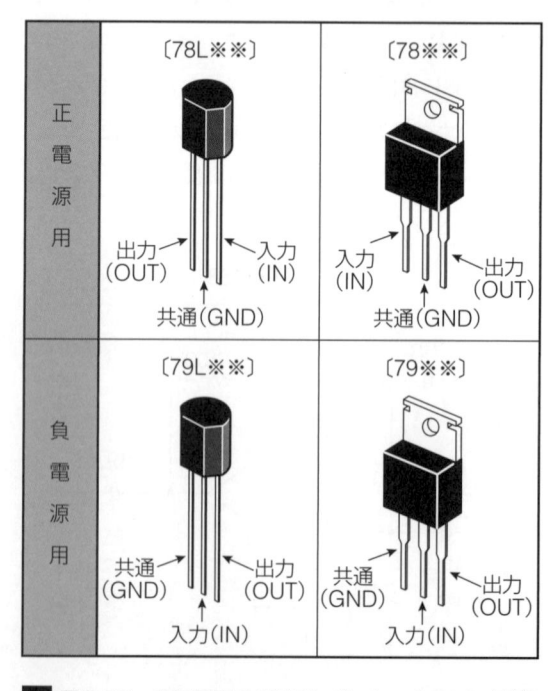

図5-37　電圧固定の3端子レギュレータのピン接続

5-2 アナログIC

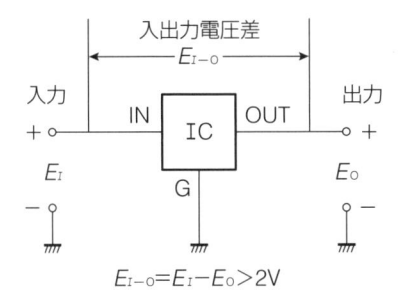

▌図5-38 入出力電圧差は2V以上が必要

$E_{I-o}=E_I-E_o>2V$

図5-39は、電流ブースト用のトランジスタを付けて出力として3Aまで取り出せるようにした場合です。Tr_1の2SB1019は過電流保護用で、R_{SC}が制限電流を決めるものです。また、Tr_2の2SB863が電流ブースト用のトランジスタで、第3章3-4-2で説明した放熱設計をして放熱器を付けなければなりません

電圧固定の3端子レギュレータの応用として、図5-40のような定電流回路があります。使用する3端子レギュレータは、出力電圧の一番低い5Vの7805を使います。この回路では、Rによって電流の値を変えることができます。7805を使えば、1Aまでの定電流出力が得られます。

定電流回路は、定電流充電を行うニカド電池の充電器を作るときに使えます。

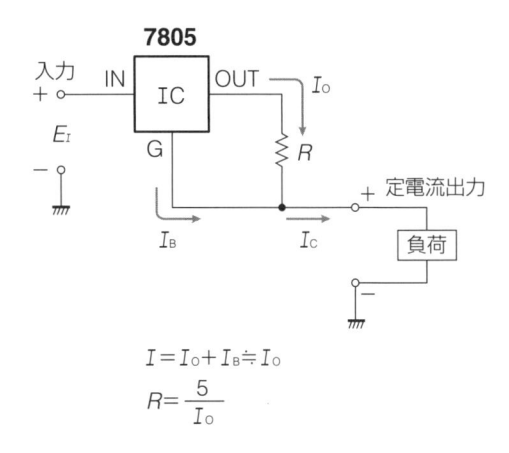

$I=I_o+I_B \fallingdotseq I_o$

$R=\dfrac{5}{I_o}$

▌図5-40 3端子レギュレータで作る定電流回路

次ページの図5-41（a）はその場合の各部の電圧配分を示したもので、入出力電圧差E_{I-o}は図5-38で説明したとおりです。

図5-41（b）は、単三型のニカド電池を2個充電するための充電器を示したものです。充電するニカド電池の電流容量Cを2000mAH、これを15時間で標準充電する場合の充電電流は0.1Cの200mAとなりますから、定電流回路の定電流出力は200mAになるようにRの値を決めます。

●電圧可変の3端子レギュレータ

写真5-20は電圧可変の3端子レギュレータで、

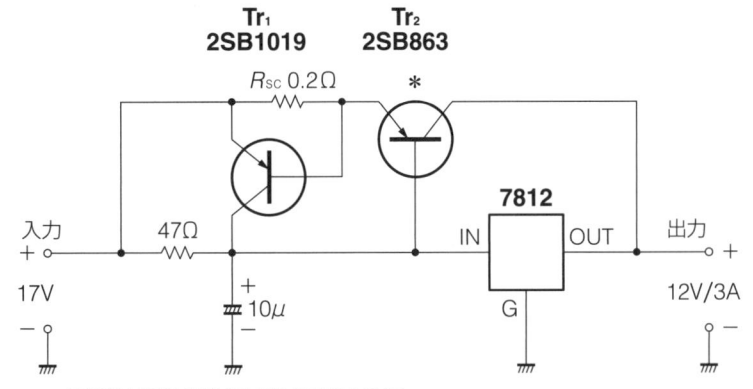

＊：熱抵抗が2℃/W以下の放熱器に付ける

▌図5-39 電流ブーストを付けた例

第5章　集積回路（IC）

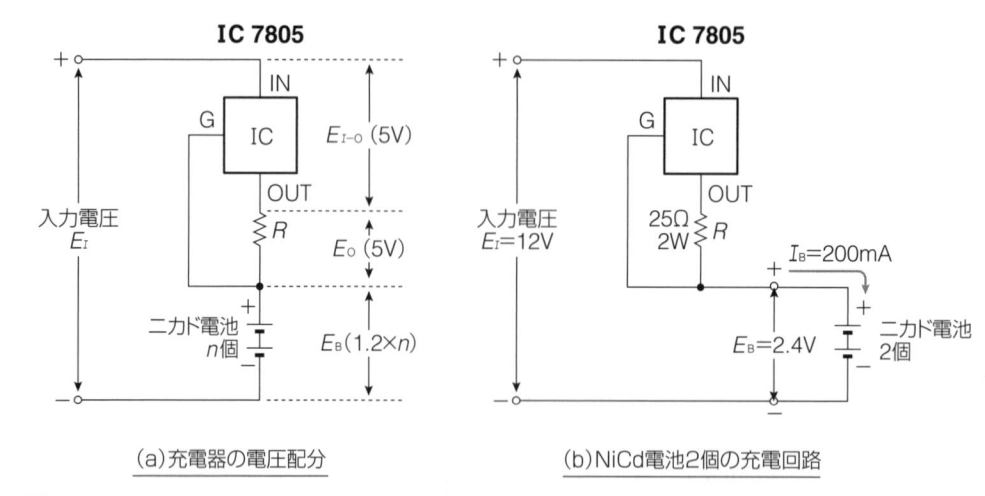

(a) 充電器の電圧配分

(b) NiCd電池2個の充電回路

■ 図5-41　3端子レギュレータを応用した定電流回路で作るニカド電池充電器

■ 写真5-20　電圧可変の3端子レギュレータ

左はTO-92に収められた100mAタイプのLM317L、右はTO-220に収められた1.5AタイプのLM317Tです。なお、100mAとか1.5Aというのは、3端子レギュレータから取り出すことのできる出力電流のことです。

LM317は正電源用ですが、負電源用のLM337もあります。でも、負電源用のLM337はほとんど使われることはないので省略します。

LM317には、このように100mAタイプと1.5Aタイプがあって317のあとにサフィックスとしてLやTを付けて区別されていますが、実際によく使われているのはTO-220に収められたLM317Tで

す。そこで、単にLM317といえばLM317Tのことを指すと思ってもいいでしょう。

電圧可変の3端子レギュレータも複数のメーカーで作られていますが、実際に手に入るのはナショナルセミコンダクタのLM317です。そこで、ここではLM317で話を進めます。

図5-42（a）は、LM317のピン接続を示したものです。ごらんのように、TO-92のLM317ZとTO-220のLM317Tのピン接続は同じになっています。

LM317の入力電圧の最大値は40Vとなっており、これを受けて出力電圧の可変範囲は1.2～37Vとなっています。

出力電圧は図5-42（b）のR_2で変えることができ、R_2を可変抵抗器とすると出力電圧可変の定電圧電源が作れます。なお、ナショナルセミコンダクタのLINEAR DATABOOKに示されたLM317の応用回路ではR_1として240Ωが指定されています。

図5-43はLM317の応用例で、出力電圧が1.2～15V、出力電流を最大0.3Aまで取り出せる定電圧電源の回路です。R_1は図5-42（b）の240Ωと違って180Ωを使っていますが、これでR_2が2kΩのときの出力電圧は約15.1Vとなります。

図5-43のようなLM317を使った定電圧回路で

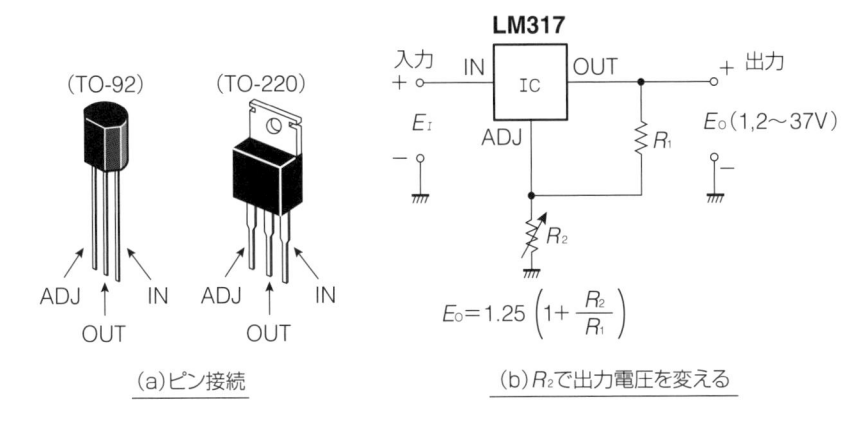

5-2 アナログIC

図5-42 電圧可変の3端子レギュレータLM317

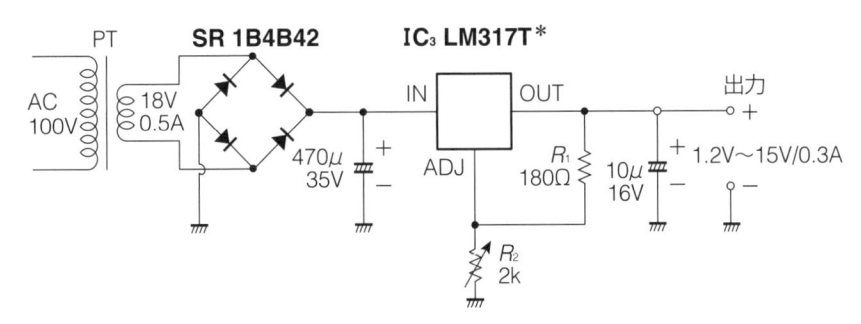

(a)ピン接続 (b)R_2で出力電圧を変える

$$E_O = 1.25\left(1+\frac{R_2}{R_1}\right)$$

図5-43 出力1.2～15V/0.3A定電圧電流の回路

＊:熱抵抗が4℃/W以下の放熱器に付ける

は、LM317で発生する電力損失が最大になるのは出力電圧が最小の1.2Vで、出力電流を最大の0.3A取り出した場合です。この場合にはLM317の入出力電圧差は最大になり、仮りにこれを20VとするとLM317で発生する電力損失Pは、

$P = 20 \times 0.3 = 6 \text{ [W]}$

となります。したがって、LM317には必ず放熱器が必要です。

LM317Tの出力電流は1.5Aですから図5-43の場合には電流ブーストの必要はなかったのですが、出力電流を1.5A以上取り出す場合には電流ブースト用のトランジスタが必要です。方法は、図5-39に示した電圧固定の3端子レギュレータの場合と同じです。

5-2-3 専用アナログIC

専用アナログICとしては、オーディオパワーアンプやラジオ関係のAM/FMフロントエンド、LEDレベルメータなどがありましたが、今ではセットメーカーに供給されることはあっても、半導体部品店の店頭からは姿を消しています。

次ページの図5-44は、以前によく使われたAM 1チップラジオ用IC TA7641BPのデータブックに示された応用回路です。このような形で、いろいろな用途のアナログICが供給されていました。

第5章　集積回路（IC）

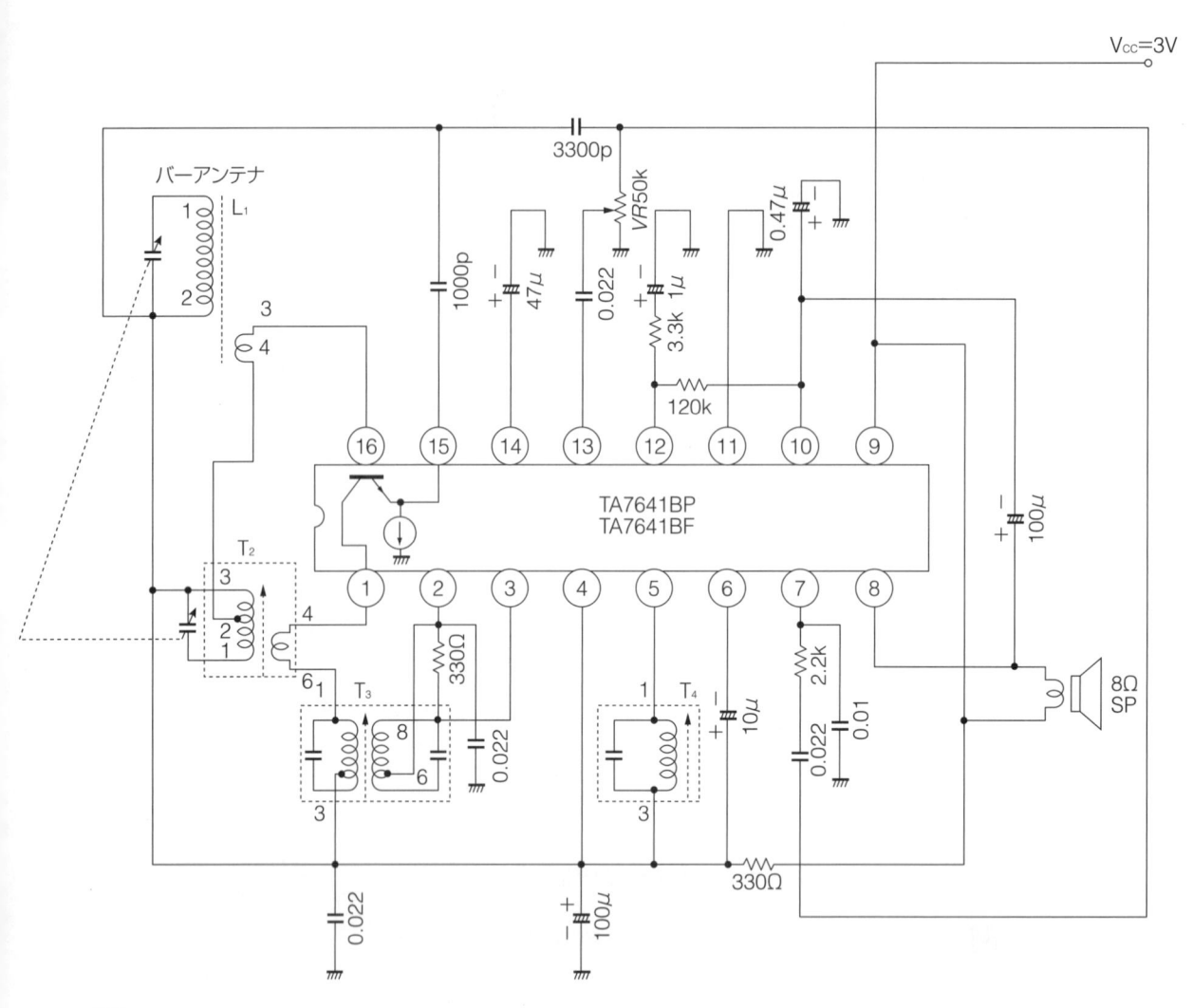

図5-44　AM 1チップラジオTA7641BPの応用回路

　写真5-21は、TA7641BPで作ったAM 1チップラジオの一例です。なお、TA7641BPにはフラットパッケージのTA7641BFもあります。

　専用アナログICが市場から姿を消していく中で、相変わらず生き残っているものもあります。写真5-22に示したナショナルセミコンダクタのLM386は、低電圧で働くオーディオパワーアンプで、今でも入手できます。

　図5-45は、ナショナルセミコンダクタのLINEAR DATABOOKに示されたLM386のピン接続と応用回路例です。図5-45(a)と写真5-22でわかるように、LM386は8ピンDIPに収まっています。

　(b)の応用回路において、LM386の電源電圧範囲は4～12V、無信号時の電源電流は4mAとわずかです。ちなみに、電源電圧が6Vのときの出力電力は8Ωの負荷に対して標準で325mWです。

　LM386ではゲイン調節ができ、ピン1-8間をオープンにしたときのゲインは20倍、図5-45（b）のようにピン1-8間に10μFをつなぐとゲインは200倍になります。

　なお、図5-45（b）のピン7に点線で示されているバイパスコンデンサは、普通は必要ありませ

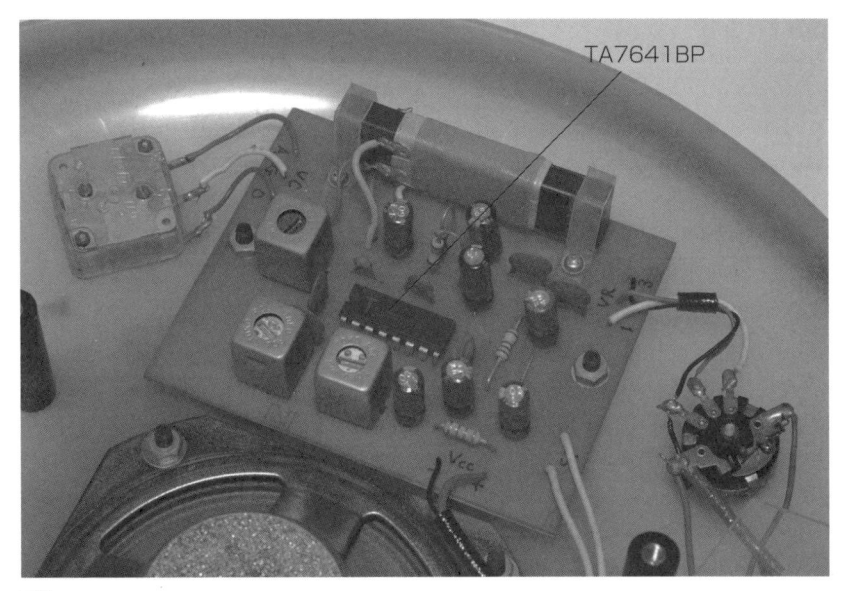

■ 写真5-21 TA7641BPで作ったAM 1チップラジオ

ん。また、出力のピン5に同じく点線で示されている0.05μFのコンデンサと10Ωの抵抗は異常発振防止用のものですが、これも普通はなくても発振を起こすことはありません。

このLM386を使うと、オーディオパワーアンプを持っていないヘッドホンタイプのオーディオ機器につないで、小型のスピーカを鳴らす装置を簡単に作ることができます。

■ 写真5-22 オーディオパワーアンプのLM386

(a) ピン接続

(b) 応用回路 (Gain=200)

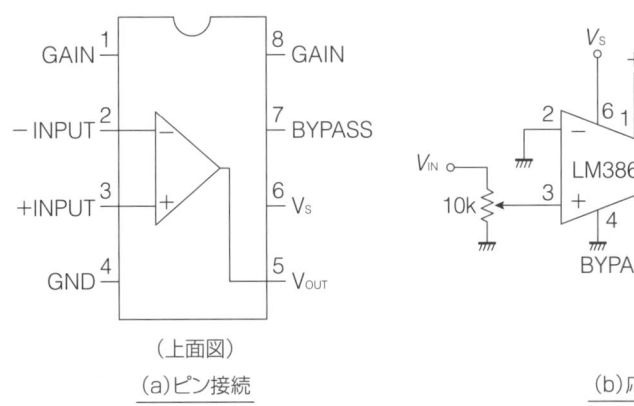

■ 図5-45 データブックに示されたLM386

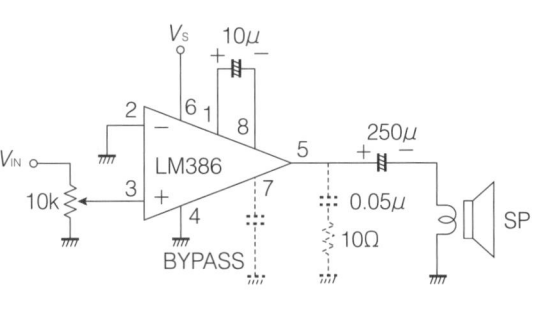

さくいん

【数字・アルファベット】

- 1N60 … 33
- 1Sナンバー … 30
- 3端子レギュレータ … 139
- 3本足 … 114
- 4本足 … 151
- 10進カウンタ … 68
- 14ピンDIP … 191
- 74シリーズ … 189
- 74HCシリーズ … 189
- 74LSシリーズ … 189
- 4000シリーズ … 189
- A級 … 167
- AB級 … 167
- AM信号 … 35
- AND回路 … 65
- B級 … 167
- CMOS … 188
- CRの時定数 … 201
- C級 … 167
- D+Eモード … 150
- Dフリップフロップ … 206
- Dモード … 150
- E系列 … 83
- Eモード … 150
- FET … 23
- H … 66
- h_{FE} … 107
- IC … 23
- ICソケット … 157
- JEDEC … 31
- JEITA … 30
- J-FET … 146
- JKフリップフロップ … 206
- LC共振回路 … 125
- LED … 23
- L … 66
- MOS-FET … 146
- MOS型FET … 24
- NPN型 … 24
- N型半導体 … 18
- OR回路 … 65
- PNP型 … 24
- PN接合 … 21
- PN接合ダイオード … 28
- P型半導体 … 18
- Q … 80
- RF電圧計 … 184
- RSフリップフロップ … 206
- SCR … 94
- SEPP回路 … 134
- SSB波 … 38
- TO-92 … 215
- TO-220 … 215
- TTL … 65
- TTL-IC … 88
- Tフリップフロップ … 206
- V_{CO} … 84
- VTVM … 56

【あ行】

- アイドリング電流 … 136
- アクセプタ … 18
- アナログ回路 … 71
- アナログスイッチ … 72
- アノード … 28
- アノードコモン … 53
- イオン結合 … 19
- イクスクルーシブORゲート … 188
- イクスクルーシブNORゲート … 188
- 異常発振 … 204
- イレブンナイン … 14
- インゴット … 14
- インジウム … 19
- インバータ … 188
- インピーダンス変換 … 122
- エサキダイオード … 29
- エミッタ … 100
- エミッタ接地回路 … 115
- オーミック接触 … 21
- オームの法則 … 12
- オシロスコープ … 43
- オペアンプ … 87

【か行】

- カウンタ … 69
- カスケード … 69
- カソード … 28
- カソードコモン … 53
- 肩特性 … 92
- 可変抵抗器 … 85
- 可変容量ダイオード … 23
- ガリウム砒素 … 13
- ガンダイオード … 96
- 帰還容量 … 147
- 逆電圧 … 28
- 逆バイアス … 22
- 逆方向電圧 … 54
- 逆領域 … 28
- 共振回路 … 42
- 共有結合 … 19
- 局部発振 … 182
- 許容損失 … 84
- 許容範囲 … 63
- 金属シリコン … 13
- 金属結合 … 19
- 空乏層 … 79
- クリチカル … 206
- クリッピングひずみ … 136
- クロスオーバひずみ … 176
- クロック発振 … 68
- クロックパルス … 204
- 珪石 … 13
- ゲインコントロール … 180
- ケース温度 … 139
- ゲート … 148
- ゲート遮断電流 … 154
- ゲート接地回路 … 166
- ゲート電圧 … 150
- ゲルマニウム … 10
- ゲルマニウムダイオード … 34
- ゲルマラジオ … 37
- 原子 … 17
- 原子価 … 19
- 原子核 … 17
- 元素周期表 … 11
- 元素半導体 … 12
- 検波作用 … 23
- 高輝度LED … 46
- 高周波アンプ … 178
- 高周波増幅 … 182
- 合成静電容量 … 203
- 鉱石検波器 … 33
- 鉱石ラジオ … 33
- 降伏電圧 … 28
- 交流負荷抵抗 … 117
- 交流負帰還 … 119
- 固定バイアス回路 … 118
- コルピッツ発振回路 … 180
- コレクタ … 42
- コレクタ出力容量 … 107
- コレクタ接地回路 … 115
- コレクタ電流 … 104
- コンパレータ … 87
- コンプリメンタリ … 102
- コンプリメンタリSEPP回路 … 133

【さ行】

- 最大定格 … 64
- 雑音指数 … 107
- サブストレートゲート … 148
- 酸化物 … 13
- しきい値 … 160
- 自己バイアス回路 … 118
- 自己保持 … 113
- シフトレジスタ … 206
- 純度 … 14
- 自由電子 … 11
- 周囲温度 … 139
- 集積回路 … 23
- 充電電流 … 76
- 周波数変換 … 182
- シュミットインバータ … 87
- 順電圧 … 28
- 順バイアス … 22
- 順方向伝達アドミタンス … 155
- 順領域 … 28
- 小信号用シリコンダイオード … 64

さくいん

小信号用ダイオード ……29
商用交流 ……209
ショットキーバリアダイオード …34
シリコン ……10
シリコンウェハ ……15
シリコングリス ……143
シリコン整流器 ……53
シリコンダイオード ……34
シリコンバリスタダイオード ……97
シングルゲート ……148
信号波 ……38
真性半導体 ……12
真理値表 ……195
水晶発振子 ……181
スイッチング ……23
スイッチング作用 ……105
スイッチング領域 ……105
ストップパルス ……113
正弦波交流 ……55
正孔 ……17
正電源用 ……218
静電容量 ……79
整流回路 ……52
整流作用 ……23
整流用ダイオード ……52
整流用ダイオードモジュール ……53
絶縁体 ……10
絶縁板抵抗 ……141
接合型FET ……24
接合面 ……21
セラミック半導体 ……13
セラミック発振子 ……42
センタタップ型全波整流回路 ……52
全波整流回路 ……52
双方向サイリスタ ……94
双方向トリガダイオード ……94
ソース ……148
ソース接地回路 ……166
測定誤差 ……164

【た行】
ダイオード ……23
ダイオードスイッチ ……65
タイマー ……209
太陽電池 ……76
多結晶シリコン ……14
単安定マルチバイブレータ ……77
単結晶シリコン ……14
短波コンバータ ……182
チップ ……16
チャネル ……146
注入電圧 ……184
直流出力電圧 ……56
直流出力電流 ……56
直流出力電力 ……60
直流増幅 ……108
直流電流増幅率 ……108
直流電流測定アダプタ ……213
直流の帰路 ……74
直流負荷線 ……117
ツェナーダイオード ……23
定格負荷電流 ……61
抵抗温度係数 ……11

抵抗率 ……10
ディスクリート ……139
定電圧 ……29
定電圧電源 ……89
定電圧ダイオード ……23
定電流ダイオード ……92
低電力変調 ……42
デジタルIC ……188
テスタ ……213
デュアルゲート ……148
デューティ比 ……87
電圧入力型 ……24
電圧駆動素子 ……104
電圧固定の3端子レギュレータ …215
電圧制御発振器 ……84
電圧変動率 ……56
電圧利得 ……115
電位障壁 ……21
電界効果トランジスタ ……23
電気的光学的特性 ……46
電気的特性 ……107
電極 ……21
電源トランス ……55
電子軌道 ……19
電子情報技術産業協会 ……30
電子ブザー ……70
点接触型 ……33
電流帰還バイアス回路 ……118
電流駆動型 ……24
電流駆動素子 ……104
電流ブースト用のトランジスタ 139
電流利得 ……115
電力用トランジスタ ……139
電力利得 ……116
動作点 ……118
導体 ……10
ドナー ……18
トランシーバ ……47
トランジション周波数 ……107
トランジスタ ……23
ドレイン ……148
ドレイン接地回路 ……166
ドレイン電流 ……150
トンネルダイオード ……29

【な行】
内部抵抗 ……213
内部熱抵抗 ……141
ニカド電池 ……76
二次側電力容量 ……56
入出力の直線性 ……172
熱抵抗 ……139
熱暴走 ……139

【は行】
ハートレー発振回路 ……180
バイアス回路 ……116
バイパスコンデンサ ……173
バイポーラトランジスタ ……146
ハウスナンバー ……30
パッケージ ……16
発光ダイオード ……23
発振回路 ……42

バッファ ……188
バラクタダイオード ……96
バラックセット ……47
バリキャップ ……23
バリコン ……80
バリスタダイオード ……96
パルス ……77
半固定抵抗器 ……203
半サイクル ……55
搬送波 ……38
半導体 ……10
半導体部品 ……23
半波整流回路 ……52
ピアースC-B回路 ……42
ピアースD-G回路 ……181
ピアースG-S回路 ……181
非安定バイブレータ ……201
ピーク電圧 ……54
ビット数 ……69
比抵抗 ……10
フラグ板 ……123
ピンチオフ電流 ……92
不純物 ……11
不純物半導体 ……18
プッシュプル増幅器 ……167
負電源用 ……218
負帰還 ……131
ブリーダ電流 ……63
ブリッジ型全波整流回路 ……52
フリップフロップ ……190
プリントパターン ……67
プリント板 ……43
ブレークオーバ電圧 ……95
分周 ……211
平均順方向電流 ……54
ベース ……42
ベース接地回路 ……115
ベース電流 ……104
ベース拡がり抵抗 ……107
放熱 ……139
放熱器 ……140
放熱器熱抵抗 ……141
放熱設計 ……140

【ま～ら行】
無極性 ……202
無限大放熱器 ……139
無調整回路 ……182
無負荷時 ……63
ユニポーラトランジスタ ……146
陽子 ……17
容量比 ……80
リプル含有率 ……56
リプル周波数 ……55
リング復調器 ……38
リング変調器 ……38
レギュレータIC ……88
論理回路 ……67

本書の一部あるいは全部について、株式会社電波新聞社から文書による
許諾を得ずに、無断で複写、複製、転載、テープ化、ファイル化するこ
とを禁じます。

実践　作って覚える半導体回路入門　　　　　　　　　　　　　　　　©2008
2008年2月20日　第1版第1刷発行

　　　　　　　　　　　　　　　　にわかずお
　　　　　　　　著　者　　丹羽一夫
　　　　　　　　発行者　　平山哲雄
　　　　　　　　発行所　　株式会社　電波新聞社
　　　　　　　　〒141-8715　東京都品川区東五反田1-11-15
　　　　　　　　電話　03-3445-8201（販売部ダイヤルイン）
　　　　　　　　振替　東京00150-3-51961
　　　　　　　　URL　 http://www.dempa.com/

　　　　　　　　企画・編集　　株式会社　QCQ企画
　　　　　　　　印刷所　　　　奥村印刷株式会社
　　　　　　　　製本所　　　　株式会社　堅省堂

Printed in Japan　ISBN978-4-88554-952-6　　　　落丁・乱丁本はお取替えいたします
　　　　　　　　　　　　　　　　　　　　　　　定価はカバーに表示してあります